Adobe Photoshop 2021
经典教程 彩色版

[美] 安德鲁·福克纳（Andrew Faulkner）　康拉德·查韦斯（Conrad Chavez）◎ 著

张海燕 ◎ 译

人民邮电出版社

北京

图书在版编目（CIP）数据

Adobe Photoshop 2021经典教程：彩色版 /（美）安德鲁·福克纳（Andrew Faulkner），（美）康拉德·查韦斯（Conrad Chavez）著 ; 张海燕译. -- 北京 : 人民邮电出版社，2022.3（2022.8重印）
ISBN 978-7-115-58130-3

Ⅰ. ①A… Ⅱ. ①安… ②康… ③张… Ⅲ. ①图像处理软件—教材 Ⅳ. ①TP391.413

中国版本图书馆CIP数据核字(2021)第248429号

版权声明

◆ 著　　　　[美] 安德鲁·福克纳（Andrew Faulkner）
　　　　　　[美] 康拉德·查韦斯（Conrad Chavez）
　译　　　　张海燕
　责任编辑　罗　芬
　责任印制　王　郁　胡　南
◆ 人民邮电出版社出版发行　　北京市丰台区成寿寺路 11 号
　邮编　100164　电子邮件　315@ptpress.com.cn
　网址　https://www.ptpress.com.cn
　北京虎彩文化传播有限公司印刷
◆ 开本：787×1092　1/16
　印张：20.75　　　　　　　　2022 年 3 月第 1 版
　字数：553 千字　　　　　　2022 年 8 月北京第 2 次印刷
　著作权合同登记号　图字：01-2019-6280 号

定价：119.90 元

读者服务热线：(010)81055410　印装质量热线：(010)81055316
反盗版热线：(010)81055315
广告经营许可证：京东市监广登字 20170147 号

内容提要

本书由 Adobe 专家编写，是 Adobe Photoshop 2021 软件的经典学习用书。

本书共 15 课，涵盖工作区的介绍，照片校正的基础知识，选区、图层、快速修复、蒙版和通道的用法，文字设计、矢量图绘制的技巧，高级合成技术，混合器画笔的用法，视频和图像的处理及打印 3D 文件等内容。

本书语言通俗易懂，配以大量的图示，读者可从中学到大量高级功能和 Photoshop 2021 新增的功能。本书特别适合 Photoshop 新手阅读，也适合有一定使用经验的用户参考，还适合 Photoshop 相关培训班学员及广大爱好者学习。

前 言

Adobe Photoshop（以下简称 Photoshop）是一款卓越的图像处理软件，提供了优异的性能、强大的图像编辑功能和直观的操作界面。Photoshop 所包含的增效应用程序 Adobe Camera Raw（以下简称 Camera Raw），在处理原始图像及 TIFF 和 JPEG 图像等方面十分灵活。Photoshop 提供的必要数字编辑工具，能让读者轻松地处理各种图像。

关于经典教程

本书由 Adobe 产品专家编写，是 Adobe 官方经典教程，读者可按自己的节奏阅读其中的课程。如果读者是新手，将从中学到该软件的基本概念和功能；如果读者有一定的 Photoshop 使用经验，将发现本书介绍了很多高级功能，如 Photoshop 2021 的新增功能，以及图像处理的提示和技巧。

本书共有 15 个课程，每个课程都提供了完成项目的具体步骤，同时给读者提供了探索和试验的空间。读者可按顺序从头到尾地阅读本书，也可根据兴趣和需要选读其中的课程。每课的末尾都有复习题，对该课介绍的内容做了总结，并提供了相应的复习题答案供读者参考学习。

本书内容特色

本书介绍了 Photoshop 2021 新增的功能：改进的搜索功能，图像预览，天空替换，Neural Filters。

本书还介绍了大量有关 Photoshop 功能的额外信息和相关应用程序的用法，以及有关组织、管理、展示照片和优化图像的最佳实践示例。另外，本书还穿插了来自 Photoshop 专家和 Photoshop 官方培训师 Julieanne Kost 的大量的提示和技巧。

必须具备的知识

学习本书，需要读者能熟练使用计算机和操作系统，包括如何使用鼠标、标准菜单和命令，以及打开、保存和关闭文件。如果需要复习这方面的内容，请参阅 Microsoft Windows 或 Apple macOS 文档。

学习本书的课程，读者需要安装 Adobe Photoshop 2021 和 Adobe Bridge 2021。

安装 Adobe Photoshop 和 Adobe Bridge

使用本书前，应确保系统设置正确并安装了必要的软件和硬件。读者必须专门购买 Photoshop 软件。有关安装该软件的系统需求和详细说明，请参阅官网帮助文档。请注意，Photoshop 的有些功能（包括所有 3D 功能）要求计算机至少有 512MB 的显存（VRAM），且使用的 Windows 操作系统应是 64 位的。

本书的很多课程中都使用了 Adobe Bridge（以下简称 Bridge）。要在计算机上安装 Photoshop 和 Bridge，必须使用桌面应用程序 Adobe Creative Cloud，这个应用程序可从 Adobe 官网下载。安装这些软件和应用程序的方法，请参阅相关说明。

 启动 Adobe Photoshop

读者可以像启动大多数软件或应用程序那样启动 Photoshop。

在 Windows 操作系统中启动 Photoshop

选择菜单"开始">"所有程序">"Adobe Photoshop 2021"。

在 macOS 操作系统中启动 Photoshop

在 Launchpad 或 Dock 中，单击图标"Adobe Photoshop 2021"。

如果找不到该图标，请在任务栏（Windows）或 Spotlight（macOS）中的搜索框中输入"Photoshop"，再选择图标"Adobe Photoshop 2021"并按 Enter 键。

 恢复默认首选项

与很多软件一样，Photoshop 也将各种常规设置存储在名为首选项文件的文档中。每当退出 Photoshop 时，一些工作区设置（如最后一次使用某些工具和命令时，给它们指定的选项）将被记录到首选项文件中。在"首选项"对话框中所做的设置也将存储在首选项文件中。

在学习每课前，读者都应重置默认首选项，以确保在屏幕上看到的图像和命令都与书中描述的相同。读者也可不重置首选项，但在这种情况下，Photoshop 中的工具、面板和其他设置可能与书中描述的不同。

如果定制了颜色设置，可按下面的步骤将其存储为预设。这样，当需要恢复颜色设置时，只需选择存储的预设即可。

保存当前颜色设置

❶ 启动 Photoshop。

❷ 选择菜单"编辑">"颜色设置"。

❸ 查看"设置"下拉列表中的值。

• 如果不是"自定"，记录设置文件的名称并单击"确定"按钮关闭对话框，无须执行第 4 ～ 6 步。否则，单击"存储"（而不是"确定"）按钮。这将打开"存储"对话框。默认位置为 Settings 文件夹，文件将被保存在这里。文件的默认扩展名为 .csf（颜色设置文件）。

❹ 在"文件名"（Windows）或"保存为"（macOS）文本框中，为颜色设置指定一个描述性名称，保留扩展名 .csf，再单击"保存"按钮。

❺ 在"颜色设置注释"对话框中，输入描述性文本，如日期、具体设置或工作组，以帮助以后

识别颜色设置。

⑥ 单击"确定"按钮关闭"颜色设置注释"对话框，再次单击"确定"按钮关闭"颜色设置"对话框。

恢复颜色设置

① 启动 Photoshop。

② 选择菜单"编辑">"颜色设置"。

③ 在"颜色设置"对话框中的"设置"下拉列表中，选择前面记录或存储的颜色设置文件，再单击"确定"按钮。

 其他资源

本书并不能代替软件自带的帮助文档，也不是全面介绍 Photoshop 2021 中每种功能的参考手册。本书只介绍与课程内容相关的命令和选项，有关 Photoshop 2021 功能的详细信息，请参阅以下资源。

· 主页：在 Photoshop 中，"主页"屏幕顶部可能列出一些推荐的教程。

· 发现面板：在 Photoshop 中选择菜单"编辑">"搜索"来打开发现面板。在没有输入搜索关键字时，这个面板列出了大量的教程、建议和链接；输入关键字（如"裁剪"）后，该面板将突出与之相关的 Photoshop 工具和命令，并能够让您查看更多信息的链接。

> ♀ 提示　如果觉得发现面板很有用，记住打开它的组合键。按"Ctrl + F"（Windows）或"Command + F"（macOS）组合键可打开发现面板，再次按这个组合键可关闭它。

· Photoshop 帮助和支持：在 Photoshop 中，选择菜单"帮助">"Photoshop 帮助"，会在界面中列出包括用户指南和支持社区在内的一系列在线帮助资源。

· Photoshop 教程：包含适合新手和老手的在线教程，可通过选择菜单"帮助">"实训教程"访问。

· Photoshop 博客：提供有关 Photoshop 的教程、新闻，以及给人以启迪的文章。

· Julieanne Kost 的博客：出自 Adobe 产品官方培训师 Julieanne Kost 之手的提示和视频，介绍了最新的 Photoshop 功能并提供了有关这些功能的宝贵洞见。

· Adobe 支持社区：能够进入用户论坛，提出与 Photoshop 和其他 Adobe 软件相关的问题。

· Photoshop 主页。

· 菜单"增效工具"：在 Photoshop 中选择菜单"增效工具">"浏览增效工具"，可查找增效工具软件模块，以扩展 Creative Cloud 工具或增加特性。

· 桌面应用程序 Creative Cloud：单击标签"发现"，可看到与 Photoshop 及已安装的其他 Adobe 软件相关的教程、在线视频、创意作品及其他链接和资源。

· 教师资源：向讲授 Adobe 软件课程的教师提供珍贵的信息。可在这里找到各种级别的教学解决方案（包括使用整合方法介绍 Adobe 软件的免费课程），可用于备考 Adobe 认证工程师考试。

 Adobe 授权的培训中心

Adobe 授权的培训中心（AATC）提供由教员讲授的有关 Adobe 产品的课程和培训。

资源与支持

本书由"数艺设"出品，"数艺设"社区平台（www.shuyishe.com）为您提供后续服务。

配套资源

扫描下方二维码，关注"数艺设"公众号，回复本书第51页左下角的五位数字，即可得到本书配套资源的获取方式。

"数艺设"公众号

"数艺设"社区平台，为艺术设计从业者提供专业的教育产品。

与我们联系

我们的联系邮箱是 luofen@ptpress.com.cn。如果您对本书有任何疑问或建议，请您发邮件给我们，并请在邮件标题中注明本书的书名，以便我们更高效地做出反馈。

如果您有兴趣出版图书、录制教学课程，或者参与技术审校等工作，可以发邮件给我们；如果学校、培训机构或企业想批量购买本书或"数艺设"的其他图书，也可以发邮件联系我们（邮箱：luofen@ptpress.com.cn）。

如果您在网上发现针对"数艺设"图书的各种形式的盗版行为，包括对图书全部或部分内容的非授权传播，请您将怀疑有侵权行为的链接通过邮件发给我们。您的这一举动是对作者权益的保护，也是我们持续为您提供有价值的内容的动力之源。

关于"数艺设"

人民邮电出版社有限公司旗下品牌"数艺设"，专注于专业艺术设计类图书出版，为艺术设计从业者提供专业的图书、课程等教育产品。出版领域涉及平面、三维、影视、摄影与后期等数字艺术门类，字体设计、品牌设计、色彩设计等设计理论与应用门类，UI设计、电商设计、新媒体设计、游戏设计、交互设计、原型设计等互联网设计门类，环艺设计手绘、插画设计手绘、工业设计手绘等设计手绘门类。更多服务请访问"数艺设"社区平台 www.shuyishe.com。我们将提供及时、准确、专业的学习服务。

目　录

第 1 课

熟悉工作区

本课概览

- 在 Photoshop 中打开图像文件。
- 在选项栏中设置所选工具的选项。
- 选择、重排和使用面板。
- 打开和使用控制面板。

- 选择和使用工具面板中的工具。
- 使用各种方法缩放图像。
- 使用面板菜单和上下文菜单中的命令。
- 撤销操作以修正错误或进行不同的选择。

学习本课大约需要 *1* 小时

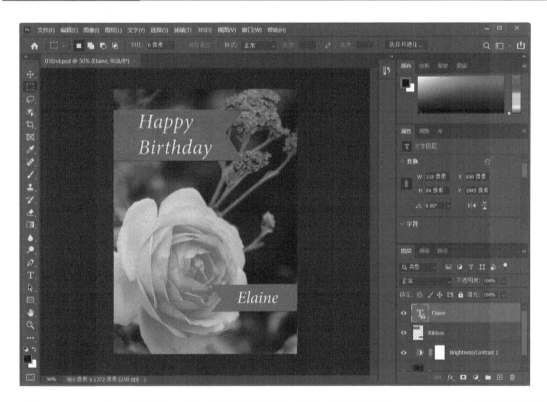

在 Photoshop 中，完成同一项任务的方法常常有多种。要充分利用 Photoshop 丰富的编辑功能，就必须知道如何在工作区中使用导航功能。

1.1 开始在 Photoshop 中工作

Photoshop 的工作区包括菜单、工具栏和面板，使用它们可快速找到用来编辑图像及向图像中添加元素的各种工具和选项。通过安装第三方软件（增效工具），可以向菜单中添加其他命令和滤镜。

Photoshop 可以处理数字位图（被转换为一系列小方块或像素的连续调图像），还可以处理矢量图（由缩放时不会失真的光滑线条构成的图像）。在 Photoshop 中，可以创建图像，也可以从下面的资源中导入图像。

- 用数码相机或手机拍摄的照片。
- 诸如 Adobe Stock 等照片库中的图像。
- 扫描的照片、正片、负片、图形或其他文档。
- 捕获的视频图像。
- 在绘画程序中创建的图像。

1.1.1 启动 Photoshop

开始工作前，首先启动 Photoshop 并重置到默认首选项。

> 💡 **注意** 通常，在设计自己的作品时无须重置默认首选项。但在学习本书时需要重置默认首选项，以确保在屏幕上看到的内容与书中描述的一致。详细信息请参阅前言中的"恢复默认首选项"。

❶ 单击"开始"菜单（Windows）或 Launchpad 或 Dock（macOS）中的图标"Adobe Photoshop 2021"，然后立刻按"Ctrl + Alt + Shift"（Windows）或"Command + Option + Shift"（macOS）组合键重置默认设置。

如果找不到图标"Adobe Photoshop 2021"，请在任务栏的搜索框（Windows）或 Spotlight（macOS）中输入"Photoshop"，再选择图标"Adobe Photoshop 2021"，并按 Enter 键。

❷ 出现提示时，单击"是"按钮，确认并删除 Adobe Photoshop 设置文件，如图 1.1 所示。

图 1.1

1.1.2 使用"主页"屏幕

刚启动 Photoshop 时，显示的是"主页"屏幕，如图 1.2 所示，在此可以多种方式开始使用 Photoshop。

> 💡 **提示** 要跳过"主页"屏幕，直接进入 Photoshop 工作空间，可单击左上角的 Photoshop 图标。

"主页"屏幕中的主要选项及其作用如下所示。

- 主页：帮助用户使用和了解当前版本的软件，包括软件新功能概览。当软件升级到新版本时，该屏幕可能包含有关新功能和变化的信息。至少打开过一个文档后，在主页中将会列出最近打开的文档。
- Lightroom 照片：列出已同步到 Creative Clound 账户的 Lightroom 在线照片存储区的图像。
- 云文档：列出存储在 Adobe 云文档中的 Photoshop 文档，包括在其他设备中存储到云文档中的文档。第 3 课将更详细地介绍云文档。

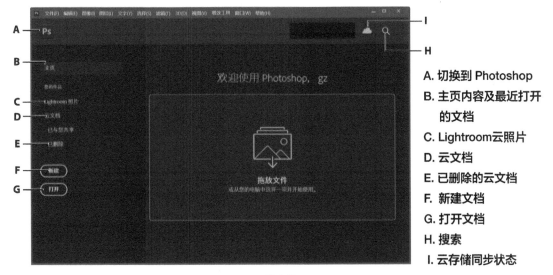

A. 切换到 Photoshop

B. 主页内容及最近打开
　 的文档

C. Lightroom云照片

D. 云文档

E. 已删除的云文档

F. 新建文档

G. 打开文档

H. 搜索

I. 云存储同步状态

图 1.2

　　· 已删除：列出被删除的云文档，用户可在此恢复它们（类似于计算机桌面上的"回收站"）。这个列表只包含已删除的云文档，而不包含 Lightroom 照片中已删除的文档，以及计算机本地已删除的文档。

> 💡 提示 要管理"已删除"列表中的文档，可单击文档旁边的按钮（...），并选择"恢复"或"永久删除"。

　　· 搜索：当单击右上角的搜索图标并输入文本时，Photoshop 将在 Photoshop 学习教程和 Adobe Stock 图像中查找匹配的内容。如果当前打开了文档，还将在该文档和已同步到云端的 Lightroom 图像中查找匹配的内容，例如，通过输入"鸟"，可查找包含小鸟的 Lightroom 云照片。

　　· 打开：打开文档后，"主页"屏幕将自动隐藏。要返回到"主页"屏幕，可单击 Photoshop 窗口左上角的"主页"图标。

1.1.3　打开文档

　　Photoshop 提供了很多打开文档的方式，本节将使用传统的"打开"命令，其工作原理与其他应用程序中的"打开"命令相同。

　　❶ 选择菜单"文件">"打开"。如果出现对话框"云文档"，请单击该对话框底部的"在您的计算机上"按钮。

　　❷ 切换到下载的配书资源中的文件夹 Lessons\Lesson01。

> 💡 提示 如果将兼容的文件拖曳到"主页"屏幕上，Photoshop 将打开它。

　　❸ 选择文件 01_End.psd 并单击"打开"按钮，如果出现"嵌入的配置文件不匹配"对话框，单击"确定"按钮；如果出现有关更新文字图层的消息，单击"否"按钮。

　　完成上述操作后，文件 01_End.psd 将在独立的图像窗口中打开，并切换到默认工作区，如图 1.3 所示。在本书中，End 文件展示了项目要达到的最终效果。本项目是创建一张生日卡。

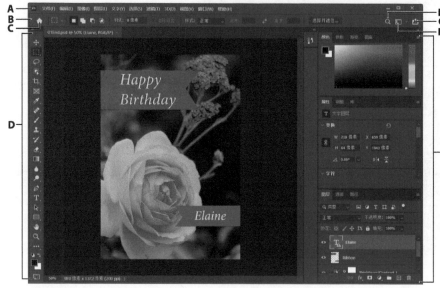

A. 菜单栏
B. 选项栏
H C. 切换到主页
D. 工具面板
E. 搜索、帮助和
学习
F. 工作区菜单
G."分享图像"按钮
H. 控制面板

图 1.3

> 💡注意　图 1.3 是 Windows 版本的 Photoshop。macOS 版本的 Photoshop 工作区布局与此相同，只是操作系统的风格可能不同。

Photoshop 的默认工作区包括顶部的菜单栏和选项栏、左侧的工具面板，以及右侧控制面板。打开文档时，将出现一个或多个图像窗口，用户可使用选项卡式界面同时显示它们。Photoshop 的用户界面与 Adobe Illustrator 和 Adobe Indesign 的界面类似，因此学会在一个软件中使用工具和面板后，就很容易在其他软件中学会并使用它们。

Windows 与 macOS 版 本 的 Photoshop 在 工 作 区 上 的 主 要 区 别：在 Windows 中，整 个 Photoshop 都包含在窗口中；而在 macOS 中，可使用包含 Photoshop 文档窗口和面板的软件框架，它可能与其他软件不同，只有菜单栏在软件框架的外面。软件框架一般默认启用，要禁用它，可选择菜单"窗口">"应用程序框架"。

④ 选择菜单"文件">"关闭"或单击文档窗口标签上的"x"按钮（不要关闭 Photoshop，也不要保存对文档所做的修改）可关闭打开的文档，此时会切换到"主页"屏幕，而刚才打开的文档会在"最近打开的文件"列表中列出。

> 💡提示　在 Photoshop 中同时打开多个文档时，每个文档都在独立的文档窗口中，且其文件名出现在文档窗口顶端的标签中，这很像 Web 浏览器中的选项卡式窗口。

▌ 1.2 使用工具

Photoshop 为制作用于打印、在线浏览和移动观看的图像提供了一整套工具。如果详细分类介绍 Photoshop 中所有的工具和工具配置，至少需要一整本书，但这不是本书的目标所在。在本书中，读者将首先在一个示例项目中配置和使用一些工具，通过这些操作获得实际经验。每课都将介绍一些工具及其用法。阅读完本书的所有课程后，读者能为用好 Photoshop 软件打下坚实的基础。

1.2.1　选择和使用工具面板中的工具

工具面板（工作区最左边的长条形面板）包括缩放工具、选取工具、绘画和编辑工具、前景色和背景色选择框及查看工具。

注意 有关工具面板中工具的完整列表，请参阅附录 A。

首先介绍缩放工具，很多其他的 Adobe 软件（如 Illustrator、InDesign 和 Acrobat）中也有缩放工具。

① 选择菜单"文件">"打开"，切换到文件夹 Lessons\Lesson01，再双击文件 01Start.psd 将其打开。

这个文件包含背景图像和缎带图像（见图 1.4），使用它们可创建图 1.3 中的生日卡。

图 1.4

提示 单击工具面板顶部的双箭头按钮，可将工具面板切换到双栏视图，如图 1.5 所示。再次单击双箭头按钮，工具面板将恢复到单栏视图，用户可根据屏幕空间的使用情况自由选择视图形式。

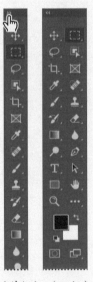

（单栏）（双栏）

图 1.5

用户还可自定义工具面板——重新排列、删除和添加工具。选择菜单"编辑">"工具栏"，在弹出的"自定义工具栏"对话框中可自定义工具面板。

② 在工作区（Windows）或图像窗口（macOS）底端的状态栏中，最左边列出的百分比为图像的当前缩放比例，如图 1.6 所示。

③ 将鼠标指针指向工具面板中的缩放工具按钮，将出现工具提示，如工具名称和快捷键（Z），如图 1.7 所示。

④ 单击缩放工具按钮（🔍），以选择缩放工具。

缩放比例　　　　状态栏

50%　980 像素 x 1372 像素 (200 ppi)

图 1.6

缩放工具 (Z)

放大或缩小图像的视图

图 1.7

💡 提示　要使用键盘快捷键来选择缩放工具，可按 Z 键。工具快捷键是一个键（请不要同时按下 Ctrl 或 Command 等修饰键。工具有快捷键时，将在弹出式工具提示中显示出来。

⑤ 将鼠标指针指向图像窗口，鼠标指针将变成一个放大镜，其中还有一个加号（+）。

⑥ 在图像窗口的任何地方单击。

图像将放大至下一个预设比例，状态栏将显示当前的比例。使用缩放工具单击的位置会成为放大视图的中心，如图 1.8 所示。再次单击，图像将放大至下一个预设比例，最大可放大至 12800%。

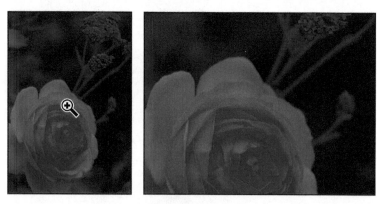

图 1.8

⑦ 按住 Alt 键（Windows）或 Option 键（macOS），鼠标指针将变成中间带减号（-）的放大镜，然后在图像的任何地方单击，再松开 Alt 键或 Option 键。

图像被缩小至下一个预设缩放比例，让用户能够看到更多图像，但细节更少。

💡 注意　还有其他缩放方法，如选择缩放工具后在选项栏中选择工具模式"放大"或"缩小"、选择菜单"视图">"放大"或"视图">"缩小"，以及在状态栏中输入缩放比例再按 Enter 键。

⑧ 如果在选项栏中选择了"细微缩放"复选框（见图 1.9），则使用缩放工具在图像的任何地方单击并向右拖曳时，可放大图像，而向左拖曳将缩小图像。

图 1.9

⑨ 如果在选项栏中选择了"细微缩放"复选框，请取消选择它，再使用缩放工具拖曳出一个覆

盖部分玫瑰花的矩形框。图像将放大，使得矩形框内的图像部分填满整个图像窗口，如图 1.10 所示。

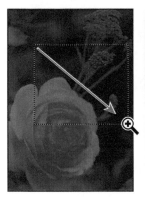

图 1.10

⑩ 单击选项栏中的"适合屏幕"按钮（见图 1.11），可显示整幅图像。

图 1.11

　　至此，介绍了四种使用缩放工具缩放图像的方法：单击、按住 Alt 键并单击、拖曳，以及通过拖曳指定缩放区域。工具面板中的很多其他工具也可与键盘和选项配合使用。在本书的课程中将会介绍这些方法。

使用导航器面板进行缩放和滚动

　　导航器面板提供了另一种修改缩放比例的快捷方法，尤其是在不需要指定准确的缩放比例的情况下。它也非常适用于在图像中滚动，因为其中的缩略图准确地指出了图像的哪部分出现在图像窗口中。要打开导航器面板，选择菜单"窗口">"导航器"即可。

　　在导航器面板中，将图像缩略图下方的滑块向右拖将放大图像，向左拖将缩小图像，如图 1.12 所示。

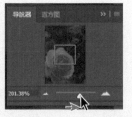

图 1.12

　　红色矩形框环绕的区域将显示在图像窗口中。图像放大到一定程度后，图像窗口将只能显示图像的一部分。在这种情况下，可拖曳红色矩形框来查看图像的其他区域，如图 1.13 所示。在图像缩放比例非常大时，这也是确定正在处理图像的哪部分的一种好方法。

图 1.13

1.2.2 调亮图像

Photoshop 中经常执行的编辑之一是，将使用数码相机或手机拍摄的照片调亮。方法是，修改照片的亮度和对比度。

❶ 在工作区右侧的图层面板中，确保选择了图层 Rose，如图 1.14 所示。

❷ 在调整面板（位于图层面板的上方）中，单击"亮度 / 对比度"按钮，如图 1.15（a）所示，添加一个亮度 / 对比度调整图层。属性面板将打开，其中显示了亮度 / 对比度设置。

❸ 在属性面板中，将亮度滑块移到 98 处，并将对比度滑块移到 18 处，如图 1.15（b）所示。调整后的玫瑰图像变亮了。

图 1.14　　　　　　　　　　　（a）　　　　　　　（b）

　　　　　　　　　　　　　　　图 1.15

> 💡 提示　在本书中，经常会让用户在面板和对话框中输入特定的值，以实现特定的效果。但用户自己处理图像时，可尝试使用不同的值以观察它们对图像效果的影响。设置没有对错之分，该使用什么值取决于要获得什么样的效果。

❹ 在图层面板中，单击亮度 / 对比度调整图层左边的眼睛图标，可隐藏其效果；然后再次单击该图标，可显示其效果，如图 1.16 所示。

通过调整图层可修改图像（如调整玫瑰花的亮度），而不是永久性修改像素。用户在使用调整图层时，可以通过隐藏或删除调整图层来撤销修改，还可随时编辑调整图层。在本书的多个课程中，都将用到调整图层。

图 1.16

图层是 Photoshop 很重要、很强大的功能之一。Photoshop 包含很多类型的图层，其中有些包含图像、文本或纯色，而有些只是与它下面的图层交互。第 4 课将更详细地介绍图层。

⑤ 双击面板标签"属性"，可将这个面板折叠起来。

⑥ 选择菜单"文件">"存储为"，将文件命名为 01Working.psd，再单击"确定"或"保存"按钮。

> ♀ 注意　如果 Photoshop 显示一个对话框，指出保存到云文档和保存到计算机之间的差别，则单击"保存在您的计算机上"按钮。此外，还可选择"不再显示"复选框，但当重置 Photoshop 首选项后，将取消选择这个设置。

⑦ 在"Photoshop 格式选项"对话框中，单击"确定"按钮。

通过以不同的名称存储文件，可确保原始文件（01Start.psd）保持不变。这样，如果想要重新开始，就可直接使用它了。

至此，完成了学习 Photoshop 的第一项任务。提高了图像的亮度和对比度后，接下来可以开始制作生日卡了。

1.2.3　拾取颜色

在图层上绘画时，会使用 Photoshop 的前景色和背景色。在大多数情况下，关注的是前景色，如为画笔加载的颜色。前景色默认为黑色，背景色默认为白色。有多种修改前景色和背景色的方式，其中一种是使用吸管工具从图像中拾取颜色。本例将使用吸管工具从缎带中拾取蓝色，以便使用这种颜色来创建另一条缎带。

> ♀ 注意　如果当前选择了图层蒙版，前景色将默认为白色，而背景色将默认为黑色。图层蒙版将在第 6 课中更详细地介绍。

首先，显示图层 Ribbons，以便能够看到要拾取的颜色。

① 在图层面板中，单击图层 Ribbons 的可见性栏，让这个图层可见。图层可见时，其可见性栏中将出现一个眼睛图标，如图 1.17 所示。

图 1.17

可以看到，在图像窗口中，出现了一条带有 Happy Birthday 字样的缎带。

② 在图层面板中，选择图层 Ribbons，使其成为活动图层。

③ 选择工具面板中的吸管工具（ ✐ ）。

> ♀ 注意　如果找不到吸管工具，可单击工作区右上角的搜索按钮，输入"吸管"，再单击搜索结果中的"吸管工具"，即可选择工具面板中的吸管工具。

④ 在带 Happy Birthday 字样的缎带中，单击蓝色区域以拾取其中的蓝色。

在工具面板和颜色面板中，前景色将发生变化，如图 1.18 所示。此后绘图时都将使用这种颜色，直到再次修改前景色。

图 1.18

1.3 使用工具和工具属性

在前面的练习中，当选择缩放工具时，选项栏会提供对当前图像窗口的视图进行修改的途径。下面详细地介绍如何使用上下文菜单、选项栏、面板和面板菜单来设置工具的属性。使用工具在生日卡中添加第二条缎带时，可学习使用这些设置工具属性的方法。

1.3.1 设置度量单位

在 Photoshop 中，可修改度量单位。由于这张贺卡是要打印的，因此这里将使用英寸（1 英寸 =2.54 厘米）。

① 选择菜单"编辑">"首选项">"单位与标尺"（Windows）或"Photoshop">"首选项">"单位与标尺"（macOS）。

② 在"单位"部分，从"标尺"下拉列表中选择"英寸"，再单击"确定"按钮，如图 1.19 所示。

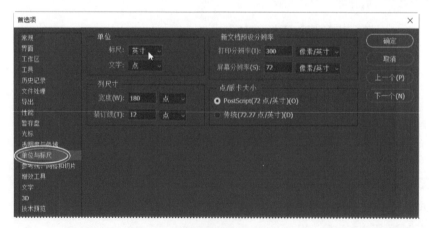

图 1.19

💡 提示 在显示了标尺的情况下（要显示标尺，可选择菜单"视图">"标尺"），可通过在标尺上单击鼠标右键（Windows）或按住 Control 键并单击标尺（macOS）来修改度量单位。

1.3.2 使用上下文菜单

上下文菜单包含的命令和选项因工作区中的元素而异，有时也被称为单击右键菜单或快捷键菜单。通常，上下文菜单中的命令在菜单栏或面板菜单中也能找到，但使用上下文菜单更直接，可节省时间。

① 根据需要调整视图（缩放或滚动），以便能够看清生日卡底部的三分之一。

② 在工具面板中选择矩形选框工具（ ▢ ）。

矩形选框工具用于选择矩形区域。第 3 课将更详细地介绍选择工具。

③ 拖曳矩形选框工具，以创建一个高约 0.75 英寸、宽约 2.5 英寸且右端与生日卡右边缘大致对齐的选区，如图 1.20 所示。当拖曳这个工具时，Photoshop 将显示选区的宽度和高度。只要创建的选区与这里显示的相差不大，就不用修改。

选区边框以移动的虚线显示，这种虚线被称为选取框（也被称为行军蚂蚁），它是动画式的，能让人更容易看清楚。

④ 在工具面板中选择画笔工具（ ✎ ）。

⑤ 在图像窗口中，在图像的任何地方单击鼠标右键（Windows）或按住 Control 键并单击（macOS），可打开画笔工具的上下文菜单。

上下文菜单通常是一个命令列表，但这里是一个包含画笔工具选项的弹出面板。

⑥ 单击文件夹（预设组）"常规画笔"旁边的箭头，将这个文件夹展开，再选择第一个画笔（柔边圆），并将其大小改为 65 像素，如图 1.21 所示。

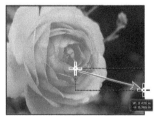
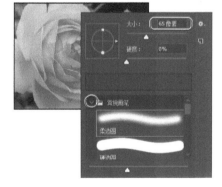

图 1.20　　　　　　　　　　　　　　　图 1.21

⑦ 按 Enter 键将上下文菜单关闭。

> **♀提示**　此外，也可在上下文菜单外面单击来将其关闭。单击时务必小心，以免绘制不必要的描边、修改设置或选区。

⑧ 在图层面板中，确保依然选择了图层 Ribbons，再在选区内拖曳，直到整个选区填满蓝色。绘画时，绘制到了选区外面也没关系，因为这不会给选区外面的区域带来任何影响。

⑨ 绘制好缎带后，选择菜单"选择">"取消选择"，这样就不会选择任何区域，如图 1.22 所示。

此时，选区消失了，但创建的缎带还在（位于图层 Ribbons 中）。

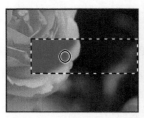  

图 1.22

1.3.3　选择和使用隐藏的工具

为减少占用的屏幕空间，工具面板中的工具被编组，且每组只有一个工具显示出来，其他工具隐藏在该工具的后面。按钮右下角的小三角形表明该工具后面还隐藏有其他工具。

接下来，将使用多边形套索工具从刚创建的缎带中剪掉一个三角形区域，使其与生日卡顶部的缎带匹配。

①　将鼠标指针指向工具面板顶部的第三个工具，直至出现工具提示，指出该工具为"套索工具"（ ρ ），键盘快捷键为 L。

②　使用下列方法之一来选择隐藏在套索工具后面的多边形套索工具（ ⋈ ）。

·　在套索工具上按住鼠标打开隐藏工具列表，再选择多边形套索工具，如图 1.23 所示。

·　按住 Alt 键（Windows）或 Option 键（macOS）并单击工具面板中的工具按钮，这将遍历隐藏的选框工具，直至选择多边形工具。

·　按"Shift + L"组合键，这将在套索工具、多边形套索工具和磁性套索工具之间来回切换。

使用套索工具可创建任何形状的选区；使用多边形套索工具能够更轻松地创建直边选区。第 3 课将更详细地介绍选择工具、选区的创建和选区内容的调整。

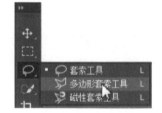

图 1.23

③　将鼠标指针指向刚创建的蓝色缎带的左边缘，再单击其左上角以开始创建选区。

④　将鼠标指针右移大约 0.25 英寸，再在缎带中央附近单击，这就创建了三角形的第一条边，如图 1.24（a）所示。单击的位置不用非常精确。

⑤　单击缎带左下角以创建三角形的第二条边。

⑥　单击起始位置以结束三角形的创建，如图 1.24（b）所示。创建好的选区如图 1.24（c）所示。

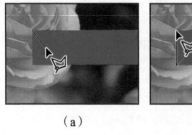 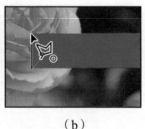 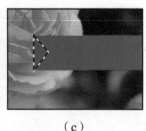

（a）　　　　　　　　（b）　　　　　　　　（c）

图 1.24

⑦　按 Delete 键将选定区域从缎带中删除，让缎带显示为凹进的形状，如图 1.25（a）所示。

⑧　选择菜单"选择">"取消选择"，以便不再选择刚删除的区域，如图 1.25（b）所示。

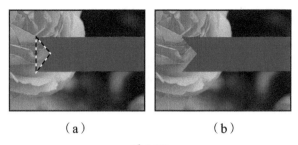

（a） （b）

图 1.25

> **注意** 菜单"选择"包含菜单项"取消选择"和"取消选择图层"，请务必选择菜单项"取消选择"。

制作好缎带后，就可在生日卡中添加姓名了。

1.3.4 在选项栏中设置工具属性

接下来，将先使用选项栏来设置文字属性，再输入姓名。

1 在工具面板中选择横排文字工具（ⓣ）。

现在，选项栏中的按钮和下拉列表都与文字工具相关。

2 在选项栏中，从第一个下拉列表中选择一种字体（这里使用 Myriad Pro Italic，可根据喜好选择其他字体）。

3 将字体大小设置为 32 点。

可在字体大小文本框中直接输入"32"，再按 Enter 键；也可通过拖曳字体大小标签（参见本页的提示）来设置；还可从下拉列表中选择一种标准字体大小，如图 1.26 所示。

图 1.26

> **提示** 在 Photoshop 中，对于选项栏、面板和对话框中的大部分数字设置，将鼠标指针指向其标签时将显示滑块。向右拖曳该滑块将增大设置，而向左拖曳将减小设置。拖曳时按住 Alt 键（Windows）或 Option 键（macOS）可缩小步长，而按住 Shift 键可增大步长。

④ 单击"色板"选项卡，将该面板置于最前面。单击预设组"蜡笔"左边的三角形展开这个预设组，再选择一种较淡的颜色（这里选择的是蜡笔黄），如图 1.27（a）所示。

选择的颜色将出现在两个地方：工具面板中的前景色，如图 1.27（b）所示；选项栏中的文字颜色，如图 1.27（c）所示。使用色板面板是一种选择颜色的简单方式，后面将介绍在 Photoshop 中选择颜色的其他方式。

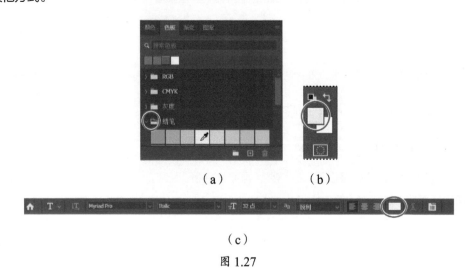

（a）　　　　　　　　（b）

（c）

图 1.27

> 💡 **注意** 将鼠标指针指向色板时，它将暂时变为吸管，单击以选择该色板。

⑤ 在缎带左端单击，将出现使用当前字体设置的占位文本 Lorem Ipsum。选中文本，以便直接输入所需的文本，如图 1.28（a）所示。

⑥ 输入一个名字（这里输入的是"Elaine"），它将替换占位文本，如图 1.28（b）所示。不用担心文字的位置不合适，后面将把它移到正确的位置。

（a）　　　　　　　　（b）

图 1.28

⑦ 单击选项栏中的对勾（✓）以提交文本，如图 1.29 所示。

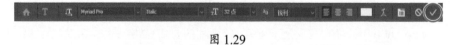

图 1.29

虽然蜡笔黄看起来不错，但这里要使用一种特殊颜色，让这里的文本与另一条缎带中文本的颜色匹配。可以通过改变色板的显示方式调整颜色。

⑧ 单击色板面板右上角的图标（▼▤），在下拉菜单中选择"小列表"，如图 1.30 所示。

⑨ 在选择了横排文字工具的情况下，双击文本以选择它们。

> 💡 **提示** 如果只想选择图层中的部分文本，可在选择横排文字工具后，通过拖曳鼠标来选择，而不要双击鼠标。

⑩ 在色板面板中，单击色板预设组"浅色"左边的三角形展开这个预设组，再选择"浅黄橙"，如图 1.31（a）所示。

> 💡 **提示** 选择不同的颜色后，工具面板中的前景色和选项栏中的文字颜色将发生相应的变化。

⑪ 单击对勾按钮（✓）提交修改并取消选择文本，最终效果如图 1.31（b）所示。

图 1.30

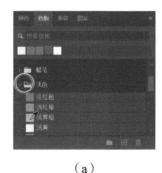 

（a） （b）

图 1.31

> 💡 **提示** 要提交对文字所做的编辑，也可单击文字图层外面的区域。

1.4 在 Photoshop 中还原操作

Photoshop 提供了还原操作的功能，让用户能够修改并尝试其他选项。

❶ 选择菜单"编辑">"还原编辑文字图层"或按"Ctrl+Z"（Windows）或"Command+Z"（macOS）组合键撤销最后一个操作，如图 1.32（a）所示。

名字将恢复到原来的颜色。

❷ 选择菜单"编辑">"重做编辑文字图层"或按"Ctrl+Shift+Z"（Windows）或"Command+Shift+Z"（macOS）组合键，将名字重新设置为浅黄橙，如图 1.32（b）所示。

（a）撤销最后一个操作　　　　　（b）恢复被撤销的操作

图 1.32

每执行一次"还原"命令都将撤销一步，因此要撤销五步，可执行"还原"命令或按其快捷键五次。"重做"命令的工作原理与此相同。

> 💡 提示　要获悉还原和重做的步骤，可查看历史记录面板，选择菜单"窗口">"历史记录"即可打开。

要从当前步骤切换到前一个步骤，可选择菜单"编辑">"切换最终状态"或按"Ctrl + Alt + Z"（Windows）或"Command + Option + Z"（macOS）组合键。要重新切换到当前步骤，可再次执行这个命令。这个命令提供了一种很好的途径，让用户能够对最后一次编辑前后的效果进行比较。

❸ 将名字恢复到所需的颜色后，使用移动工具（✛）将名字拖曳到缎带中央，如图 1.33 所示。

> 💡 提示　拖曳时可能出现智能参考线。它们可帮助用户将拖曳对象的边缘与其他对象的边缘或参考线对齐，或者让它们居中对齐。如果不需要智能参考线，可将其隐藏，方法是，选择菜单"视图">"显示">"智能参考线"或在拖曳时按住 Control 键即可。

图 1.33

❹ 将文件存盘。生日卡就做好了。

█ 1.5　面板和面板位置

Photoshop 包含各种功能强大的面板。很少在一个项目中同时用到所有面板，这就是在默认情况下，面板被分组且很多面板没有打开的原因。

"窗口"菜单包含所有的面板，如果面板所属的面板组被打开且面板处于活动状态，其名称旁边将有选中标记。在"窗口"菜单中选择面板名称可打开或关闭相应的面板。

按 Tab 键可隐藏所有面板：包括选项栏和工具面板；再次按 Tab 键可重新打开这些面板。

> 💡 注意　控制面板被隐藏时，文档窗口边缘有条竖线，将鼠标指针指向它可暂时显示控制面板。

在使用图层面板和色板面板时，已经使用过了面板停放区中的面板了。可将面板从停放区拖出来，也可将其拖进停放区。对于大型面板或偶尔使用但希望容易找到的面板而言，这很方便。

可以用于排列面板的操作有以下几种。

· 要移动整个面板组，将该面板组的标题栏拖曳到工作区的其他地方。

· 要将面板移到其他面板组中，将面板标签拖入目标面板组的标题栏中，待目标面板组内出现蓝色方框后松开鼠标，如图 1.34 所示。

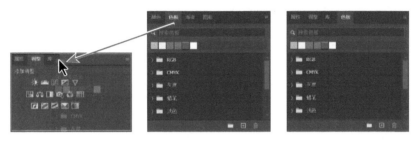

图 1.34

· 要停靠面板或面板组，将其标题栏或面板标签拖曳到停放区中，如图 1.35 所示。

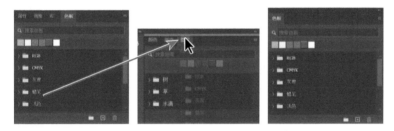

图 1.35

· 要使面板或面板组成为浮动的，将其标题栏或面板标签从停放区拖曳出去。

1.5.1 展开和折叠面板

在面板的预设尺寸之间通过拖曳或单击切换，可调整面板的大小，从而更高效地使用屏幕空间，以及看到更多或更少的选项。

· 要将打开的面板折叠为图标，可单击面板组标题栏上的双箭头；要展开面板，可单击图标或双箭头按钮，如图 1.36 所示。

· 要调整面板的高度，可拖曳其下边缘。

· 要调整面板的宽度，可将鼠标指针指向其左上角，待鼠标变成双箭头时，向左拖曳以增大面板或向右拖曳以缩小面板。

· 要调整浮动面板的大小，可将鼠标指针指向面板的右边缘、左边缘或下边缘，待鼠标变成双箭头时，向内或向外拖曳边界；也可向内或向外拖曳右下角。

· 要折叠面板组让其只显示标题栏和选项卡，可双击面板标签或标题栏，如图 1.37 所示。再次双击可恢复面板组，展开其视图。即使面板组被折叠，也可打开其面板菜单。

· 面板组被折叠后，面板组中各面板的标签及面板菜单按钮仍可见。

> **♀ 注意** 对于有些面板，如字符面板和段落面板，虽然不能调整其大小，但可折叠它们。

图 1.36   图 1.37

1.5.2　有关工具面板和选项栏的注意事项

工具面板和选项栏与其他面板有一些共同之处。

- 拖曳工具面板的标题栏可将其移到工作区的其他地方，拖曳选项栏最左侧的抓手分隔栏可将其移到其他地方。
- 可隐藏工具面板和选项栏。

> 💡 提示　要复位基本功能工作区，可单击软件窗口右上角的工作区图标，再选择"复位基本功能"。

工具面板和选项栏不具备的面板特征。

- 不能将工具面板或选项栏与其他面板组合在一起。
- 不能调整工具面板或选项栏的大小。
- 不能将工具面板或选项栏停放到面板组中。
- 工具面板和选项栏都没有面板菜单。

使用属性面板简化编辑工作

Photoshop 中有很多面板，有一定的 Photoshop 使用经验后，可考虑使用属性面板来完成很多工作。属性面板会随选择对象的不同而相应地变化，以显示与当前选定对象相关的选项（见图 1.38）；什么都没选定时，属性面板将显示有关文档的选项。

图 1.38

例如，当选择一个文字图层时，属性面板将显示变换选项（为移动或旋转图层提供方便）和字符选项（能够修改在选项栏中没有显示的文字设置）。因为不用打开变换面板和字符面板，这可在一定程度上节省时间。要设置不那么常见的选项时，可能需要打开更专用的面板，但很多常见的选项都包含在属性面板中。如果有足够的屏幕空间，最好让属性面板一直打开着。

修改界面设置

默认情况下，Photoshop 的面板、对话框和背景都是黑色的。在 Photoshop "首选项"对话框中，可调亮界面，以及做其他修改。

为此，可按以下步骤做。

1. 选择菜单 "编辑" > "首选项" > "界面"（Windows）或 "Photoshop" > "首选项" > "界面"（macOS）。

2. 选择其他颜色方案或做其他修改。

选择不同颜色方案后，可以立刻看到变化，如图 1.39 所示。在这个对话框中，还可以为各种屏幕模式指定颜色，以及修改其他界面。

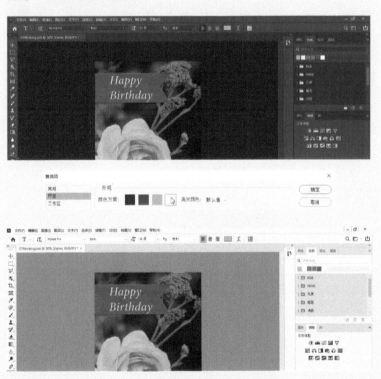

图 1.39

3. 完成修改后，单击 "确定" 按钮。

1.6　复习题

1. 指出至少两种可在 Photoshop 中打开的图像。
2. 在 Photoshop 中如何选择工具？
3. 描述两种修改图像视图的方法。

1.7　复习题答案

1. 可打开使用数码相机拍摄的照片，可打开扫描的照片、正片、负片或图形，可打开从互联网下载的图像（如来自 Adobe Stock 的照片及上传到"云文档"或"Lightroom 照片"的图像）。
2. 要在 Photoshop 中选择工具，可单击工具面板中相应的按钮或按相应的快捷键，选择的工具将一直处于活动状态，直到选择了其他工具。要选择隐藏的工具，可使用键盘快捷键在工具间切换，也可在工具面板中的工具按钮上单击鼠标打开隐藏工具列表。
3. 可从"视图"菜单中选择相应的命令来缩放图像或使图像适合屏幕；也可以使用缩放工具通过在图像上单击或拖曳来缩放其视图。另外，还可使用键盘快捷键和"导航器"面板来控制图像的显示比例。

第 2 课

照片校正基础

本课概览

- 了解图像的分辨率和尺寸。
- 拉直和裁剪图像。
- 使用污点修复画笔工具修复图像。
- 使用仿制图章工具修复图像。
- 应用智能锐化滤镜修饰照片。

- 在 Adobe Bridge 中查看和访问文件。
- 调整图像的色调范围。
- 使用内容识别修补工具删除或替换物体。
- 消除图像中的数字伪像。

学习本课大约需要 **1** 小时

    Photoshop 提供了各种改善照片质量的工具和命令。本课将调整一张旧照片的大小并对其进行修饰。

2.1 修饰策略

修饰工作量取决于要处理的图像，以及要实现的目标。对于很多图像来说，可能只需调整亮度或颜色；而对于其他图像，可能需要执行多项任务，并采用更高级的工具和技巧。

> **♀ 注意** 在本课中，将使用 Photoshop 来修复图像。对于有些图像，如以相机原始格式存储的图像，使用随 Photoshop 安装的应用程序 Adobe Camera Raw 来修复的效率可能更高。有关 Adobe Camera Raw 提供的工具，将在第 12 课介绍。

2.1.1 组织高效的任务序列

大部分修饰工作都遵循以下通用步骤，这些步骤都将在本课介绍。

- 复制原始图像或扫描件（务必保留一份图像文件的副本）。
- 确保使用适合图像的分辨率。
- 裁剪图像至最终尺寸并调整方向。
- 调整图像的整体对比度或色调范围。
- 消除色偏，如校正偏蓝的图像。
- 修复受损照片扫描件的缺陷（如裂缝、粉尘、污迹）。
- 调整图像特定部分的颜色和色调，以突出高光、中间调、阴影和不饱和的颜色。
- 锐化图像。

这些任务的执行顺序可能随项目而异，而且并非每个步骤都是必不可少的。在基本修饰流程中，通常都是先校正颜色和色调，最后根据最终的交付介质调整像素尺寸及锐化。

2.1.2 根据图像的用途调整处理流程

在某种程度上如何修饰图像，取决于将如何使用它。例如，如果图像将用于新闻纸的黑白出版物，采用的裁剪和锐化方式可能与用于彩色网页时的不同。Photoshop 支持 RGB 颜色模式（用于 Web 和移动创作及桌面照片打印）、CMYK 颜色模式（用于使用原色印刷的图像）、灰度颜色模式（用于黑白印刷）和其他颜色模式（用于其他特殊目的）。此外，还可使用 Photoshop 来调整图像的像素尺寸，即分辨率。一般而言，应在高品质的全分辨率主图像中完成大部分编辑，再根据具体的用途（如打印或用于 Web）及每种介质的具体要求做特殊的调整。

2.2 分辨率和图像尺寸

在 Photoshop 中编辑图像时，第一步是确保图像的分辨率合适。分辨率指的是单位长度的像素数，如每英寸的像素数（ppi）。分辨率由像素尺寸（图像水平和垂直方向的像素数）决定，如图 2.1 所示。

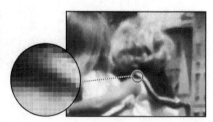

图 2.1

将图像水平和垂直方向的像素数相乘，就可知道图像包含多少像素。例如，高和宽都为 1000 像素的图像包含 1000000 像素，而高和宽都为 2000 像素的图像包含 4000000 像素。像素尺寸对文件大小和上传 / 下载时间都有影响。

修改分辨率是否会影响文件大小呢？只有当像素尺寸发生了变化时才会有影响。例如，分辨率为 300ppi 时，7 英寸 ×7 英寸的图像包含 2100 像素 ×2100 像素；如果修改图像尺寸或分辨率，但保持像素尺寸 2100 像素 ×2100 像素不变，文件大小就不会发生变化。但如果只修改图像尺寸而不修改分辨率（或者相反），像素尺寸必然发生变化，进而导致文件大小发生变化。例如，在前面的示例中，如果保持图像尺寸 7 英寸 ×7 英寸不变，但将分辨率改为 72ppi，像素尺寸将变成 504 像素 ×504 像素，文件大小也将相应的减小。

图像需要多高的分辨率呢？这取决于要以什么样的方式输出。图像的 ppi 值低于 150 ~ 200 时，可能被视为低分辨率；而高于 200 时，通常被视为高分辨率，因为这样的图像包含足够多的细节，可充分用在商用打印机或艺术图片打印机，以及高分辨率（Retina/HiDPI）显示设备的分辨率。

观看距离和输出技术等因素都会影响人眼实际感觉的分辨率，这些因素也决定了图像的分辨率需求。例如，220ppi 的笔记本显示器可能看起来与 360ppi 的智能手机一样清晰，因为观看笔记本屏幕的距离更远。但对高端照排机或艺术图片喷墨打印机来说，220ppi 的分辨率可能不够，因为这些设备能够以 300ppi 甚至更高的分辨率重现大部分细节。而对于用于高速公路广告牌的图片，50ppi 可能看起来就非常清晰，因为观看距离较远。

考虑到显示和输出技术的工作原理，图像的分辨率可能无须与高分辨率打印机的设备分辨率相同。例如，有些商用照排机和照片级喷墨打印机的设备分辨率为 2400 点 / 英寸（dpi）甚至更高，但对于要使用这些设备打印的照片，合适的图像分辨率可能是 200ppi ~ 360ppi。这是因为设备点被编组为加大的半调单元或喷墨图案，它们会累计色调和颜色。同样，在 500ppi 的智能手机上显示图像时，可能不要求图像的分辨率也为 500ppi。因此，不管使用什么介质，都要向制作团队或输出服务提供商询问该以什么样的像素尺寸或分辨率提供最终的图像。

▌2.3 使用 Adobe Bridge 打开文件

在本书中，每课都将处理不同的起始文件。可复制这些文件，以不同的名称存储或存储到不同的位置，也可直接处理起始文件，并在需要重新开始时下载原始文件。

接下来，将修复一张褪色并受损的老照片，且最终的图像尺寸为7英寸×7英寸。

在第1课使用了"打开"命令来打开文件。在本课中，将首先在 Adobe Bridge 中对扫描的原件和最终图像进行比较。Adobe Bridge 是一个可视化的文件浏览器，让用户无须猜测就能找到所需的图像文件。

❶ 启动 Photoshop 并立刻按"Ctrl + Alt + Shift"（Windows）或"Command + Option + Shift"（macOS）组合键，以恢复默认首选项。

❷ 出现提示对话框时，单击"是"按钮，确认并删除 Adobe Photoshop 设置文件。

❸ 选择菜单"文件">"在 Bridge 中浏览"。如果被询问是否要在 Bridge 中启用 Photoshop 扩展，单击"是"或"确定"按钮。

> 💡注意　如果没有安装 Bridge，在选择菜单"文件">"在 Bridge 中浏览"时，将启动桌面应用程序 Adobe Creative Cloud，而它将下载并安装 Bridge。安装完成后，便可启动 Bridge。
>
> 　　如果 Brige 询问是否要从上一版 Bridge 中导入首选项，请选择"不再显示"复选框，再单击"否"按钮。

然后将打开 Adobe Bridge，其中包含一系列面板，还有菜单和按钮。

❹ 单击左上角的"文件夹"标签，再切换至下载到硬盘中的文件夹 Lessons，在内容面板中显示其内容，如图2.2所示。

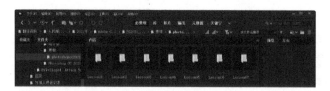

图 2.2

❺ 在文件夹面板中选择了文件夹 Lessons 的情况下，选择菜单"文件">"添加到收藏夹"。

对于常用的文件、文件夹和其他素材，将其添加到收藏夹中以便能够快速访问它们。

> 💡提示　如果收藏夹面板和要添加到收藏夹中的文件夹都可见，可将文件夹拖曳到收藏夹面板中；还可通过拖曳将桌面上的文件夹添加到收藏夹面板中。

❻ 单击"收藏夹"标签打开这个面板，再单击文件夹 Lessons 打开它，在内容面板中双击文件夹 Lesson02。

这个文件夹的内容缩览图将出现在内容面板中，如图2.3所示。

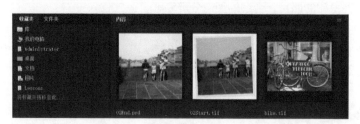

图 2.3

❼ 比较文件 02Start.tif 和 02End.psd。要放大内容面板中的缩览图，可向右拖曳 Bridge 窗口底部的缩览图滑块。

在 Bridge 中，要查看选定图像较大的预览图，可选择菜单"窗口">"预览"来打开预览面板。如果预览不够大，可调整预览面板的尺寸；还可按空格键，在全屏模式下查看选定图像的预览。

注意到在文件 02Start.tif 中，图像是斜的，颜色不太鲜艳，同时存在绿色色偏和划痕。下面首先来裁剪并拉直这幅图像。

⑧ 双击文件 02Start.tif 在 Photoshop 中打开，如果出现"嵌入的配置文件不匹配"对话框，单击"确定"按钮。

⑨ 在 Photoshop 中，选择菜单"文件">"存储为"，将格式设置为 Phtoshop，将文件名指定为 02Working，再单击"保存"按钮，如图 2.4 所示。

图 2.4

如果 Photoshop 显示一个对话框，指出保存到云文档和保存到计算机之间的差别，则单击"保存在您的计算机上"按钮。此外，还可选择"不再显示"复选框，但当重置 Photoshop 首选项后，将取消选择这个设置。

2.4 拉直和裁剪图像

下面使用裁剪工具来拉直、修剪和缩放这张图像。

❶ 在工具面板中，选择裁剪工具（口）。

将出现裁剪手柄且裁剪遮盖条遮住了将裁剪掉的区域，使得注意力放在将留下的区域。

❷ 在选项栏中，从下拉列表"选择预设长宽比或裁剪尺寸"中选择"宽 × 高 × 分辨率"（默认设置为"比例"）。

③ 在选项栏中，将高度和宽度都设置为 7 英寸，将分辨率设置为 200 像素 / 英寸，将出现裁剪网格，如图 2.5 所示。

💡 **提示** 要让裁剪边缘看起来更清晰，可在裁剪矩形处于活动状态的情况下增大缩放比例。

图 2.5

💡 **提示** 要让文档保留位于裁剪区域外面的像素，可取消选择"删除裁剪的像素"复选框，以便后续对其调整。

接下来，来拉直这幅图像。

④ 单击选项栏中的"拉直"图标，鼠标指针将变成拉直工具图标。

⑤ 单击图像的左上角，并沿上边缘拖曳到右上角，再松开鼠标。

Photoshop 将拉直图像，让绘制的直线与图像区域的上边缘平行，如图 2.6 所示。这里沿照片上边缘绘制了一条直线，但也可沿图像中任何水平或垂直的线条绘制。

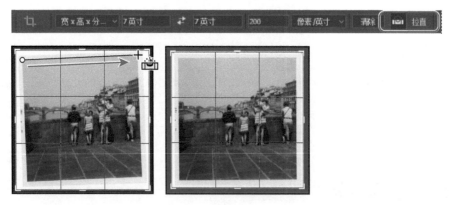

图 2.6

💡 **提示** 只要选项栏中的当前设置还有效，裁剪工具将继续创建尺寸为 7 英寸 × 7 英寸、分辨率为 200 ppi 的裁剪。要自由地裁剪，可单击选项栏中的"清除"按钮。

下面将白色边框裁剪掉并缩放图像。

⑥ 将裁剪矩形的各个角向内拖曳到图像的相应角，将所有的白色区域都删除，如图 2.7（a）

所示。如果需要调整图像的位置，可在裁剪矩形中单击并拖曳。

⑦ 按 Enter 键执行裁剪。

经过裁剪、拉直，以及调整尺寸和位置后的图如图 2.7（b）所示。

> 💡提示　要在裁剪矩形消失后调整裁剪设置，可选择菜单"编辑"＞"还原"，再重新裁剪。

> 💡提示　要一步拉直照片并将扫描到的背景裁剪掉，可选择菜单"文件"＞"自动"＞"裁剪并修齐照片"。
> 这个命令还能自动将扫描在一幅图像中的多张图像分开。

⑧ 如果软件窗口底部的状态栏中没有显示图像尺寸，可以单击那里的箭头并从弹出的下拉列表中选择"文档尺寸"，如图 2.8 所示。

（a）　　　　　　　　（b）

图 2.7　　　　　　　　　　　　　　　　　　图 2.8

> 💡提示　在状态栏中使用的单位与在"首选项"对话框的"单位与标尺"部分设置的单位（像素、英寸等）
> 相同。

可通过状态栏来查看当前文档的各个方面。比如裁剪前，这幅图像的尺寸为 2160 像素 × 2160 像素，分辨率为 240 ppi；使用第 3 步所做的设置裁剪后，该图像的尺寸为 1400 像素 × 1400 像素，分辨率为 200 ppi。

⑨ 选择菜单"文件"＞"存储"保存所做的工作，如果出现"Photoshop 格式选项"对话框，单击"确定"按钮。

2.5　调整颜色和色调

下面使用曲线和色阶调整图层来消除这幅图像的色偏，并调整其颜色和色调。

❶ 在调整面板中，单击图 2.9（a）所示的"曲线"图标添加一个曲线调整图层，属性面板将显示其设置选项。

❷ 在属性面板中，选择左边的白场工具，如图 2.9（b）所示。

　　白场工具用于指定将哪种颜色值调整为中性白。指定白场后，其他所有颜色和色调都将相应地调整。通过正确地指定白场，可快速地消除色偏及校正图像的亮度。为准确地设置白场，可选择图像中最亮且包含细节的白色区域（不是太阳或电灯等曝光过度的区域，也不是反射太阳光的镜面高光区域）。

　　❸ 将图像放大，单击女孩衣服上的白色条带，如图 2.10 所示。

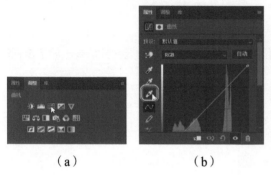

（a）　　　　　　　　（b）

图 2.9

图 2.10

　　白色条带存在影响整幅图像的暖色色偏，且其较暗。单击它消除这种色偏并加以调亮，从而极大地改善这幅图像的颜色和对比度。此外，也可单击其他白色区域，如孩子的水手服、妇女衣服上的条带或小孩的短裤，看看各种选择对颜色的影响。

　　下面使用色阶调整图层来微调这幅图像的色调范围。

　　❹ 在调整面板中（如果需要，单击这个面板的标签，让这个面板可见），单击图 2.11（a）所示的"色阶"图标添加一个色阶调整图层。

　　在选择了色阶调整图层或曲线调整图层的情况下，属性面板将显示一个直方图。直方图显示了图像中色调值的分布情况，其中左边为黑色，右边为白色。对于色阶调整图层，直方图左下角的三角形表示黑场（图像中最暗的点），右下角的三角形表示白场（图像中最亮的点），而中间的三角形表示灰场。

　　❺ 如图 2.11（b）所示，将直方图左下角的三角形（黑场）拖曳到开始有大量阴影色调的地方，这里将其值设置为 15，将所有小于 15 的色调值都修改为黑色。将中间的三角形稍微向右拖，以调整灰场，这里将其设置为 0.9。

　　下面将图像拼合，以方便修复。拼合图像将把所有图层都合并到背景图层中，因此只有不再需要调整以前使用不同的图层所做的编辑时，才应拼合图像。

❻ 选择菜单"图层">"拼合图像"，结果如图 2.12 所示。

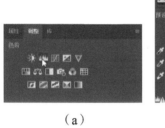

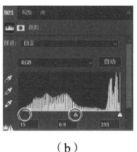

（a）　　　　　　　　　（b）

图 2.11　　　　　　　　　　　　　　　图 2.12

真实的照片修复案例

Gawain Weaver 是 Gawain Weaver Art Conservation 的主人，修复并挽救了众多艺术家的原作，包括 Eadweard Muybridge、Man Ray、Ansel Adams 和 Cindy Sherman 的。他在全球各地在线开设过有关照片保护和鉴赏的讲座。

Photoshop 提供的工具能很好地修复老旧或受损的照片，让任何人都能够扫描、修复、打印并装裱自己的影集。

然而，处理艺术家、博物馆、画廊和收藏者的作品时，必须最大限度地保护原件，避免变质或损坏。因此，必须由专业的艺术品保护者出手。

下面介绍如何修复图 2.13 所示作品上的污点。

图 2.13　将这件作品从装裱框中取出，消除污点后再装裱好

Weaver 指出，照片保护既是科学又是艺术，为安全地清洁、保护和改善照片，必须利用有关摄影的化学知识、装裱框及清漆或其他涂层。在保护过程中，无法快速"撤销"所做的处理，因此必须万分小心，充分考虑到摄影作品的脆弱性。

艺术品保护者使用的很多手工工具在 Photoshop 都有相应的数字版本。

艺术品保护者会清洁照片以消除褪色，他们甚至使用温和的漂白剂来氧化并消除彩色污渍或修复褪色问题。在 Photoshop 中，可使用曲线调整图层来消除图像存在的色偏。

处理艺术照片时，保护者可能使用特殊的颜料和美工笔手工修复受损的区域。同样，在 Photoshop 中，可使用污点修复画笔来消除扫描件中的尘土。

保护者可能糨糊来修复破损的纸张，然后再补全破损的区域。在 Photoshop 中，要消除扫描件中的折痕或修复破损的地方，只需使用仿制图章工具单击几下即可。

为清洁装裱框，使用小型工笔在艺术家的签名上加上固定剂，如图 2.14 所示。

图 2.14

Weaver 指出，在艺术品保护者的工作中，首要目标是保护和修复摄影作品原件，但在有些情况下，使用 Photoshop 来完成工作更合适，尤其是修复著名照片时，可获得事半功倍的效果。数字化后，就可将原件放在安全的地方，同时复制或打印很多件数字版本，每个家庭成员一件。对于家庭照片，通常竭尽所能地清洁原件，再进行数字化，然后在计算机上修复褪色、污渍和破损。

图 2.15 显示了前述作品修复后的样子。

图 2.15

2.6　使用污点修复画笔工具

下一项任务是使用污点修复画笔来消除照片中的折痕。另外，还将使用这个工具解决其他几个问题。

污点修复画笔工具可快速删除照片中的污点和其他不理想部分。它使用从图像或图案中采集的像素进行绘画，并将样本像素的纹理、光照、透明度和阴影与所修复的像素相匹配。

污点修复画笔工具非常适用于消除人像中的瑕疵，同时适用于修复与周边一致的区域。

> 💡**注意**　修复画笔工具的工作原理与污点修复画笔工具的类似，只是在修复前需要指定源像素。

❶ 放大图像，以便能够看清折痕。

❷ 在工具面板中，选择污点修复画笔工具（🖌）。

❸ 在选项栏中，打开弹出式画笔面板，将画笔大小设置为 25 像素，将硬度设置为 100%，并确保选择了"内容识别"，如图 2.16（a）所示。

❹ 在图像窗口中，从折痕顶端向下拖曳，如图 2.16（b）所示。从上往下拖曳 4 ～ 6 次就可消除整个折痕。拖曳鼠标指针时，描边为黑色，但松开鼠标后，绘制的区域便修复好了。

（a）

（b）

图 2.16

> 💡提示　为避免出现明显的接缝或图案，使用污点修复画笔工具只在要修复的区域上绘画，而不要涉及不必要的区域，为此可将画笔大小设置为只比瑕疵大一点点。

> 💡提示　放大图像后，可能看不到整个折痕，但可在不切换工具的情况下调整视图位置，为此可使用滚动条，也可按住空格键暂时切换到抓手工具。

⑤ 放大图像，以便能够看清右上角的白色头发。然后再次选择污点修复画笔工具，并在头发上绘画即可清除，如图 2.17 所示。

图 2.17

⑥ 如果必要，缩小图像以便能够看到整个天空，再单击要修复的区域。

⑦ 保存所做的工作。

2.7　使用内容识别修补

要消除图像中不想要的大型元素，可使用修补工具。下面使用内容识别修补来消除图像右边不相关的人物。在内容识别模式下，修补工具几乎可将内容与周边环境无缝地融合在一起。

① 在工具面板中，选择隐藏在污点修复画笔工具（🩹）后面的修补工具（🩹）。

② 在选项栏中，从"修补"下拉列表中选择"内容识别"，再将"结构"滑块移到 4 处，如图 2.18（a）所示。

"结构"的数值反映了对既有图像模式的修补程度。可选择 1 ~ 7 的值，其中 1 对遵守原结构的要求最低，而 7 最高。

③ 绕男孩及其影子拖曳修补工具，不用非常精确，但拖曳时尽可能紧紧环绕男孩及其影子，如

图 2.18（b）所示。为更清楚地看清男孩，可能需要放大图像。

④ 在刚选定的区域内单击并将向左拖曳，Photoshop 将显示替换男孩的内容的预览。不断向左拖曳，直到预览区域不再与男孩原来所在的区域重叠，同时又不与妇女及其怀抱的女孩重叠，如图 2.18（c）所示。拖曳到满意的地方后松开鼠标。

选区将变得与周围一致：男孩消失了，他原来站立的地方变成了桥梁和建筑，如图 2.18（d）所示。

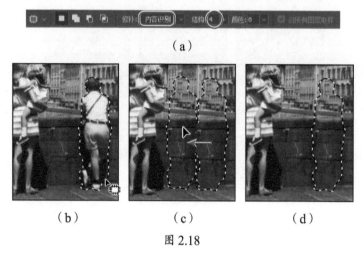

（a）

（b）　　　　　（c）　　　　　（d）

图 2.18

⑤ 选择菜单"选择">"取消选择"。

修补效果很好，但并不是非常完美，下面将做进一步的修复。

💡**注意**　并非在任何情况下，使用修复和内容识别工具都能得到最佳的效果，这些工具的意义在于减少总修饰时间。因此使用后，可能还需做少量的手工修复。

2.8　使用仿制图章工具修复特定区域

仿制图章工具使用图像中一个区域的像素来替换另一区域的像素。使用它不但可以删除图像中不想要的东西，还可以修补扫描受损原作得到的图像中缺失的区域。

下面使用仿制图章工具让桥墙和窗户的高度一致。

① 在工具面板中选择仿制图章工具（🔳），将画笔大小和硬度分别设置为 60 像素和 30%，并确保选中了"对齐"复选框，如图 2.19（a）所示。

💡**提示**　编辑分辨率更高的图像时，可能需要将画笔设置得更大。

② 将鼠标指针指向顶部平齐的桥墙部分，即要复制用来让修补的桥墙顶部平齐的区域。

③ 按住 Alt 键（Windows）或 Option 键（macOS）并单击进行取样。按住 Alt 键或 Option 键时，鼠标指针将变成瞄准器，如图 2.19（b）所示。

④ 沿需要修补的桥墙顶部拖曳使其平齐，再松开鼠标，如图 2.19（c）所示。

每次单击仿制图章工具时，都将使用新的取样点，且单击点与取样点的相对关系始终与首次仿制时相同。也就是说，如果继续向右绘制，它将从更右边的地方而不是最初的源点取样。这是因为在选项栏中选择了"对齐"复选框。如果希望每次仿制时都从相同的取样点取样，就应取消选择"对齐"复选框。

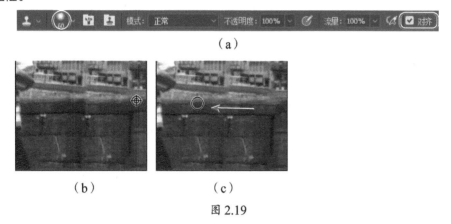

（a）

（b）　　　　　　　（c）

图 2.19

💡 提示　不同于污点修复画笔工具和修补工具，仿制图章工具并不会让编辑看起来没有缺陷，而只是将源点的像素复制到拖曳到的地方。因此，要想让图像看起来是完美的，需要做更多的手工修饰工作。

⑤ 选择桥墙底部平齐的区域作为取样点，再沿需要修补的桥墙的底部拖曳，如图 2.20 所示。

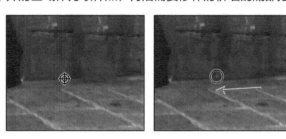

图 2.20

⑥ 缩小画笔，并取消选择"对齐"复选框，将大楼最底层右端的窗户作为取样点，再通过单击创建精确的窗户，如图 2.21 所示。

⑦ 重复第 6 步，对建筑物底部区域及其前面的墙做必要的调整。细心观察，找出明显是通过仿制得到的重复区域，并手工修饰它们。

⑧ 如果愿意，可使用较小的画笔来修饰桥墙部分的砖块，结果如图 2.22 所示。

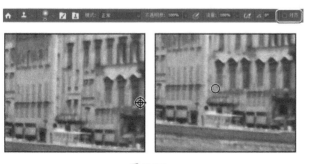

图 2.21　　　　　　　　　　　图 2.22

⑨ 保存所做的工作。

2.9 锐化图像

修饰照片时，可能想执行的最后一步是锐化图像。在 Photoshop 中，锐化图像的方式有多种，但智能锐化滤镜提供的控制权最大。鉴于锐化可能导致伪像更突出，因此下面首先来消除伪像。

❶ 将图像放大到 400%，以便能够看清男孩的 T 恤。看到的彩色点就是扫描过程中生成的伪像，如图 2.23（a）所示。

❷ 选择菜单"滤镜">"杂色">"蒙尘与划痕"。

❸ 在"蒙尘与划痕"对话框中，保留半径和阈值的默认设置 1 和 0，并单击"确定"按钮，如图 2.23（b）所示。

阈值决定了应删除差异多大的像素，半径决定了将在多大范围内搜索不同的像素。对于这幅图像中的小型彩色点，默认设置的效果就很好。

注意到伪像消失了，如图 2.23（c）所示，此时可以锐化图像。

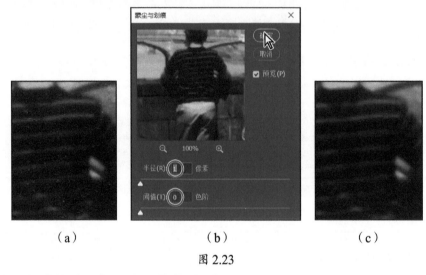

（a）　　　　　　（b）　　　　　　（c）

图 2.23

❹ 选择菜单"滤镜">"锐化">"智能锐化"。

❺ 在"智能锐化"对话框中，确保选择了"预览"复选框，以便能够在图像窗口中看到调整设置的效果。

> 💡提示　使用诸如"智能锐化"等对话框时，别忘了选中"预览"复选框，这样可比较应用设置前后的图像。

可以在该对话框的预览窗口中拖曳，以查看图像的不同部分；还可以使用缩览图下面的加号按钮和减号按钮缩放图像。

❻ 确保从"移去"下拉列表中选择了"镜头模糊"。

在"智能锐化"对话框中，可从"移去"下拉列表中选择"镜头模糊""高斯模糊"或"动感模糊"。

❼ 拖曳"数量"滑块至 60% 左右以锐化图像。

❽ 拖曳"半径"滑块至 1.5 左右。

半径值决定了边缘像素周围将有多少像素会影响锐化。图像的分辨率越高,"半径"的设置应越大。

⑨ 对结果满意后,单击"确定"按钮应用智能锐化滤镜,如图 2.24 所示。

图 2.24

⑩ 选择菜单"文件">"存储",再将文件关闭。

现在,可以分享或打印这幅图像了!

将彩色图像转换为黑白的

无论是否添加色调,在 Photoshop 中,将彩色图像转换为黑白的都可得到很不错的结果。

1. 选择菜单"文件">"打开",选择文件夹 Lesson02 中的文件 bike.tif,再单击"打开"
按钮。

2. 在调整面板中,单击"黑白"图标添加一个黑白调整图层,如图 2.25 所示。

图 2.25

3. 调整颜色滑块以修改不同颜色的亮度,这可模拟使用黑白胶卷和彩色滤镜的效果,但提
供了更大的控制权;也可尝试下拉列表中的预设,如"较暗"和"红外线";还可选择属性面板左
上角的目标调整工具( ),再指向要调整的颜色并沿水平方向拖曳。这个工具调整与开始拖曳地
方的像素颜色相关联的滑块,例如,在红色车架上拖曳将调整所有红色区域的亮度(这里加暗了
自行车,并让背景区域更亮)。

4. 如果要给照片添加色调，可选择复选框"色调"，再单击右边的色板并选择一种颜色（这里选择的颜色的 RGB 值为 227、209、198），如图 2.26 所示。

图 2.26

2.10 复习题

1. 在 Photoshop 中，分辨率指的是什么？
2. 裁剪工具提供了哪些改善图像的方式？
3. 如何在 Photoshop 中调整图像的色调和颜色？
4. 可使用哪些工具来消除图像中的瑕疵？
5. 如何消除图像中的伪像（如彩色像素和扫描到图像中的灰尘、颗粒）?

2.11 复习题答案

1. 分辨率指的是图像中单位长度的像素数，如每英寸的像素数（ppi）。打印机分辨率可能表示为每英寸的墨点数（dpi），应为设备的墨点并非总是对应于图像像素。在 Web 和视频中，分辨率通常指的是像素尺寸，而不是每英寸的像素数。
2. 可以使用裁剪工具来裁剪、拉直和缩放图像及调整图像的分辨率。
3. 在 Photoshop 中，可使用曲线和色阶调整图层来调整图像的色调和颜色。
4. 在本课中，使用了污点修复画笔工具来消除图像中的瑕疵；也可使用其他工具来消除瑕疵，如修复画笔工具、修补工具和仿制图章工具。
5. 可使用"蒙尘与划痕"滤镜来消除图像中的伪像。

使用选区

本课概览

- 使用选取工具让图像的特定区域处于活动状态。
- 结合使用键盘和鼠标来节省时间和减少手的移动。
- 使用方向键调整选区的位置。
- 旋转选区。

- 调整选框的位置。
- 移动和复制选区内容。
- 取消选区。
- 限制选区的移动方式。
- 将区域加入选区，以及将区域从选区中删除。
- 使用多种选取工具创建复杂选区。

学习本课大约需要 小时

　　学习如何选择图像区域至关重要，因为必须先选择要修改的区域。选区处于活动状态时，用户只能编辑选定的内容。

3.1　选择和选取工具

在 Photoshop 中，对图像中的区域进行修改由两步组成：首先使用某种选取工具来选择要修改的图像区域；然后使用其他工具、滤镜或功能进行修改，如将选中的像素移到其他地方或对选区应用滤镜。可以基于大小、形状和颜色来创建选区。通过选择，可以将修改限制在选区内，而其他区域不受影响。

> ♀ **提示**　在很多图像编辑软件中，都需要先选择要修改的内容。明白一个软件中选区的工作原理后，便可在类似的软件中使用这些知识。

对特定的区域而言，什么是最佳的选取工具取决于该区域的特征，如形状和颜色。有四种主要的选取工具。

- 几何选取工具：使用矩形选框工具（□）在图像中选择矩形区域；椭圆选框工具（○）隐藏在矩形选框工具的后面，用于选择椭圆形区域；单行选框工具（﹏）和单列选框工具（┆）分别用于选择一行和一列像素。如图 3.1 所示。
- 手绘选取工具：可以拖曳套索工具（○）来生成手绘选区；使用多边形套索工具（▽）可以通过单击设置锚点，进而创建由线段环绕而成的选区；磁性套索工具（▷）类似于另外两种套索工具的组合，最适合在要选择的区域同周边区域有很强的对比度时使用。如图 3.2 所示。
- 基于边缘的选取工具：对象选择工具（▥）在指定的大致区域内找出并选择主体。快速选择工具（▨）自动查找边缘并以边缘为边界建立选区。如图 3.3 所示。
- 基于颜色的选取工具：魔棒工具（⚲）基于像素颜色的相似性来选择图像中的区域。在选择形状古怪但颜色在特定范围内的区域时，这个工具很有用。如图 3.3 所示。

图 3.1　　　　　　　　图 3.2　　　　　　　　图 3.3

3.2　概述

首先来看看在学习 Photoshop 选取工具的过程中将创建的图像。

❶ 启动 Photoshop 并立刻按"Ctrl + Alt + Shift"（Windows）或"Command + Option + Shift"（macOS）组合键，以恢复默认首选项（参见前言中的"恢复默认首选项"）。

❷ 出现提示对话框时，单击"是"按钮，确认并删除 Adobe Photoshop 设置文件。

❸ 选择菜单"文件">"在 Bridge 中浏览"以启动 Adobe Bridge。

> ♀ **注意**　如果没有安装 Bridge，在选择菜单"文件">"在 Bridge 中浏览"时，将启动桌面应用程序 Adobe Creative Cloud，而它将下载并安装 Bridge。安装完成后，便可启动 Bridge。

> ♀ **注意**　如果 Bridge 询问是否要导入上一版的首选项，请单击"否"按钮。

❹ 在收藏夹面板中单击文件夹 Lessons，再双击内容面板中的文件夹 Lesson03，以查看其内容。

⑤ 观察文件 03End.psd（见图 3.4），如果希望看到图像的更多细节，将缩览图滑块向右移。

该项目是一个陈列柜，包括一块珊瑚、一个海胆、一个蛤贝、一个鹦鹉螺和一碟贝壳，它们被扫描到图像 03Start.psd 中。本课面临的挑战是，如何排列这些元素。

⑥ 双击 03Start.psd 的缩览图，在 Photoshop 中打开该图像文件。

⑦ 选择菜单"文件">"存储为"，将该文件重命名为 03Working.psd，并单击"保存"按钮。通过存储原始文件的另一个版本，就不用担心覆盖原始文件了。

图 3.4

3.3 使用云文档

Photoshop 文件可能很大，尤其是使用大量图层的高分辨率图像。处理在线存储的文档时，文件越大，上传和下载的时间越长。Adobe 云文档可有效地帮助编辑在线文档，这是使用针对网络优化的文件格式实现的。例如，编辑作为云文档的 Photoshop 文件意味着只传输受编辑影响的部分，而不是整个文件。如果同时在计算机和 Apple iPad 中使用 Photoshop，并将图像存储为云文档，它将出现在这两台设备的 Photoshop"主页"屏幕中，且总是反映了最新的修改。

云文档使用起来很容易。要将 Photoshop 文件作为云文档使用，只需将其存储到云文档即可。这样做后，Photoshop 文件的文件扩展名将为 .psdc，指出它是云文档，同时它将出现在 Photoshop"主页"屏幕的"云文档"部分。到 PSDC 格式的转换过程是自动完成的，用户不需要操心。

① 在 Bridge 中，双击 03Start.psd 的缩览图，在 Photoshop 中打开这个图像文件。这里打开的是本地存储的文档。

② 选择菜单"文件">"存储为"。如果出现的是传统的"存储为"对话框，请单击"存储到云文档"按钮，如图 3.5 所示。

图 3.5

💡 注意　如果 Photoshop 显示一个对话框，指出保存到云文档和保存到计算机之间的差别，则单击"保存到云文档"按钮。此外，还可选择"不再显示"复选框，但当重置 Photoshop 首选项后，将取消选择这个设置。

③ 将文件重命名为 03WorkingCloud，并单击"保存"按钮，这个文件将上传到云文档。在文档窗口标签中，将看到文件名前面有一个云图标，同时文件扩展名为 .psdc，如图 3.6 所示。

图 3.6

💡 **提示** 在应用程序 Creative Cloud（桌面版或移动版）中，云文档面板的 "您的作品" 选项卡中也列出了云文档，这个列表中可能包含通过其他 Adobe 软件上传的云文档。

④ 关闭这个文档。

下面来打开这个云文档。 打开方式与打开本地存储的文档稍有不同。

💡 **注意** Adobe 云文档被存储到不同于 Creative Cloud 文件和 Creative Cloud 库的在线位置。

① 在 Photoshop "主页" 屏幕中，确保选择了左侧的 "云文档"。"云文档" 列表中包含使用自己的 Adobe ID 上传的所有云文档，如图 3.7 所示。无论使用的是什么设备，使用 Adobe ID 登录后，都将在 Photoshop 中看到云文档列表。

图 3.7

💡 **提示** 可使用文件夹来组织云文档。在 Photoshop "主页" 屏幕中查看云文档时，可单击顶部附近的文件夹图标来创建和命名文件夹。

💡 **提示** 要管理或删除云文档，可在 Photoshop "主页" 屏幕的云文档列表中，单击文档旁边的省略号按钮（...），再选择 "打开" "重命名" "删除" 或 "移动到"。

② 单击刚保存的文件 Click 03WorkingCloud，这将把这个文件下载到计算机中，并在 Photoshop 中打开它。

编辑 Photoshop 云文档（PSDC）后，如何将其提供给需要 PSD 文件的客户呢？通过将云文档存储到本地。同样，转换是自动完成的，因此这个过程是简单而无缝的。

❶ 选择菜单"文件" > "存储为"。如果出现的是"云文档"对话框，单击底部的"保存到您的计算机上"按钮，打开传统的"存储为"对话框。

注意到文件扩展名变成了 .psd，因为要将这个文档存储到本地而不是云文档。

❷ 将文档重命名为 03Working.psd，并将其保存到文件夹 Lesson03。这样就有了本地的 PSD 格式拷贝，可将其分发给他人或作为备份，就像其他本地文档一样。

> ♀ 注意　在本地计算机中，无法通过搜索来找到云文档。虽然在 Photoshop "主页"屏幕中列出了云文档，但它们存储在 Adobe 服务器中，且只是被缓存到本地存储器中。如果需要云文档的本地拷贝，可像前面那样选择菜单"文件" > "存储为"，并将其存储到本地计算机中。

在本课中，可继续编辑本地拷贝（03Working.psd），也可关闭这个本地 PSD 拷贝，再打开并编辑云文档拷贝（03WorkingCloud.psdc）。

3.4　使用魔棒工具

魔棒工具选择特定颜色或颜色范围的所有像素，最适用于选择被完全不同颜色包围的颜色相似的区域。和很多选取工具一样，创建初始选区后，可向选区中添加区域或将区域从选区中减去，以改善选区。

"容差"选项设置魔棒工具的灵敏度，它指定了将选取的像素的类似程度，默认容差为 32，这将选择与指定值相差不超过 32 的颜色。用户可能需要根据图像的颜色范围和变化程度调整容差值。

❶ 在工具面板中，选择缩放工具，再放大图像以便能够看清整个海胆。

❷ 选择隐藏在快速选择工具（ ）后面的魔棒工具（ ）。

❸ 在选项栏中，确认"容差"设置为 32，如图 3.8（a）所示。这个值决定了魔棒工具将选择的颜色范围。

❹ 将鼠标指针指向海胆外面的红色背景并单击，如图 3.8（b）所示。

魔棒工具选择且只选择了红色背景，如图 3.8（c）所示。因为背景中的所有颜色都与单击的地方足够接近（在"容差"设置指定的 32 个色阶内），但要选择的是海胆，因此重新选择。

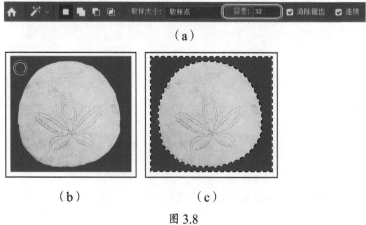

（a）

（b）　　　　　（c）

图 3.8

⑤ 选择菜单"选择">"取消选择"。

⑥ 将鼠标指针指向海胆并单击。

请仔细观察海胆上移动的选框。如果选区是完美的，选框将紧贴海胆的边缘，但注意到海胆的内部也有选框（见图3.9），这是因为它们的颜色与单击位置的差别超过了32个色阶（"容差"设置）。这意味着这个选区并不理想，因为它没有包含所有的内部区域。

图 3.9

要选择以纯色为背景且颜色相差较大的主体，通常可增大"容差"设置，但主体或背景越复杂，使用较大的"容差"设置时将同时选择不想要的背景部分的可能性也越大。在这种情况下，最好使用其他选取工具，如快速选择工具。

下面就来这样做，但在此之前，先取消当前选区。

⑦ 选择菜单"选择">"取消选择"。

3.5 使用快速选择工具

使用快速选择工具是创建选区的快捷方式之一，只需在主体内单击或拖曳，它就会自动查找边缘；也可将区域添加到选区中或从选区中减去，直到对选区满意为止。快速选择工具比魔棒工具好用，因为它识别图像内容的能力更强，而不完全依赖于颜色相似程度。下面使用快速选择工具来选择海胆，看看它是否做得比魔棒工具更好。

① 在工具面板中，选择快速选择工具（ ），它可能隐藏在魔棒工具（ ）后面。

② 在选项栏中选择"增强边缘"复选框，如图 3.10（a）所示。

选择了"增强边缘"时，快速选择工具创建的选区质量更高——选区边缘与对象边缘更贴近。使用自动选择工具时，如果选择了"增强边缘"，选择速度会慢些，但结果更佳。

③ 在海胆内部单击或拖曳，但不要进入背景，如图 3.10（b）所示。

快速选择工具自动查找可能与单击或拖曳的地方相关的内容，找出全部边缘并选择整个海胆，如图 3.10（c）所示。这里的海胆很简单，使用快速选择工具可轻松地将其隔离；如果快速选择工具没有选择所需的全部区域，可通过单击或拖曳将遗漏的区域添加到选区中。

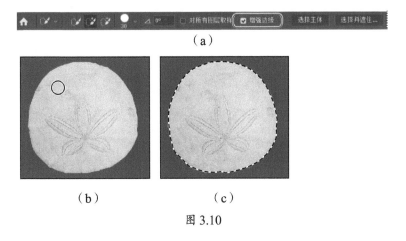

（a）

（b）　　　　　（c）

图 3.10

让选区处于活动状态，以便在下个练习中使用它。

3.6　移动选定的区域

建立选区后，修改将只应用于选区内的像素，图像的其他部分不受影响。

要将选中的图像区域移到另一个地方，可使用移动工具。该图像只有一个图层，因此移动的像素将替换它下面的像素。只有当取消选择移动的像素后，这种修改才固定下来，因此可尝试将选区移到不同位置，再做最后决定。

❶ 如果海胆没有被选中，请重复前一个练习选中它。

❷ 缩小图像以便可以同时看到陈列柜和海胆。

❸ 选择移动工具（✛），注意到海胆仍被选中。

❹ 将选区（海胆）拖曳至陈列柜左上角标有 A 的地方，让海胆与剪影大致重叠，但露出剪影的左下角以呈现投影效果，如图 3.11 所示。

❺ 选择菜单"选择"＞"取消选择"，再选择菜单"文件"＞"存储"。

在 Photoshop 中，无意间取消选择的可能性不大。除非某个选取工具处于活动状态，否则在图像的其他地方单击不会取消选择。要取消选择，可使用下列三种方法之一：选择菜单"选择"＞"取消选择"；按"Ctrl + D"（Windows）或"Command + D"（macOS）组合键；在选择了某个选取工具的情况下，在当前选区外单击。

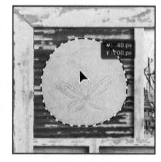

图 3.11

来自 Photoshop 官方培训师的提示

移动工具使用技巧。

使用移动工具在包含多个图层的文件中移动对象时，如果需要选择其中的一个图层，可以这样做：在选择移动工具后，将鼠标指针指向图像的任何区域，再单击鼠标右键（Windows）或按住 Control 键并单击鼠标（macOS），鼠标指针下面的图层将出现在上下文菜单中，选择要激活的图层即可。

3.7　使用对象选择工具

对象选择工具类似于快速选择工具，但更好用。只需创建一个环绕目标对象的粗略选区，对象选择工具就将识别并选择这个对象。在对象的轮廓很复杂、手工选择将耗费大量时间（如珊瑚）时，使用对象选择工具便能节省时间。

> 💡 **提示** 背景很简单时,对象选择工具的效果最佳。背景很乱时,它创建的选区可能不完美,但可使用快速选择工具来完善该选区,与手工选择相比,这样花费的时间可能更少。

❶ 选择对象选择工具（🔲），它隐藏在快速选择工具后面。

❷ 通过拖曳创建一个环绕珊瑚的选区,该选区不必太精确,也无须与珊瑚居中对齐。重要的是比较紧贴目标对象,即选框和珊瑚之间的区域比较小,如图 3.12（a）所示。

对象选择工具将对矩形选框内的区域进行分析,找出其中的对象,并沿其复杂边缘创建选框,如图 3.12（b）所示。

> 💡 **提示** 在图像很复杂时,使用对象选择工具绘制的矩形可能包含相邻的对象或背景图案,难以将目标对象隔离。要更准确地指出要选择哪个对象,可在选项栏中从"模式"下拉列表中选择"套索",并绘制一个更紧贴目标对象的选区,同样绘制时不用非常精确。

❸ 选择移动工具,将珊瑚拖曳到陈列柜中标有 B 的区域,并调整其位置,让阴影位于它的左下方,如图 3.12（c）所示。

❹ 选择菜单"选择"＞"取消选择",再将所做的工作存盘。

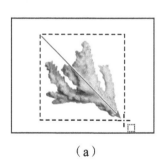 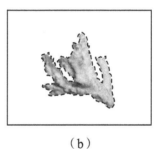 

（a）　　　　　　　　（b）　　　　　　　　（c）

图 3.12

▎3.8　处理选区

创建选区时可调整其位置、移动选区和复制选区。本节介绍几种处理选区的方法,这些方法大都适用于所有选区,但这里将使用这些方法和椭圆选框工具,以便能够选择椭圆形和圆形。

本节将介绍一些键盘快捷键,以节省时间和减少手臂的移动。这对用户来说是很有用的内容。

3.8.1　创建选框时调整其位置

选择椭圆形或圆形区域需要一些技巧,比如从什么地方开始拖曳,有时选区会偏离中心或者长宽比与需求不符。本节将介绍应对这些问题的方法,其中包括两个重要的键盘‑鼠标组合,让用户能够更轻松地使用 Photoshop。

在本节中,一定要遵循有关按住鼠标按键和键盘按键的指示。如果松开鼠标按键的时机不正确,需要从第 1 步开始重做。

① 选择缩放工具（🔍），单击图像窗口底部的那碟贝壳，将其至少放大到 100%（如果屏幕分辨率足够高，可使用 200% 的视图，条件是这不会导致整碟贝壳超出屏幕）。

② 选择隐藏在矩形选框工具（▦）后面的椭圆选框工具（◯）。

③ 将鼠标指针指向碟子，向右下方拖曳创建一个椭圆形选区，但不要松开鼠标，如图 3.13（a）所示。选区与碟子不重叠也没有关系。

如果不小心松开了鼠标按键，请重新创建选区。在大多数情况下（包括这里），新选区将替代原来的选区。

④ 在按住鼠标的同时按下空格键，并拖曳选区。这将移动选区，而不是调整选区大小。调整选区的位置，使其与碟子更匹配，如图 3.13（b）所示

> 💡注意　不必包含整个碟子，但选区的形状应该与碟子相同，且包含所有贝壳。

> 💡提示　使用 Photoshop 中的其他绘图工具，如形状工具和钢笔工具时，也可在绘画时按住空格键并拖曳鼠标来调整位置。

⑤ 松开空格键（但不要松开鼠标），继续拖曳使选区的大小和形状尽可能与碟子匹配。必要时再次按下空格键并拖曳，将选框移到碟子周围的正确位置，如图 3.13（c）所示。

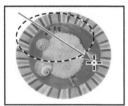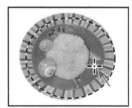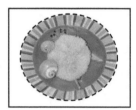

（a）开始拖曳　　　（b）按空格键移动选区　　（c）最终创建的选区

图 3.13

⑥ 选区的位置合适后松开鼠标。

> 💡提示　对于创建好的选区（松开鼠标后），要调整其大小，可选择菜单"选择" > "变换选区"。

⑦ 选择菜单"视图" > "按屏幕大小缩放"或使用导航器面板中的滑块缩小视图，直到能够看到图像窗口中的所有对象。

让椭圆选框工具被选中，使选区处于活动状态供下一个练习使用。

3.8.2　使用键盘快捷键移动选中的像素

下面使用键盘快捷键将选定像素移到陈列柜中。可使用快捷键暂时从当前工具切换到移动工具，以免在工具面板中选择它。

① 如果尚未选择那碟贝壳，请重复前面的步骤选择它。

② 在选择了椭圆选框工具（◯）的情况下，按住 Ctrl 键（Windows）或 Command 键（macOS）并将鼠标指针指向选区，鼠标指针将变成一个带剪刀的箭头形状（✂），这表明将从当前位置剪切选区。请不要松开 Ctrl 键（Windows）或 Command 键（macOS）。

③ 在依然按住了 Ctrl 键（Windows）或 Command 键（macOS）的情况下，将整碟贝壳拖曳到陈列柜中标有 C 的区域（稍后将使用另一种方法微调碟子，使其位于正确的位置），如图 3.14 所示。

图 3.14

💡 **注意** 如果试图移动像素时，Photoshop 指出"无法使用移动工具，因为图层被锁定"时，务必先将鼠标指针指向选区，再开始移动。

💡 **注意** 开始拖曳后，就可以松开 Ctrl 键（Windows）或 Command 键（macOS），移动工具仍将处于活动状态。在选区外单击鼠标或使用"取消选择"命令取消选择后，Photoshop 将自动恢复到以前选择的工具。

④ 松开鼠标和 Ctrl 键（Windows）或 Command 键（macOS），但不要取消选择碟子。

3.8.3　用方向键进行移动

使用方向键可微调选定像素的位置，以每次 1 像素或 10 像素的大小来移动选区。

当选取工具处于活动状态时，使用方向键可轻松地移动选区边界，但不会移动选区的内容。当移动工具处于活动状态时，使用方向键可同时移动选区的边界及其内容。

下面使用方向键微移碟子。执行下面的操作前，确保在图像窗口中选择了碟子。

① 选择移动工具，再按几次键盘中的向上方向键，将碟子向上移动。

每按一次方向键，碟子都将移动 1 像素。尝试按其他方向键，看看这将如何影响选区的位置。

② 按住 Shift 键并按方向键。

选区将以每次 10 像素的方式移动。

有时候，选区边界会妨碍调整。可暂时隐藏选区边界（而不取消选择），并在完成调整后再显示它。

③ 选择菜单"视图"＞"显示"＞"选区边缘"，以隐藏碟子周围的选区边界，效果如图 3.15 所示。

💡 **提示** 选区边缘、参考线等并非实际对象的可见内容被称为额外内容，因此，另一种隐藏选区边缘的方法是选择菜单"视图"＞"显示额外内容"。

④ 使用方向键轻移碟子，直至与剪影大致重叠，但让碟子的左下方有投影。然后选择菜单"视图"＞"显示"＞"选区边缘"再次显示选区边界，效果如图 3.16 所示。

⑤ 选择菜单"选择"＞"取消选择"，也可按"Ctrl + D"（Windows）或"Command + D"（macOS）组合键。

隐藏选区边缘 图 3.15　　　　　　　　　显示选区边缘 图 3.16

⑥ 选择菜单"文件">"存储"将文件存盘。

柔化选区边缘

要使选区的硬边缘更光滑，可应用消除锯齿或羽化，也可使用"选择并遮住"选项。

消除锯齿通过柔化边缘像素和背景像素之间的颜色过渡使锯齿边缘更光滑。由于只有边缘像素被修改，因此不会丢失细节。在剪切、复制和粘贴选区以创建合成图像时，消除锯齿功能很有用。

使用套索、多边形套索、磁性套索、椭圆选框和魔棒等工具时，都可以使用消除锯齿功能。选择这些工具后，选项栏将显示其选项。要使用消除锯齿功能，必须在使用这些工具前选中"消除锯齿"复选框；否则，创建选区后，不能再对其使用消除锯齿功能。

羽化通过在选区与其周边像素之间建立过渡边界来模糊边缘。这种模糊可能导致选区边缘的一些细节丢失。

使用选框和套索工具时可启用羽化，也可对已有的选区使用羽化功能。移动、剪切或复制选区时，羽化效果将极其明显。

• 要使用"选择并遮住"选项，可先建立一个选区，再单击选项栏中的"选择并遮住"以打开相应的对话框。使用"选择并遮住"选项可柔化、羽化和扩大选区，还可调整对比度。

• 要使用消除锯齿功能，可选择套索工具、椭圆选框工具或魔棒工具，再在选项栏中选中"消除锯齿"复选框。

• 要为选取工具定义羽化边缘，可选择任何套索工具或选框工具，再在选项栏中输入一个羽化值。这个值指定了羽化后的边缘宽度，其取值范围为 1～250 像素。

• 要为已有的选区定义羽化边缘，选择菜单"选择">"修改">"羽化"，再在"羽化半径"中输入一个值，并单击"确定"按钮。

▌3.9　使用套索工具进行选择

前面说过，Photoshop 包括三种套索工具：套索工具、多边形套索工具和磁性套索工具。可使用套索工具选择需要通过手绘和直线选取的区域，并使用键盘快捷键在套索工具和多边形套索工具之间来回切换。下面使用套索工具来选择贻贝。使用套索工具需要一些实践，才能在直线和手动选择间自由切换。如果在选择贻贝时出错，需要取消选择并从头再来。

套索工具是纯手工的，因此使用它们来创建选区可能是最耗时的。这些工具通常最适合用来选择简单的形状或调整既有选区。

①　如果缩放比例低于 100%，请选择缩放工具（🔍）并不断单击贻贝，直到缩放比例不低于 100%。

②　选择套索工具（✏️）。从贻贝的左下角开始，绕贻贝的圆头拖曳鼠标指针，拖曳时尽可能贴近贻贝边缘，如图 3.17（a）所示。不要松开鼠标。

慢慢地拖曳鼠标，逐渐熟悉套索工具的用法。执行第 2~8 步时，如果犯错了或不小心松开了鼠标，可选择菜单"编辑">"还原"，再从第 2 步开始重新做。

③　遇到转角或直线边缘时，按住 Alt 键（Windows）或 Option 键（macOS），再松开鼠标，鼠标指针将变成多边形套索形状（🔽）。不要松开 Alt 键或 Option 键。

④　沿贻贝轮廓单击以放置锚点。在此过程中，不要松开 Alt 键或 Opiton 键，以便能够创建线段型选区边缘。

选区边界将像橡皮筋一样沿锚点延伸，如图 3.17（b）所示。

（a）使用套索工具拖曳　　　（b）使用多边形套索工具单击

图 3.17

⑤　到达贻贝较小的一端后，松开 Alt 键或 Option 键，但不要松开鼠标。鼠标指针将恢复为套索图标。

⑥　沿贻贝较小的一端拖曳，不要松开鼠标。

⑦　绕过贻贝较小的一端，并到达贻贝下方的线段型边缘后，按住 Alt 键或 Option 键，再松开鼠标。与对贻贝较大一端所做的一样，使用多边形套索工具沿贻贝的下边缘不断单击，直到回到贻贝较大一端的起点，如图 3.18（a）所示。

⑧　单击该起点，再松开 Alt 键或 Option 键。这样就选择了整个贻贝，如图 3.18（b）所示。不要取消选择贻贝，供下一个练习中使用。

（a）　　　　　　　　　　　　（b）

图 3.18

使用套索工具时，为确保选区为希望的形状，请拖曳到起点来结束选择。如果起点和终点不重叠，Photoshop 将在它们之间绘制一条线段。

3.10 旋转选区

下面来旋转贻贝。

执行下面的操作前，确保选择了贻贝。

❶ 选择菜单"视图">"按屏幕大小缩放"，以调整图像窗口的大小使其适合屏幕。

❷ 按住 Ctrl 键（Windows）或 Command 键（macOS），鼠标指针将变成移动工具图标，再将贻贝拖曳到陈列柜中标有 D 的区域，如图 3.19 所示。

❸ 选择菜单"编辑">"变换">"旋转"，贻贝和选框周围将出现定界框。

❹ 将鼠标指针指向定界框的外面，鼠标指针变成弯曲的双向箭头（ ）。通过拖曳将贻贝旋转 90 度（见图 3.20），可通过鼠标指针旁边的变换值或选项栏中的"旋转"文本框核实旋转角度。按 Enter 键提交变换。

> ♀提示 拖曳定界框时可按住 Shift 键，这将把旋转角度限制为常见值，如 90 度。

❺ 如果必要，选择移动工具并通过拖曳调整贻贝的位置，使其像其他元素一样露出投影。对结果满意后，选择菜单"选择">"取消选择"，结果如图 3.21 所示。

图 3.19   图 3.20   图 3.21

❻ 选择菜单"文件">"存储"。

3.11 使用磁性套索工具进行选择

可使用磁性套索工具手工选择边缘反差强烈的区域。使用磁性套索工具绘制选区时，选区边界将自动与反差强烈的区域边界对齐；还可偶尔单击鼠标，在选区边界上设置锚点以控制选区边界。

下面使用磁性套索工具选择鹦鹉螺，以便将其移到陈列柜中。

❶ 选择缩放工具（ ）并单击鹦鹉螺，至少将其放大至 100%。

❷ 选择隐藏在套索工具（ ）后面的磁性套索工具（ ）。

❸ 在鹦鹉螺左边缘单击，然后沿鹦鹉螺轮廓移动。

即使没有按下鼠标，磁性套索工具也会使选区边界与鹦鹉螺边缘对齐，并自动添加固定点，如图 3.22 所示。

> ♀提示 在反差不大的区域中，可单击鼠标在边界手工放置固定点。可添加任何数量的固定点，还可按 Delete 键删除最近的固定点，再将鼠标指针移到留下的固定点并继续选择。

④ 回到鹦鹉螺左侧后双击鼠标，让磁性套索工具回到起点，形成封闭选区，如图 3.23 所示。此外，也可将鼠标指针指向起点，再单击鼠标。

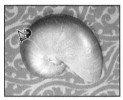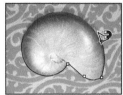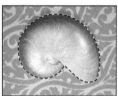

图 3.22 　　　　　　　　　　　　　　　　　　　　 图 3.23

⑤ 双击抓手工具（🖐），使图像适合图像窗口。

⑥ 选择移动工具并将鹦鹉螺拖曳到陈列柜中标有 E 的区域，使其与剪影大致重叠，并露出左下方的投影，如图 3.24 所示。

⑦ 选择菜单"选择">"取消选择"，再选择菜单"文件">"存储"。

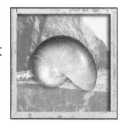

图 3.24

3.12　从中心点开始选择

有些情况下，从中心点开始创建椭圆或矩形选区更容易。下面使用这种方法来选择螺帽，以便将其放到陈列柜的四个角上。

① 选择缩放工具（🔍），然后单击螺帽将其放大到约 300%，确保能够在图像窗口中看到整个螺帽。

② 在工具面板中选择椭圆选框工具（◯）。

③ 将鼠标指针指向螺帽中央。

④ 单击鼠标并开始拖曳，然后在不松开鼠标的情况下按住 Alt 键（Windows）或 Option 键（macOS），并将选框拖曳到螺帽边缘。

选区将以起点为中心，如图 3.25（a）所示。

> 💡提示　要确保选区为圆形，可在拖曳的同时按住 Shift 键。如果在使用矩形选框工具时按住 Shift 键，选区将为正方形。

⑤ 选择整个螺帽后，先松开鼠标，再松开 Alt 键或 Option 键（如果按住了 Shift 键，此时也松开它）。不要取消选择，因为下一节要使用它。效果如图 3.25（b）所示。

（a）　　　　 （b）

图 3.25

⑥ 如果必要，使用前面介绍的方法之一调整选区的位置。如果不小心在松开鼠标前松开了 Alt 键或 Option 键，可重新选择螺帽。

3.13 调整选区内容的大小及复制选区的内容

下面将螺帽移到木质陈列柜的右下角，再将其复制到其他三个角上。

3.13.1 调整选区内容的大小

首先来移动螺帽，但对要放置到的地方来说，螺帽太大了，如图 3.26（a）所示。因此还需调整其大小。

执行下面的操作前，确保螺帽仍被选中。如果没有，按前一节介绍的步骤重新选择它。

① 选择菜单"视图">"按屏幕大小缩放"，使整个图像刚好充满图像窗口。

② 在工具面板中选择移动工具。

③ 将鼠标指针指向螺帽内部，鼠标指针将变成一个带剪刀的箭头形状（ ），这表明此时拖曳选区将把它从当前位置剪掉并移到新位置。

④ 将螺帽拖曳到陈列柜右下角。

⑤ 选择菜单"编辑">"变换">"缩放"，选区周围将出现一个定界框，如图 3.26（b）所示。

⑥ 向内拖曳定界框的一角，将螺帽缩小到原来的 40% 左右，即对陈列柜的角来说足够小。然后按 Enter 键提交修改并隐藏定界框。

> ♀ 提示　如果螺帽像是被固定住，无法平滑地移动它或调整其大小，可在拖曳时按住 Ctrl 键，暂时禁用对齐到智能参考线。如果要永久性禁用对齐到智能参考线，方法是取消选择菜单"视图">"显示">"智能参考线"。

> ♀ 提示　调整对象大小时，选框大小也将相应地调整，但默认保持宽高比不变。如果不想保持宽高比不变，可在拖曳变换定界框角上的手柄时按住 Shift 键。

⑦ 调整螺帽的大小后，使用移动工具调整其位置，使其位于陈列柜右下角中央，如图 3.26（c）所示。

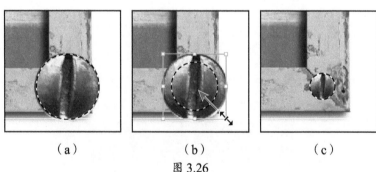

（a） （b） （c）

图 3.26

⑧ 不要取消选择螺帽。选择菜单"文件">"存储"，保存所做的修改。

3.13.2 移动的同时进行复制

可在移动选区的同时复制它。下面将螺帽复制到陈列柜的其他三个角上。如果没有选择螺帽，请使用前面介绍的方法重新选择它。

❶ 在选择了移动工具（🔸）的情况下，将鼠标指针指向选区内部并按住 Alt 键（Windows）或 Option 键（macOS），鼠标指针将变成黑白双箭头，这表明此时移动选区将复制它。

❷ 按住 Alt 键或 Option 键，将螺帽的副本向上拖曳到陈列柜右上角，如图 3.27（a）所示。然后松开鼠标和 Alt 键或 Option 键，但不要取消选择螺帽副本。

❸ 按住"Alt + Shift"（Windows）或"Option + Shift"（macOS）组合键，并将一个螺帽副本向左拖曳到陈列柜左上角。

移动选区时按住 Shift 键可将移动方向限制为水平、垂直等 45 度的整数倍。

❹ 重复第 3 步，在陈列柜左下角放置第四个螺帽，如图 3.27（b）所示。

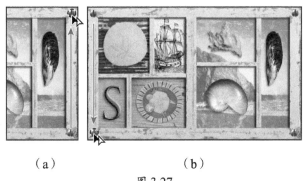

（a）　　　　　　　　　　（b）

图 3.27

❺ 对第四个螺帽的位置满意后，选择菜单"选择">"取消选择"，再选择菜单"文件">"存储"。

复制选区

可以使用移动工具，通过拖曳选区在图像内部或图像之间复制它，也可以使用菜单"编辑"中的命令来复制和移动选区。使用移动工具拖曳不使用剪贴板，因此可节省内存。

Photoshop 在"编辑"菜单中提供了多个复制和粘贴命令。

• "拷贝"命令将活动图层中选定的区域放入剪贴板。

• "合并拷贝"命令建立选区中所有可见图层的合并副本。

• "粘贴"命令将剪贴板中的内容放在图像中央；粘贴到另一幅图像中时，粘贴的内容将成为一个新图层。

在菜单"编辑">"选择性粘贴中，Photoshop 还提供了几个特殊的粘贴命令，这在某些情况下给用户提供了更多的选择。

• "粘贴且不使用任何格式"命令表示粘贴文本，但不使用可能复制的格式，如字体和字号。粘贴来自另一个文档或应用程序的文本时，这有助于确保其格式与当前 Photoshop 文字图层的一致。

• "原位粘贴"命令将剪贴板内容粘贴到原来的位置，而不是文档中央。

• "贴入"命令将剪贴板内容粘贴到同一幅或另一幅图像的活动选区中。源选区将粘贴到一个新图层中，而选区外面的内容将被转换为图层蒙版。

• "外部粘贴"命令与"贴入"命令相同，只是将内容粘贴到活动选区外面，并将选区转换为图层蒙版。

在像素尺寸不同的文档之间粘贴时，内容的尺寸可能看起来变了，这是因为其像素尺寸保持不变，而不受所在文档的影响。对于粘贴的选区，可调整其大小，但放大可能降低选区的图像质量。

3.14　裁剪图像

图像合成好后，需要将其裁剪到最终尺寸，为此可使用"裁剪"工具，也可使用"裁剪"命令。

❶ 选择裁剪工具（ ⃞ ）或按 C 键从当前工具切换到裁剪工具。Photoshop 将创建一个环绕整幅图像的裁剪框，如图 3.28（b）所示。

❷ 在选项栏中，确保从"预设"下拉列表中选择了"比例"，且没有指定比例值（如果指定了比例值，就单击"清除"按钮），再确定选择了"删除裁剪的像素"复选框，如图 3.28（a）所示。

选择了"比例"且没有指定比例值时，可用任何宽高比裁剪图像。

> ♀提示　要以原来的宽高比裁剪图像，可在选项栏中从"预设"下拉列表中选择"原始比例"。

❸ 拖曳裁剪手柄，让裁剪框只包含陈列柜及其周围的一些白色区域，而不包含图像底部的原始对象，如图 3.28（c）所示。

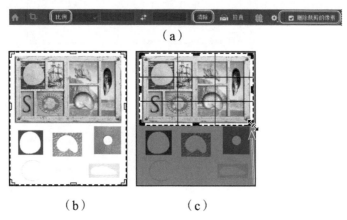

图 3.28

❹ 对裁剪框的大小和位置满意后，单击选项栏中的"提交当前裁剪操作"按钮（✔）。

❺ 选择"文件">"存储"，保存所做的工作，结果如图 3.29 所示。

图 3.29

以上使用几种不同的选取工具将所有海贝壳放到了合适位置。至此，陈列柜便完成了！

3.15 复习题

1. 创建选区后，可对图像的哪些地方进行编辑？

2. 使用快速选择工具等选择工具时，如何将区域加入选区及将区域从选区中减去？

3. 如何在创建选区的同时移动它？

4. 快速选择工具有何用途？

5. 如何确定魔棒工具选择图像的哪些区域？什么是容差？它对选区有何影响？

3.16 复习题答案

1. 只能编辑活动选区内的区域。

2. 要将区域加入选区，可单击选项栏中的"添加到选区"按钮，然后单击要添加的区域；要将区域从选区中减去，可单击选项栏中的"从选区减去"按钮，然后单击要减去的区域。此外，也可在单击或拖曳时按住 Shift 键将区域添加到选区中；在单击或拖曳时按住 Alt（Windows）键或 Option 键（macOS）将区域从选区中减去。

3. 在不松开鼠标的情况下按住空格键，再通过拖曳来调整选区的位置。

4. 快速选择工具从单击位置向外扩展，并自动查找和跟踪图像中定义的边缘。

5. 魔棒工具根据颜色的相似程度来选择相邻的像素。容差设置决定了魔棒工具将选择的色调范围。容差设置越高，选择的色调越多。

图层基础

本课概览

- 使用图层组织图稿。
- 重新排列图层以修改图稿的堆叠顺序。
- 调整图层的大小和旋转图层。
- 对图层应用滤镜。
- 保存拼合图层后的文件副本。

- 创建、查看、隐藏和选择图层。
- 对图层应用混合模式。
- 对图层应用渐变。
- 在图层中添加文本和图层效果。

学习本课需要的时间不超过 1 小时

在 Photoshop 中，可使用图层将图像的不同部分分开。这样，每个图层都可作为独立的图稿进行编辑，为合成和修订图像提供了极大的灵活性。

4.1　图层简介

每个 Photoshop 文件都包括一个或多个图层。图像中所有的新建图层都是透明的，直到加入文本或图稿为止。操作图层类似于排列多张透明胶片上的绘画部分，并通过投影仪查看它们，可对每张透明胶片编辑、删除和调整其位置，而不会影响其他的透明胶片。堆叠透明胶片后，整个合成图便显示出来了。

本书的很多课程文件都有背景图层——位于其他所有图层后面且始终是完全不透明的图层。用于印刷的 Photoshop 文档、数码相机图像及扫描得到的图像通常都有背景图层。用于移动设备和网站的 Photoshop 文档可能没有背景图层，例如，网站图形的有些区域可能需要是透明的，以免遮住网页的背景或其他元素。有关背景图层的更详细信息，请参阅本章后面的补充内容"背景图层"。

> 💡 **注意**　有些文件格式（如 JPEG 和 GIF）不支持图层，保存包含图层的图像时，必须使用 Photoshop 或 TIFF 格式。另外，有些颜色模式（菜单"图像">"模式"中的选项，如"位图"和"索引颜色"）也不支持图层。本课的课程文件为 Photoshop 文档，使用的颜色模式为 RGB。

4.2　概述

首先来查看最终合成的图像。

① 启动 Photoshop 并立刻按"Ctrl + Alt + Shift"（Windows）或"Command + Option + Shift"（macOS）组合键，以恢复默认首选项（参见前言中的"恢复默认首选项"）。

② 出现提示对话框时，单击"是"按钮，确认并删除 Adobe Photoshop 设置文件。

③ 选择菜单"文件">"在 Bridge 中浏览"，打开 Adobe Bridge。

> 💡 **注意**　如果没有安装 Bridge，将提示安装。更详细的信息请参阅前言。

④ 在收藏夹面板中，单击文件夹 Lessons，再在内容面板中双击文件夹 Lesson04 以查看其内容。

⑤ 研究文件 04End.psd。如果要查看这幅图像的更多细节，可向右移动缩略图滑块。

这张明信片是一个包含多个图层的合成图。接下来，将制作该明信片，并在制作过程中学习如何创建、编辑和管理图层。

⑥ 双击文件 04Start.psd，在 Photoshop 中打开它。

⑦ 选择菜单"文件">"存储为"，将文件重命名为 04Working.psd，并单击"保存"按钮。如果出现"Photoshop 格式选项"对话框，单击"确定"按钮。

> 💡 **注意**　如果 Photoshop 显示一个对话框，指出保存到云文档和保存到计算机之间的差别，则单击"保存在您的计算机上"按钮。此外，还可选择"不再显示"复选框，但当重置 Photoshop 首选项后，将取消选择这个设置。

通过存储原始文件的拷贝，可随便对其进行修改，而不用担心覆盖原始文件。

4.3 使用图层面板

图层面板显示了图像中所有的图层，包括每个图层的名称，以及图层中图像的缩略图。可以使用图层面板来隐藏、查看、删除、重命名和合并图层，以及调整其位置。编辑图层时，图层缩略图将自动更新。

❶ 如果图层面板不可见，请选择菜单"窗口">"图层"。

对于文件 04Working.psd，图层面板中列出了五个图层，从上到下依次为图层 Postage、HAWAII、Flower、Pineapple 和 Background，如图 4.1 所示。

图 4.1

❷ 如果没有选择图层 Background，选择它使其处于活动状态。请注意图层 Background 的缩略图及图标。

· 锁定图标（🔒）表示图层受到保护，这就是图层列表上方的选项不可用的原因。然而，可以编辑这个图层的内容，如在它上面绘画。

· 眼睛图标（👁）表示图层在文档窗口中可见。如果单击眼睛图标，文档窗口将不再显示该图层。在这个项目中，第一项任务是在明信片中添加一张海滩照片。首先在 Photoshop 中打开该海滩照片。

> 💡 提示　可以使用上下文菜单隐藏图层缩览图或调整其大小。在图层面板中的缩览图上单击鼠标右键（Windows）或按住 Control 键并单击（macOS）以打开上下文菜单，然后选择一种缩览图尺寸。

❸ 在 Photoshop 中，选择菜单"文件">"打开"，切换到文件夹 Lesson04，再双击文件 Beach.psd 打开它，打开后如图 4.2 所示。

图 4.2

图层面板将显示处于活动状态的文件 Beach.psd 的图层信息。图像 Beach.psd 只有一个图层：Layer 1 而不是"背景"，因此可将图层功能（如透明度）应用于它。

背景图层

在图层面板中，如果最下面的图层名为"背景"且被锁定，它就是背景图层。对于背景图层，不能调整其在图层堆栈中的位置，不能添加蒙版，而且它总是不透明的。图层被拼合后，Photoshop 文档将只包含一个图层——背景图层。

可将背景图层转换为常规图层，还可创建不包含背景图层的文档。Photoshop 文档没有背景图层时，每个图层中没有内容的像素都是完全透明的，这使得 Photoshop 文档的内容可以不是矩形的。要看清这一点，可在 Photoshop 或其他软件中将它放在另一个背景上面。

要将背景图层转换为常规图层有以下两种方法。

1. 单击图层名旁边的锁定图标，图层名将变为默认的"图层 n"，其中 n 为编号。
2. 将图层重命名。

要将常规图层转换为背景图层有以下两种方法。

1. 在图层面板中选择要转换的图层。
2. 选择菜单"图层" > "新建" > "图层背景"。

4.3.1　重命名和复制图层

要添加内容并同时为其创建新图层，只需将一个或多个文件或 Photoshop 图层拖曳到 Photoshop 文档窗口中。可从源文档的文档窗口拖曳，也可从图层面板中拖曳。

> ♀提示　需要将很多图层拖曳到另一个文档时，先将它们编组可简化拖曳工作。为此，可在图层面板中选择它们，再选择菜单"图层" > "图层编组"。编好组的图层看起来像文件夹。将图层编组后，就只需拖曳该编组了。

下面将图像 Beach.psd 拖曳到文件 04Working.psd 中。执行下面的操作前，确保打开了文件 04Working.psd 和 Beach.psd，且 Beach.psd 处于活动状态。

首先，将 Layer 1 重命名为更具描述性的名称。

❶ 在图层面板中双击名称 Layer 1，输入"Beach"并按 Enter 键，如图 4.3 所示。保持选中该图层。

图 4.3

> ♀注意　重命名图层时，务必双击图层名。如果双击图层名外面，出现的可能是其他图层选项。

❷ 选择菜单"窗口" > "排列" > "双联垂直"，Photoshop 将同时显示两幅打开的图像文件。选

择图像 Beach.psd 让其处于活动状态。

③ 选择移动工具（✛），再将图像 Beach.psd 拖曳到 04Working.psd 所在的文档窗口，如图 4.4
所示。

图 4.4

> 💡 **提示** 将图像从一个文件拖曳到另一个文件时，如果按住 Shift 键，拖入的图像将自动位于目标文档
> 窗口的中央。

> 💡 **提示** 此外，也可通过复制和粘贴在文档之间复制图层，为此可在图层面板中选择要复制的图层，再
> 选择菜单"编辑" > "复制"，然后切换到另一个文档，并选择菜单"编辑" > "粘贴"。

图层 Beach 出现在 04Working.psd 的文档窗口中；同时，在图层面板中，该图层位于图层 Background 和 Pineapple 之间，如图 4.5 所示。Photoshop 总是将新图层添加到选定图层的上方，而前面
选择了图层 Background。

图 4.5

> 💡 **提示** 像这样的项目，可从在线库 Adobe Stock 下载图像，为此可在 Photoshop 中选择菜单"文
> 件" > "搜索 Adobe Stock"。默认下载的是低分辨率的占位图像，但获得许可后，Photoshop 将把占
> 位图像替换为高分辨率图像。

④ 关闭文件 Beach.psd 但不保存对其所做的修改。

提示 如果需要让图层 Beach 居中，可在图层面板中选择它，再依次选择菜单"选择">"全部""图层">"将图层与选区对齐">"水平居中"或"图层">"将图层与选区对齐">"垂直居中"，然后选择菜单"选择">"取消选择"。

4.3.2 查看图层

文件04Working.psd现在包含六个图层，其中有些是可见的，而有些图层被隐藏。在图层面板中，图层缩览图左边的眼睛图标（ ◉ ）表明图层可见。

❶ 单击图层 Pineapple 左边的眼睛图标（ ◉ ）将该图层隐藏，如图 4.6 所示。

图 4.6

通过单击眼睛图标或在其方框（也称为显示 / 隐藏栏）内单击，可隐藏 / 显示相应的图层。

❷ 再次单击图层 Pineapple 的眼睛图标以重新显示它。

4.3.3 给图层添加边框

接下来，为图层 Beach 添加一个白色边框，以创建老照片效果。

❶ 选择图层 Beach（要选择该图层，在图层面板中单击其图层名即可）。

该图层将呈高亮显示，表明它处于活动状态。在文档窗口中所做的修改只影响活动图层。

❷ 为使该图层的不透明区域更明显，按住 Alt 键（Windows）或 Option 键（macOS）并单击图层 Beach 左边的眼睛图标（ ◉ ），这将隐藏除图层 Beach 外的所有图层，如图 4.7 所示。

图 4.7

图像中的白色背景和其他东西不见了，海滩图像出现在棋盘背景上。棋盘指出了活动图层的透明区域。

③ 选择菜单"图层">"图层样式">"描边"。

这将打开"图层样式"对话框。下面为海滩图像周围的白色描边设置选项。

④ 指定以下设置，如图 4.8 所示。

- 大小：5 像素。
- 位置：内部。
- 混合模式：正常。
- 不透明度：100%。
- 颜色：白色（单击颜色色板，并从拾色器中选择白色）。

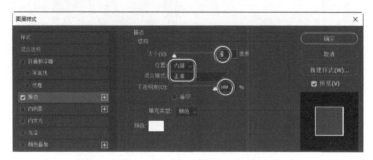

图 4.8

⑤ 单击"确定"按钮，海滩图像的四周将出现白色边框，如图 4.9 所示。

图 4.9

4.4 重新排列图层

图像中图层的排列顺序被称为堆叠顺序。堆叠顺序决定了将如何查看图像，可以修改堆叠顺序，让图像的某些部分出现在其他图层的前面或后面。

下面重新排列图层，让海滩图像出现在当前文件中被隐藏的另一个图像前面。

① 通过单击图层名左边的眼睛图标，让图层 Postage、HAWAII、Flower、Pineapple 和 Background 可见，结果如图 4.10 所示。

要显示或隐藏多个相邻的图层时，可单击位于最上面或最下面的那个图层的眼睛图标，再拖曳到最下面或最上面的那个图层的眼睛图标，而不用分别在每个图层的眼睛图标处单击。

海滩图像几乎被其他图层中的图像遮住了。

❷ 在图层面板中，将图层 Beach 向上拖到图层 Pineapple 和 Flower 之间（此时这两个图层之间将出现两条蓝线），再松开鼠标，如图 4.11 所示。

  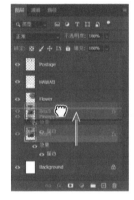 

图 4.10 图 4.11

图层 Beach 沿堆叠顺序上移了一级，位于菠萝和背景图像上面，但在邮戳、花朵和文字"HA-WAII"的下面。

此外，也可这样控制图像中图层的排列顺序：在图层面板中选择图层，再选择菜单"图层">"排列"中的子命令"置为顶层""前移一层""后移一层"或"置为底层"。

4.4.1 修改图层的不透明度

可降低任何图层的不透明度，使其他图层能够透过它显示出来。在这个图像中，花朵上的邮戳太深了。下面编辑图层 Postage 的不透明度，让花朵和其他图像透过它显示出来。

❶ 选择图层 Postage，再单击"不透明度"文本框旁边的箭头以显示不透明度滑块，并将滑块拖曳到 25%，如图 4.12 所示。此外，也可在"不透明度"文本框中直接输入数值或在"不透明度"标签上拖曳鼠标。

图 4.12

图层 Postage 将变成半透明的，可看到它下面的其他图层。注意，对不透明度所做的修改只影响图层 Postage 的内容，图层 Pineapple、Beach、Flower 和 HAWAII 仍是不透明的。

❷ 选择菜单"文件">"存储"，保存所做的修改。

4.4.2 复制图层和修改混合模式

可对图层应用各种混合模式。混合模式影响图像中一个图层的颜色像素与它下面图层中像素的混合方式。首先，将使用混合模式提高图层 Pineapple 中图像的亮度，使其看上去更生动；再修改图层 Postage 的混合模式。当前，这两个图层的混合模式都是"正常"。

❶ 单击图层 HAWAII、Flower 和 Beach 左边的眼睛图标，以隐藏这些图层。

❷ 在图层 Pineapple 上单击鼠标右键（Windows）或按住 Control 键并单击（macOS），再从上下文菜单中选择"复制图层"，如图 4.13 所示。确保单击的是图层名称而不是缩览图，否则将打开错误的上下文菜单。在"复制图层"对话框中，单击"确定"按钮。

在图层面板中，一个名为"Pineapple 拷贝"的图层出现在图层 Pineapple 的上面。

❸ 在图层面板中，在选择了图层"Pineapple 拷贝"的情况下，从"混合模式"下拉列表中选择"叠加"。

图 4.13

> 💡 提示　注意到当鼠标指针指向"混合模式"下拉列表中不同的选项时，图像将相应地变化，让用户能够快速预览各种混合模式的效果。

混合模式"叠加"将图层"Pineapple 拷贝"与它下面的图层 Pineapple 混合，让菠萝更鲜艳，更丰富多彩，且阴影更深、高光更亮，如图 4.14 所示。

❹ 选择图层 Postage，并从"混合模式"下拉列表中选择"正片叠底"。混合模式"正片叠底"将当前图层的颜色值与下面图层的颜色值相乘。在这个图像中，使用菠萝的色调值将位于菠萝上面的邮戳部分加暗，如图 4.15 所示。

每种混合模式都根据当前图层和它下面的图层使用不同的数学公式来计算混合结果。"叠加"通常会提高当前图层的对比度，而"正片叠底"通常会加暗当前图层。

图 4.14

图 4.15

❺ 选择菜单"文件">"存储"，保存所做的修改。

混合模式

混合模式指定了上下图层中的像素如何混合。默认混合模式为"正常",这将隐藏下面图层中的像素——除非上面的图层是部分或完全透明的。其他混合模式都让用户能够控制上下图层中像素的交互方式。

通常,要获悉混合模式对图像的影响,最佳的方式是尝试使用它。在图层面板中,可轻松地尝试不同的混合模式,方法是将鼠标指针指向"混合模式"下拉列表中不同的选项,并查看将如何变化。一般而言,混合模式对图像的影响可分成以下组。

- 加暗下面的图层:尝试使用变暗、正片叠底、颜色加深、线性加深或深色。
- 加亮下面的图层:尝试使用变亮、滤色、颜色减淡、线性减淡或浅色。
- 提高图层之间的对比度:尝试使用叠加、柔光、强光、亮光、线性光、点光或实色混合。
- 修改图像的颜色值:尝试使用色相、饱和度、颜色或明度。
- 创建反相效果:尝试使用差值或排除。

下面是常用的混合方式,可首先来尝试它们,其效果如图 4.16 所示。

- 正片叠底:顾名思义,它将当前图层和下面图层的像素颜色相乘。
- 变亮:当前图层的像素颜色更亮时,就将下层像素替换为当前图层的像素。

- 叠加:根据下层的情况,将颜色或颜色的反相相乘。图案或颜色覆盖既有的像素,同时保留下层的高光和阴影。
- 明度:将下层像素的明度替换为当前图层像素的明度。
- 差值:将较淡的颜色值减去较暗的颜色值。对于两幅几乎相同的图像,通过将它们放在不同的图层中,并使用这种混合模式,可标出它们不同的地方。

叠加

明度

正片叠底　　　变亮　　　差值

图 4.16

对多个图层应用不同的混合模式时,通过改变混合模式的应用顺序,可得到不同的效果。另外,将特定混合模式应用于图层编组与将其分别应用于各个图层得到的结果是不同的。

4.4.3　调整图层的大小和旋转图层

通过修改图层的位置、大小和角度,可提供极大的创意空间。在 Photoshop 中,这些类型的编辑被称为变换。在第 3 课中,对选区进行了变换,但变换也可用于图层。

❶ 单击图层 Beach 左边的眼睛图标,使该图层可见。

❷ 在图层面板中选择图层 Beach,再选择菜单"编辑">"自由变换"。在海滩图像的四周将出现变换定界框,其每个角和每条边上都有手柄。

提示 因为经常需要选择菜单"编辑">"自由变换"，因此可以记住其组合键："Ctrl + T"（Windows）或"Command + T"（macOS）。

首先，调整图层的大小和方向。

③ 向内拖曳角上的手柄，将海滩图像缩小到大约50%（请注意选项栏中的宽度和高度百分比）。

④ 在定界框仍处于活动状态的情况下，将鼠标指针指向定界框的外面，等鼠标变成弯曲的双箭头后沿顺时针方向拖曳鼠标，将海滩图像旋转15度。此外，也可在选项栏中的"旋转"文本框中输入"15"。如图4.17所示。

A. 宽度值
B. 高度值
C. 旋转角度

图4.17

⑤ 单击选项栏中的"提交"按钮（✓）。

提示 此外，也可在变换定界框外面单击来提交变换，只是注意不要单击可能修改设置或图层的地方。

⑥ 使图层Flower可见。选择移动工具（✛），再拖曳海滩图像，使其一角隐藏在花朵的下面，如图4.18所示。

图4.18

⑦ 选择菜单"文件">"存储"。

4.4.4 使用滤镜创建图稿

接下来，将创建一个空白图层（在文件中添加空白图层相当于向一叠图像中添加一张空白胶片），再使用一种Photoshop滤镜在该新图层中添加逼真的云彩。

❶ 在图层面板中，选择图层 Background 使其处于活动状态，再单击图层面板底部的"创建新图层"按钮（⊞），如图 4.19（a）所示。

在图层 Background 和 Pineapple 之间将出现一个名为"图层 1"的新图层，该图层没有任何内容，因此对图像没有影响。

♀ 注意 此外，也可选择菜单"图层">"新建">"图层"或从图层面板菜单中选择"新建图层"来创建新图层。

❷ 双击名称"图层 1"，输入"Clouds"，再按 Enter 键将图层重命名，如图 4.19（b）所示。

❸ 在工具面板中，单击前景色色板，并从"拾色器（前景色）"中选择一种天蓝色，再单击"确定"按钮。这里使用的颜色值为 R=48、G=138、B=174。保持背景色为白色，如图 4.20 所示。

 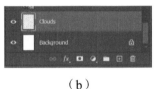

（a） （b）

图 4.19 图 4.20

♀ 提示 对于要在多个文档中使用的颜色，可将其加入 Creative Cloud 库中。为此，可在色板面板中创建这种颜色，再将其拖曳到库面板中的库中。这样，在任何打开的 Photoshop 文档中都可使用这种颜色。

❹ 在图层 Clouds 处于活动状态的情况下，选择菜单"滤镜">"渲染">"云彩"。逼真的云彩出现在图像后面，如图 4.21 所示。

图 4.21

❺ 选择菜单"文件">"存储"。

4.4.5 通过拖曳添加图层

可通过从桌面、Bridge、资源管理器（Windows）或 Finder（masOS）拖曳图像文件到文档窗口，将图层添加到图像中。下面在明信片中再添加一朵花。

♀ 提示 要添加 Creative Cloud 库中的图稿，只需将其从库面板拖曳到 Photoshop 文档中。这种方法也适用于存储在 Creative Cloud 库中的 Adobe Stock 图像。

① 如果 Photoshop 窗口充满了整个屏幕，请将其缩小。

• 在 Windows 中，单击窗口右上角的"恢复"按钮（ ），再拖曳 Photoshop 窗口的任何一个角将该窗口缩小。

• 在 macOS 中，单击窗口左上角绿色的"最大化 / 恢复"按钮（ ），再拖曳 Photoshop 窗口的任何一个角将该窗口缩小。

② 在 Photoshop 中，选择图层面板中的图层"Pineapple 拷贝"。

③ 在资源管理器（Windows）或 Finder（macOS）中，切换到下载的配书资源中的文件夹 Lessons，再切换到文件夹 Lesson04。

④ 选择文件 Flower2.psd，并将其从资源管理器（Windows）或 Finder（macOS）拖放到文档窗口中，如图 4.22 所示。

> ♀ 提示　此外，也可从 Bridge 窗口将图像拖曳到 Photoshop 中，这与从资源管理器（Windows）或 Finder（macOS）拖放图像一样容易。

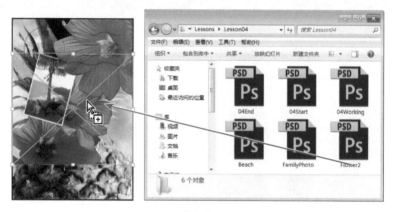

图 4.22

图层 Flower2 将出现在图层面板中，并位于图层"Pineapple 拷贝"的上方。Photoshop 将该图层作为智能对象加入，用户对这样的图层进行编辑时，修改不是永久性的。在第 5 课中，将大量地使用智能对象。

⑤ 将图层 Flower2 的图像放到明信片的左下角，使得只有一半花朵可见，如图 4.23 所示。

图 4.23

⑥ 单击选项栏中的"提交变换"按钮（ ），接受该图层。

> 💡 **提示** 要提交变换，也可按 Enter 键。

⑦ 如果愿意，将 Photoshop 窗口扩大，以提供更大的工作空间。

4.4.6 添加文本

现在可以使用横排文字工具来创建一些文字了，该工具将文本放在独立的文字图层中。用户可以编辑文本，并将特效应用于该图层。

① 使图层 HAWAII 可见。接下来，在该图层下面添加文本，并对这两个图层都应用特效。

② 选择菜单"选择">"取消选择图层"，确保没有选择任何图层。

③ 在工具面板中，选择横排文字工具（ T ），再选择菜单"窗口">"字符"打开字符面板。在字符面板中做见下设置（见图 4.24）。

图 4.24

- 选择一种紧缩字体（这里使用的是 Birch Std，可使用 Adobe Fonts 来获取它；如果使用的是其他字体，请相应地调整其他设置）。
- 选择字体样式（这里使用 Regular）。
- 选择较大的字号（这里使用 36 点）。
- 从"字距调整"下拉列表中选择较大的字距（这里使用 250）。
- 单击色板，从"拾色器"中选择一种草绿色，再单击"确定"按钮关闭"拾色器"。
- 由于这种字体没有 Bold 样式，因此单击"仿粗体"（ T ）按钮。
- 单击"全部大写字母"（ TT ）按钮。
- 从"消除锯齿"下拉列表（ ªa ）中选择"锐利"。

④ 在单词 HAWAII 中的字母 H 的下面单击，并输入"Island Paradise"以替换被选中的占位文本，再单击选项栏中的"提交所有当前编辑"按钮（ ✓ ）。

现在，图层面板中包含一个名为 Island Paradise 的图层，其缩览图图标为 T，这表明它是一个文字图层。该图层位于图层栈的最上面（见图 4.25），这是因为创建它时没有选择任何图层。

文本出现在鼠标单击的位置，可以将其调整在希望出现的位置。

⑤ 选择移动工具（ ✛ ），拖曳文本 Island Paradise 使其与 HAWAII 居中对齐，如图 4.26 所示。

图 4.25

图 4.26

4.5 对图层应用渐变

可对整个图层或其一部分应用颜色渐变。在本节中，将给文字 HAWAII 应用渐变，使其更多姿多彩。首先选择这些字母，再应用渐变。

❶ 在图层面板中，选择图层 HAWAII 使其处于活动状态。

❷ 在图层 HAWAII 的缩览图上单击鼠标右键（Windows）或按住 Control 键并单击（macOS），再从上下文菜单中选择"选择像素"。这将选择图层 HAWAII 的所有内容（白色字母），如图 4.27 所示。

> 💡 注意　确保单击的是缩览图而不是图层名，否则看到的将不是这里说的上下文菜单。

选择要填充的区域后，下面来应用渐变。

> 💡 注意　虽然这个图层包含单词 HAWAII，但它并不是文字图层，因为其中的文本已被光栅化（转换为像素）。

❸ 在工具面板中选择渐变工具（▇）。

❹ 单击工具面板中的前景色色板，从"拾色器（前景色）"中选择一种亮橙色，再单击"确定"按钮。背景色应该还是白色。

❺ 在选项栏中，确保单击了"线性渐变"按钮（▇）。

❻ 在选项栏中，单击渐变编辑器旁边的箭头打开渐变选择器，选择"前景色到背景色渐变"（"基础"组的第一个），如图 4.28（a）所示。再在渐变选择器外面单击以关闭它。

❼ 在选区仍处于活动状态的情况下，按住 Shift 键，从字母底部向顶部垂直拖曳鼠标，如图 4.28（b）所示。拖曳到字母顶部后松开鼠标。

图 4.27

（a）　　　　（b）

图 4.28

> 💡 提示　可用名称而不是样本方式列出渐变。为此，只需单击渐变选择器中的面板菜单按钮，并选择"小列表"或"大列表"；也可将鼠标指针指向缩览图直到出现工具提示，它指出了渐变名称。

渐变将覆盖文字，从底部的橙色开始，逐渐变为顶部的白色。

❽ 选择菜单"选择">"取消选择"，以取消选择文字 HAWAII。

❾ 选择菜单"文件">"存储"，保存所做的修改。

4.6　应用图层样式

可以添加自动和可编辑的图层样式集中的"阴影""描边""光泽"或其他特效来改善图层。很容易将这些样式应用于指定图层，并同它直接关联起来。

和图层一样，也可在图层面板中单击眼睛图标（●）将图层样式隐藏起来。图层样式是非破坏性的，可随时编辑它们或将其删除。

在前面使用了一种图层样式给海滩图像添加边框，下面给文本添加"投影"以突出文字。

❶ 选择图层 Island Paradise，再选择菜单"图层">"图层样式">"投影"。

> **提示** 此外，也可单击图层面板底部的"添加图层样式"按钮（ **fx**），再从下拉列表中选择一种图层样式（如"斜面和浮雕"）来打开"图层样式"对话框。

❷ 在"图层样式"对话框中，确保选中了"预览"复选框。如果必要，将对话框移到一边，以便能够看到文档窗口中的文本 Island Paradise，将发现对它们应用了投影效果。

❸ 在对话框的"结构"部分，确保选中了"使用全局光"复选框，再指定以下设置（见图 4.29）。

- 混合模式：正片叠底。
- 不透明度：78%。
- 角度：78 度。
- 距离：5 像素。
- 扩展：30%。
- 大小：10 像素。

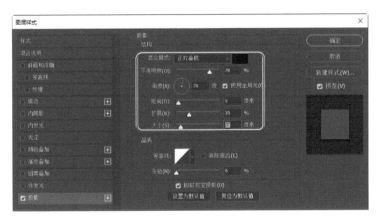

图 4.29

选择了"使用全局光"时，将有一个"主"光照角度，用于所有使用投影的图层效果。如果在其中一个效果中设置了光照角度，其他选择了"使用全局光"的效果都将继承这个光照角度设置。

> **提示** 要修改全局光设置，可选择菜单"图层">"图层样式">"全局光"。

角度决定了对图层应用效果时的光照角度，距离决定了投影或光泽效果的偏移距离，扩展决定了阴影向边缘减弱的速度，大小决定了阴影的延伸距离。

由于选中了"预览"复选框，因此当修改设置时，Photoshop 将更新文档窗口中的投影预览。

❹ 单击"确定"按钮让设置生效并关闭"图层样式"对话框，结果如图 4.30 所示。

在图层面板中，在图层 Island Paradise 中嵌套了该图层样式。首先列出的是字样"效果"，然后列出了应用于该图层的图层样式。在字样"效果"及每种效果旁边，都有一个眼睛图标（●）。要隐藏一种效果，只需单击其眼睛图标，再次单击可恢复效果；要隐藏所有的图层样式，可单击"效果"旁边的眼睛图标；要折叠效果列表，可单击图层名右边的箭头。

图 4.30

> 💡 提示　对于要在多个文档中使用的图层样式，可将其加入 Creative Cloud 库中。为此，可选择使用了该样式的图层，单击库面板底部的"添加内容"按钮（➕），确保选择了"图层样式"复选框，再单击"添加"按钮。这样，就可在任何打开的 Photoshop 文档中使用该样式。

执行下面的操作前，确保图层 Island Paradise 下面嵌套的两项内容左边都有眼睛图标。

⑤ 在图层面板中，按住 Alt 键（Windows）或 Option（macOS）键，并将"效果"或"fx"符号拖曳到图层 HAWAII 中。投影（与图层 Island Paradise 使用的设置相同）将被应用于图层 HAWAII，如图 4.31 所示。

图 4.31

下面在单词 HAWAII 周围添加绿色描边。

⑥ 在图层面板中，选择图层 HAWAII，然后单击图层面板底部的"添加图层样式"按钮（ *fx.* ），并从下拉列表中选择"描边"。

⑦ 在"图层样式"对话框的"结构"部分，指定以下设置（见图 4.32）。

- 大小：4 像素。
- 位置：外部。
- 混合模式：正常。
- 不透明度：100%。
- 颜色：绿色（选择一种与文本 Island Paradise 的颜色匹配的颜色）。

> 💡 提示　要将描边颜色设置成与文本 Island Paradise 的颜色相同，一种快捷方式是在单击描边颜色打开拾色器后，将鼠标指针指向拾色器外面，等它变成吸管图标后，单击文本 Island Paradise 以采集其中的绿色，并将其加载到拾色器中。

⑧ 单击"确定"按钮应用描边，结果如图 4.33 所示。

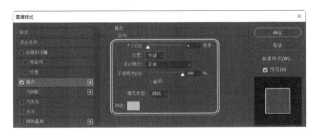

图 4.32

图 4.33

使用渐变面板

本课前面将渐变应用于课程文件中的文本 HAWAII 时，采用的方法是先选择渐变工具，再拖曳鼠标，这将根据选项栏中的渐变工具设置来创建渐变。如果要在应用渐变前调整其设置，这是一种很不错的方法。

还可使用渐变面板来将渐变应用于选定图层。为此，可选择菜单"窗口" > "渐变"，打开渐变面板，再单击要使用的渐变。在渐变面板中，列出了选项栏中列出的所有渐变预设。

使用渐变面板应用渐变时，不是将渐变应用于图层，而是创建一个渐变填充图层，并将选定图层用作剪贴蒙版（见图 4.34）。有关剪贴蒙版的详细信息，请参阅本课的 4.7 节。渐变填充图层是一种非破坏性调整，可轻松地编辑（通过双击）或删除它，而不会破坏它应用的图层。如果再应用一种渐变，它将作为另一个渐变填充图层，因此可通过隐藏 / 显示渐变填充图层来比较不同渐变的效果，进而决定保留哪种渐变。对于文字图层，渐变是以渐变叠加效果的方式应用的，应用另一种渐变将更新渐变叠加效果的设置。

图 4.34

其他类型的 Photoshop 预设也被组织成类似的面板。在渐变、色板、图案或形状面板中，单击预设将把它应用于选定图层。要在这些面板中管理预设，可使用面板底部的按钮或面板菜单中的命令。

下面给花朵添加投影和光泽。

① 选择图层 Flower，再选择菜单"图层">"图层样式">"投影"。在"图层样式"对话框的"结构"部分指定以下设置。

- 不透明度：60%。
- 距离：13 像素。
- 扩展：9%。
- 确保选中了"使用全局光"复选框，并从"混合模式"下拉列表中选择了"正片叠底"，如图 4.35 所示。现在不要单击"确定"按钮。

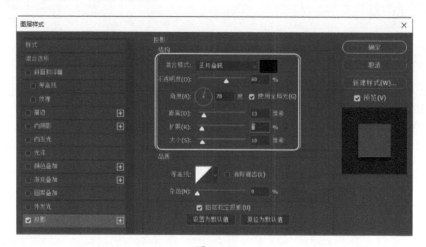

图 4.35

② 在仍打开的"图层样式"对话框中，单击左边的"光泽"字样。确保选中了"反相"复选框，并应用以下设置（见图 4.36）。

- 颜色（混合模式旁边）：选择一种可改善花朵颜色的颜色，如桃红色。
- 不透明度：20%。
- 距离：22 像素。

图层效果"光泽"通过添加内部投影来创建磨光效果。等高线决定了效果的形状；"反相"将等高线反转。

♀ 注意　请务必单击"光泽"字样。如果单击相应的复选框，Photoshop 将使用默认设置来应用图层样式"光泽"，而不会显示相关的选项。

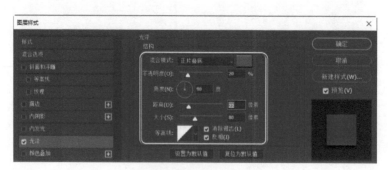

图 4.36

③ 单击"确定"按钮应用这两种图层样式，应用前后的效果如图 4.37 所示。在图层面板中，可以看到对图层 Flower 应用了这两种图层样式，可使用眼睛图标来查看应用图层样式前后的图层 Flower 是什么样的。

应用图层样式前　　　　　应用图层样式投影和光泽后

图 4.37

4.7　添加调整图层

可在图像中添加调整图层，以调整颜色和色调，而不永久性修改图像的像素。例如，在图像中添加色彩平衡调整图层后，就可反复尝试不同的颜色，因为修改是在调整图层中进行的。如果要恢复到原来的像素值，只需隐藏或删除该调整图层。

在本书前面使用过调整图层。这里将添加一个色相 / 饱和度调整图层，以修改紫色花朵的颜色。除非创建调整图层时有活动选区或创建一个剪贴蒙版，否则调整图层将影响它下面的所有图层。

① 在图层面板中，选择图层 Flower2，如图 4.38（a）所示。

② 单击调整面板中的"色相 / 饱和度"图标，以添加一个色相 / 饱和度调整图层，如图 4.38（b）所示。

③ 在属性面板中做以下设置（见图 4.39）。

- 色相：43。
- 饱和度：19。
- 明度：0。

图层 Flower2、Pineapple 拷贝、Pineapple、Clouds 和 Background 都受此影响。虽然这种效果很有趣，但只想修改图层 Flower2。

（a）　　　　　　　（b）

图 4.38

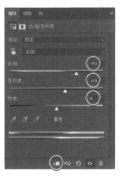

图 4.39

④ 在属性面板中单击"创建剪贴蒙版"按钮（　），如图 4.40（a）所示，这是属性面板底部的

第一个按钮。只要为当前选定图层创建剪贴蒙版（如当前选定的是一个调整图层），属性面板中就会包含这个按钮。

在图层面板中，该调整图层左边将出现一个箭头，这表明它只影响图层 Flower2，如图 4.40（b）所示。第 6 课和第 7 课将更详细地介绍剪贴蒙版。

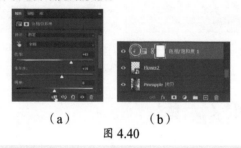

　　　　（a）　　　　　　　（b）

图 4.40

多次应用相同的图层样式

要改变设计元素的外观，一种极佳的方式是多次应用相同的效果（如描边、发光或投影）。要这样做，无须复制图层，因为在"图层样式"对话框中就可以做。

1. 打开文件夹 Lesson04 中的文件 04End.psd。

2. 在图层面板中，双击应用于图层 HAWAII 的投影效果。

3. 在"图层样式"对话框左侧的"效果"列表中，单击"投影"

右边的 + 按钮，并选择第二个"投影"效果，如图 4.41 所示。

图 4.41

接下来是比较有趣的部分。可调整第二个"投影"效果——修改诸如颜色、大小和不透明度等选项。

4. 在投影选项部分单击色块，将鼠标指针移出"图层样式"对话框，鼠标指针将变成吸管，然后单击图像底部的花朵，以采集其中的浅紫色。接下来，按图 4.42（a）指定投影设置，再单击"确定"按钮。

新增的投影让文字 HAWAII 更显眼，如图 4.42（b）所示。

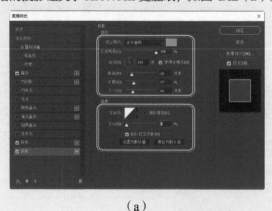

　　　　　　（a）　　　　　　　　　　　　（b）

图 4.42

4.8　更新图层效果

用户修改图层时，图层效果将自动更新。编辑文字，将发现图层效果也相应地更新。

① 在图层面板中，选择图层 Island Paradise。

② 在工具面板中，选择横排文字工具（ T.）。

③ 在选项栏中，将字体大小减少几个点并按 Enter 键。

> **♀提示**　在图层面板中，可根据图层类型、图层名、效果等搜索和筛选图层，还可只显示选定的图层，为此可选择菜单"选择">"隔离图层"。这样做后，图层面板中的筛选开关将变成红色，意味着有些图层在图层面板中没有显示出来。

尽管没有像在字处理程序中那样通过拖曳鼠标选中文本，但依然能够修改整个文字图层的设置。这在 Photoshop 中之所以可行，是因为通过在图层面板中选择文字图层，就可修改该图层的设置，条件是当前选择了文字工具。

④ 使用鼠标在单词 Island 和 Paradise 之间单击，再输入单词"of"。

编辑文本时，图层样式将应用于新文本，如图 4.43（a）所示。

⑤ 实际上并不需要添加单词 of，因此将它删除。

⑥ 选择移动工具（✛），将 Island Paradise 拖曳到单词 HAWAII 下面并与之居中对齐，结果如图 4.43（b）所示。

（a）添加文本时会自动对其应用图层效果　（b）将 Island Paradise 放在单词 HAWAII 下面并与之居中对齐

图 4.43

> **♀注意**　进行文本编辑后，无须单击"提交所有当前编辑"按钮，因为选择移动工具有相同的效果。

⑦ 选择菜单"文件">"存储"。

4.9　添加边框

这张明信片差不多做好了。已正确地排列了合成图像中的元素，最后需要完成的工作是，调整邮戳的位置并给明信片添加白色边框。

① 选择移动工具，并确保在选项栏中没有选中"自动选择"复选框。

② 在图层面板中选择图层 Postage，再使用移动工具（ ⊹ ）将其拖曳到图像正中央，效果如图4.44 所示。

图 4.44

③ 在图层面板中，选择图层 Island Paradise，再单击图层面板底部的"创建新图层"按钮（ ⊞ ）。

④ 选择菜单"选择">"全部"。

⑤ 选择菜单"选择">"修改">"边界"。在"边界选区"对话框中，在"宽度"文本框中输入"10"，再单击"确定"按钮，如图 4.45（a）所示。

在整幅图像四周选择了 10 像素的边界，下面使用白色填充它。

⑥ 将前景色设置为白色，再选择菜单"编辑">"填充"。

⑦ 在"填充"对话框中，从"内容"下拉列表中选择"前景色"，再单击"确定"按钮，如图 4.45（b）所示。

（a）　　　　　　　　（b）

图 4.45

⑧ 选择菜单"选择">"取消选择"。

⑨ 在图层面板中，双击图层名"图层 1"，并将该图层重命名为 Border，效果如图 4.46 所示。

图 4.46

使用图层复合存储多种设计方案，以及在它们之间切换

图层复合面板（可选择菜单"窗口">"图层复合"来打开它）让用户只需单击鼠标就可在多图层图像文件的不同版本之间切换。图层复合只不过是存储的图层面板设置，可使用图层复合面板来处理它们。每当需要保留特定的图层属性组合时，都可新建一个图层复合。这样，可通过从一个图层复合切换到另一个来快速地查看两种设计。在需要演示多种可能的设计方案时，图层复合的优点便将显现出来。通过创建多个图层复合，无须不厌其烦地在图层面板中选择眼睛图标、取消对眼睛图标的选择及修改设置，就可以查看不同的设计方案。

例如，要设计一个小册子，它包括中文版和英文版。用户可能将英文文本放在一个图层中，而将中文文本放在同一个图像文件中的另一个图层中。为创建两个不同的图层复合，只需显示英文图层并隐藏中文图层，再单击图层复合面板中的"创建新的图层复合"按钮，以创建一个英文图层复合；然后，执行相反的操作——显示中文图层并隐藏英文图层，并单击"创建新的图层复合"按钮，以创建一个中文图层复合。要查看不同的图层复合，只需依次单击每个图层复合左边的"图层复合"框。

设计方案不断变化或需要创建同一个图像文件的多个版本时，图层复合是一种非常有用的功能。如果不同图层复合的某些方面必须保持一致，可在一个图层复合中修改了图层的可见性、位置或外观后进行同步，这样所做的修改将反映到其他所有图层复合中。

4.10 拼合并保存文件

编辑好图像中的所有图层后，便可合并（拼合）图层以缩小文件。拼合将所有的图层合并为背景，然而，拼合图层后将不能再编辑它们，因此应在确信对所有设计都感到满意后，才对图像进行拼合。相对于拼合原始 PSD 文件，一种更好的方法是存储包含所有图层的文件副本，以防以后需要编辑某个图层。

图 4.47

为了解拼合的效果，请注意文档窗口底部的状态栏有两个表示文件大小的数字，如图 4.47 所示。

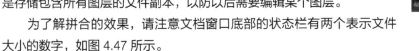 **注意** 如果状态栏中没有显示文件大小，可单击状态栏中的箭头并选择"文档大小"。

第一个数字表示拼合图像后文件的大小，第二个数字表示未拼合时文件的大小。就本课的文件而言，拼合后为 2~3MB，而当前的文件要大得多，因此就这里而言，拼合是非常值得的。

① 选择除文字工具（ T ）外的任何工具，以确保不再处于文本编辑模式。然后，选择菜单"文件">"存储"，保存所做的所有修改。

② 选择菜单"图像">"复制"。

③ 在"复制图像"对话框中将文件命名为 04Flat.psd，再单击"确定"按钮。

④ 关闭 04Working.psd，但让 04Flat.psd 打开。

⑤ 从图层面板菜单中选择"拼合图像"，如图 4.48 所示。

提示 菜单"图层"中也包含"拼合图像"命令；另外，在右击（Windows）或按住 Control 键并单击（macOS）图层名打开的上下文菜单中，也包含这个命令。

图层面板中将只剩下一个名为"背景"的图层，如图 4.49 所示。

图 4.48   图 4.49

⑥ 选择菜单"文件">"存储"。虽然选择的是"存储"而不是"存储为"，但仍将打开"存储为"对话框，因为还没有保存这个文档。

⑦ 确保位置为文件夹 Lesons\Lesson04，再单击"保存"按钮接受默认设置，并保存拼合后的文件。

这里，存储了文件的两个版本：只有一个图层的拼合版本及包含所有图层的原始文件。

至此，创建了一张色彩丰富、引人入胜的明信片。本课只初步介绍了掌握 Photoshop 图层使用技巧后可获得的大量可能性和灵活性中的很少一部分。在阅读本书时，几乎在每个课程中，都将获得更多的经验，并尝试使用各种不同的图层使用技巧。

创建图案

Photoshop 提供了多项可轻松而快速地创建图案的特性。下面来创建一个图案，并将其用作本课作品的边框。

1. 打开文件夹 Lesson04 中的文件 04End.psd，将其存储为 04End_Pattern.psd，再选择菜单"图层">"拼合图像"。

2. 选择菜单"图层">"新建填充图层">"纯色"，将这个新图层命名为 Pattern Background 并单击"确定"按钮。在出现的"拾色器"中选择白色，再单击"确定"按钮。

3. 选择菜单"文件">"置入链接的对象"，切换到文件夹 Lesson04 并选择文件 PalmLeaf.ai，再单击"置入"按钮。在"打开为智能对象"对话框中，单击"确定"按钮。等这个图形出现在文档窗口中后，按 Enter 键。这个矢量图是使用 Adobe Illustrator 创建的，但通过使用 Photoshop 图层，可用其来创建图案。

4. 将缩放比例缩小到至少 30%，再选择菜单"视图">"图案预览"。如果出现警告对话框，单击"确定"按钮。图案预览模拟将贴片平铺到画布外面时的样子。

5. 使用椭圆工具绘制一个彩色点，在图案中再添加一个元素。

6. 通过移动、旋转或缩放包含叶子和点的图层来调整图案，直到对图案预览满意为止，如图 4.50 所示；还可在图案中添加其他图层。

7. 选择组成图案的图层，再选择菜单"编辑">"定义图案"，将图案命名为 Leaf，再单击"确定"按钮。

8. 选择菜单"视图">"图案预览"以禁用它，再将组成图案的图层隐藏。

9. 选择图层 Pattern Background，再选择菜单"图层">"新建填充图层">"图案"，将这个新图层命名为 Border 并单击"确定"按钮。在"图案填充"对话框中，从缩览图预览下拉列表中选择刚创建的图案。降低"缩放"设置的值，并调整"角度"设置，对结果满意后单击"确定"按钮，如图 4.51 所示。

10. 在图层面板中，单击图层"背景"的锁定图标解除对该图层的锁定，并将其拖曳到图层 Border 的上面。选择菜单"编辑">"自由变换"，再缩小这个图层，将图层 Border 显示出来，如图 4.52 所示。

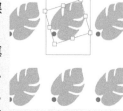

图 4.50　图案预览让用户能够知道将创建的图案是什么样的

图 4.51　可调整图案填充图层的设置

图 4.52　缩小原来的背景图层，让图案填充图层显示出来

这个图案被加入图案面板中，同时可随时编辑图层 Border 的图案填充设置，方法是在图层面板中双击它。

使用 Adobe Stock 探索设计选项

使用图像可更轻松地可视化不同的设计理念。Photoshop 库面板中能够直接访问数以百万计的 Adobe Stock 图像。下面将一幅来自 Adobe Stock 的夏威夷四弦琴图像添加到本课的合成图像中。

1. 打开文件夹 Lesson04 中的文件 04End.psd，并将其另存为 04End_Working.psd。

2. 在图层面板中，选择图层 Beach。

3. 在库面板中，在搜索文本库框中输入"ukulele"，并从下拉列表中选择 Adobe Stock，再找一幅这样的图像：夏威夷四弦琴垂直放置、背景为白色，如图 4.53 所示。

4. 将这幅夏威夷四弦琴图像拖曳到文档中。拖曳角上的手柄，将图像缩小到原来的 25% 左右，再应用所做的修改以完成图像导入，如图 4.54 所示。

5. 在搜索文本框中，从下拉列表中选择"当前库"，发现这幅图像自动添加到了当前库中。单击⊗按钮将搜索结果关闭。

6. 下面将这幅图像的背景删除。在选择了图层 Ukulele 的情况下，选择工具面板中的魔棒工具，再在白色背景中的任何地方单击。如果选择的图像的角上有 ID 号，选择矩形选框工具，按住 Shift 键并拖曳鼠标以选择它，将其加入选区中。按住 Alt 键（Windows）或 Option 键（macOS）并单击图层面板底部的"添加图层蒙版"按钮（▣）。

7. 使用移动工具拖曳图层 Ukulele，使其与海滩图像部分重叠，如图 4.55 所示。至此，在明信片图像中添加了一张 Adobe Stock 图像！

图 4.53　Adobe Stock 搜索结果

图 4.54　文档中的 Adobe Stock 图像

获取许可

获取许可前，夏威夷四弦琴图像为低分辨率版本且带 Adobe Stock 水印。就这里而言，无须获得使用这幅图像的许可，但要在最终的项目中使用它，就必须获得许可。为此，确保在图层面板中选择了图层 ukulele（不是其蒙版），再在属性面板中单击"授权资源"按钮并按提示做，如图 4.56 所示。获得许可后，图像将被自动替换为没有水印的高分辨率版本。如果需要获得大量图像的许可，可考虑购买 Adobe Stock 包月套餐。

使用 Adobe Stock 在
明信片中添加了新元素

图 4.55

图 4.56

4.11 复习题

1. 使用图层有何优点？
2. 创建新图层时，它将出现在图层列表的什么位置？
3. 如何使一个图层中的图稿出现在另一个图层的前面？
4. 如何应用图层样式？
5. 处理好图稿后，如何在不改变图像质量、尺寸和压缩方式的情况下缩小文件？

4.12 复习题答案

1. 图层让用户能够将图像的不同部分作为独立的对象进行移动和编辑。处理某个图层时，也可以隐藏不想看到的图层。
2. 新图层总是出现在活动图层的上面；如果当前没有活动的图层，新图层将位于图层列表开头。
3. 可以在图层面板中向上或向下拖曳图层，也可以使用菜单"图层">"排列"中的下述子命令："置为顶层""前移一层""后移一层"和"置为底层"。然而，不能调整背景图层的位置，除非将其转换为常规图层（解除锁定或通过双击来重命名）。
4. 选择要添加图层样式的图层，再单击图层面板中的"添加图层样式"按钮，也可选择菜单"图层">"图层样式"，在图层样式中选择想要的样式。
5. 可以拼合图像，将所有图层合并成一个背景图层。拼合文档前，最好复制包含所有图层的图像文件，以防以后需要修改图层。

第5课

快速修复

本课概览

- 消除红眼。
- 调整脸部特征。
- 裁剪和拉直图像并填充空白区域。
- 合并两幅图像以增大景深。
- 无缝地删除物体及填充空白区域。

- 调亮图像。
- 使用多幅图像合成全景图。
- 使用光圈模糊让图像背景变模糊。
- 应用光学镜头校正图像。
- 调整图像的透视使其与另一幅图像匹配。

学习本课大约需要 1 小时

　　有时候，只需在 Photoshop 中单击几下鼠标，就可让有瑕疵乃至糟糕的图像变得非常出色。快速修复功能让用户能够轻松地获得所需的效果。

5.1 概述

并非每幅图像都需使用 Photoshop 高级功能进行复杂的改进，事实上，熟悉 Photoshop 后，通常都能快速地改进图像，其中的诀窍在于知道能够做什么，以及如何找到所需的功能。

在本课中，将使用各种工具和方法快速修复多幅图像。可单独使用这些方法，也可在处理图像较为棘手时结合使用多种方法。

① 启动 Photoshop 并立刻按"Ctrl + Alt + Shift"（Windows）或"Command + Option + Shift"（macOS）组合键，以恢复默认首选项（参见前言中的"恢复默认首选项"）。

② 出现提示对话框时，单击"是"按钮，确认并删除 Adobe Photoshop 设置文件。

5.2 改进快照

与朋友或家人分享快照时，可能无须让照片看起来很专业，但不希望出现红眼，也不希望照片太暗而无法呈现重要的细节。Photoshop 提供了能够快速修改快照的工具。

5.2.1 消除红眼

红眼是由于闪光灯照射到拍摄对象的视网膜上导致的。在黑暗的房间拍摄人物时，因为此时人物的瞳孔很大，所以常常出现这种情况。所幸在 Photoshop 中消除红眼很容易，下面来消除一幅女性人像中的红眼。

首先在 Adobe Bridge 中查看消除红眼前后的照片。

① 选择菜单"文件">"在 Bridge 中浏览"，启动 Adobe Bridge。

> ♀ 注意　如果没有安装 Bridge，当选择"在 Bridge 中浏览"时，将提示安装 Bridge。更详细的信息请参阅前言。

> ♀ 注意　如果 Bridge 询问是否要从上一版 Bridge 中导入首选项，单击"否"按钮。

② 在 Bridge 的收藏夹面板中，单击文件夹 Lessons，再双击内容面板中的文件夹 Lesson05 打开它。

③ 如果必要，调整缩览图滑块以便能够清楚地查看缩览图，再查看文件 RedEye_Start.jpg 和 RedEye_End.psd，如图 5.1 所示。

图 5.1

红眼使得普通的人或动物看起来很凶恶，还会分散观察者的注意力。在 Photoshop 中消除红眼很容易，这里还将快速调亮这幅图像。

④ 双击文件 RedEye_Start.jpg，在 Photoshop 中打开它。

⑤ 选择菜单"文件">"存储为"，将格式设置为 Photoshop，将名称指定为 RedEye_Working.psd，再单击"保存"按钮。

> 💡 注意　如果 Photoshop 显示一个对话框，指出保存到云文档和保存到计算机之间的差别，单击"保存在您的计算机上"按钮。此外，还可选择"不再显示"复选框，但当重置 Photoshop 首选项后，将取消选择这个设置。

⑥ 选择缩放工具（🔍），通过拖曳放大，以便能够看清妇女的眼睛。如果"细微缩放"复选框未被选中，拖曳一个环绕眼睛的选框来放大。

⑦ 选择隐藏在修复画笔工具（🩹）后面的红眼工具（➕⊙）。

⑧ 在选项栏中，将"瞳孔大小"缩小为 23%，将"变暗量"改为 62%，如图 5.21（a）所示。变暗量决定了瞳孔的暗度。

⑨ 如图 5.2（b）所示，单击妇女左眼的瞳孔，红色倒影消失了。

⑩ 如图 5.2(c）所示，单击妇女右眼的瞳孔，将这里的倒影也消除，最终效果如图 5.2(d）所示。

如果倒影在瞳孔上，单击瞳孔通常能够消除它，但如果倒影偏离了瞳孔，请尝试单击眼睛中的高光区域或在瞳孔上拖曳鼠标。

⑪ 选择菜单"视图">"按屏幕大小缩放"，以便能够看到整幅图像（见图 5.3），再将文件存盘。

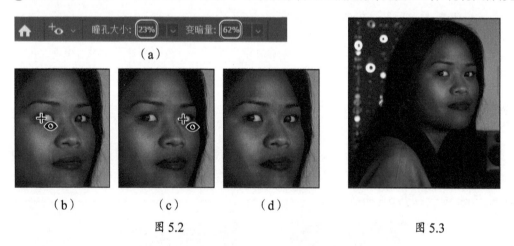

（a）

（b）　　　　　（c）　　　　　（d）

图 5.2　　　　　　　　　　　　　　　　　　　图 5.3

5.2.2　调亮图像

妇女的眼睛内不再有红眼，但整幅图像有点暗，因此需要调亮图像。调亮图像的方式有很多种，可根据要调整的程度尝试添加亮度 / 对比度、色阶和曲线调整图层。进行快速修复时，可尝试使用"自动"按钮或预设，色阶和曲线调整都支持这两项功能。下面尝试使用曲线调整图层来调整这幅图像。

① 在调整面板中，单击"曲线"图标，如图 5.4（a）所示。

② 单击"自动"按钮，进行自动校正，如图 5.4（b）所示。在这个示例中，自动校正在曲线中

间添加了一个点，并增大了其值，这使得中间调被调亮，效果如图 5.4（c）所示。

❸ 从"预设"下拉列表中选择"较亮（RGB）"，曲线发生了细微的变化，如图 5.5 所示。预设和自动的不同之处在于，预设对所有的图像都应用相同的曲线，而自动对图像进行分析后再应用合适的曲线。

（a）

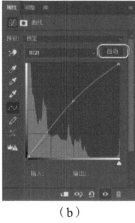

（c）　　　　（b）

图 5.4

图 5.5

❹ 单击属性面板底部的"复位到调整默认值"按钮（ ），恢复到未调整前。

❺ 在属性面板中，选择图像调整工具（ ），再在额头上单击并向上拖曳。使用这个工具单击时，将在单击处的色阶对应的曲线位置添加一个点。向上拖曳时，将把这个点和曲线往上拉，从而调亮图像，如图 5.6 所示。

图 5.6

💡提示　进行曲线或色阶调整时，如果要使用"自动"按钮或白场和黑点取样器（吸管图标），请在应用手工调整前使用它们。与预设一样，使用这些工具所做的调整将覆盖手工调整。

💡提示　要确定图像被调亮了多少，可通过隐藏曲线调整图层，再显示它进行对比。

❻ 选择菜单"图层">"拼合图像"。

❼ 将文件存盘。

5.3 使用液化滤镜调整脸部特征

在需要扭曲图像的一部分时，液化滤镜很有用。它包含的人脸识别液化选项能够自动识别人脸，让用户能够轻松地调整眼睛、鼻子和嘴巴等脸部特征。例如，可调整眼睛的大小及它们之间的距离。在广告和时尚领域，呈现特定的外观和表情比真实地呈现人物更重要，因此这些领域的人物照片往往需要调整脸部特征。

① 在依然打开了 RedEye_Working.psd 的情况下，选择菜单"滤镜">"液化"。

② 在属性面板中，如果"人脸识别液化"选项被折叠（隐藏），将其展开。

③ 确保展开了"眼睛"部分，并选择了"眼睛大小"和"眼睛高度"的链接图标（如果没有选择链接图标，就可为左眼和右眼指定不同的值。），再将眼睛大小和眼睛高度分别设置为 32 和 10。确保展开了"嘴唇"部分，再将微笑和嘴唇高度分别设置为 5 和 9。确保展开了"脸部形状"部分，再将下颚和脸部宽度分别设置为 40 和 50。如图 5.7 所示。

> ♀提示 在液化工具栏中选择脸部工具（♀）后，将鼠标指针指向人脸的不同部分时，都将出现手柄。可通过拖曳这些手柄来直接调整人脸的不同部分，而不拖曳人脸识别液化滑块。

图 5.7

④ 在选择和取消选择"预览"复选框之间切换，对修改前后的图像进行比较，如图 5.8 所示。

人脸识别液化前　　　　　　人脸识别液化后

图 5.8

> **提示** 人脸识别液化选项的取值范围有限，因为它们用于细微而可信的扭曲。如果要让人脸的形状或表情像漫画一样夸张，可能需要使用"液化"对话框左边更高级的手工调整工具，或者尝试使用第 15 课将讨论的 Neural Filters 中的脸部修改滤镜。

请尝试使用各个人脸识别液化选项，更深入地了解可快速而轻松地进行哪些调整。

⑤ 单击"确定"按钮关闭"液化"对话框，再关闭文档并保存所做的修改。

只有当 Photoshop 识别出图像中的人脸时，人脸识别液化功能才可用。人脸未正对相机或被头发、太阳镜、帽子遮住时，Photoshop 可能识别不出来。

5.4 模糊背景

模糊画廊中的交互式模糊能够设置模糊并预览效果。下面使用光圈模糊使一幅图像的背景变模糊，让观察者将注意力放在最重要的元素（这里是白鹭）上。此时将以智能滤镜的方式应用模糊，这样以后需要时可修改模糊效果。

首先在 Bridge 中查看处理前后的图像。

① 选择菜单"文件">"在 Bridge 中浏览"，启动 Adobe Bridge。

② 在 Bridge 的收藏夹面板中，单击文件夹 Lessons，再双击内容面板中的文件夹 Lesson05 打开它。

③ 对 Egret_Start.jpg 和 Egret_End.psd 的缩览图进行比较，如图 5.9 所示。

图 5.9

在处理后的图像中，白鹭看起来更清晰，这是因为其倒影和周围的小草更模糊了。光圈模糊是模糊画廊中的交互式模糊之一，不需要创建蒙版就能轻松地完成模糊任务。

④ 选择菜单"文件">"返回 Adobe Photoshop"；在 Photoshop 中，选择菜单"文件">"打开为智能对象"。

⑤ 选择文件夹 Lesson05 中的文件 Egret_Start.jpg，再单击"确定"或"打开"按钮。

Photoshop 将打开这幅图像。在图层面板中，只有一个图层，该图层缩览图中的徽章表明这是一个智能对象，如图 5.10 所示。

图 5.10

⑥ 选择菜单"文件">"存储为"，将格式设置为 Photoshop，将名称指定为 Egret_Working.psd，再单击"保存"按钮。在"Photoshop 格式选项"对话框中，单击"确定"按钮。

⑦ 选择菜单"滤镜">"模糊画廊">"光圈模糊"。

💡 提示　如果有较新版本的 iPhone 手机，能够随照片存储 HEIF 深度图（depth map），可将深度图载入"镜头模糊"滤镜（选择菜单"滤镜">"模糊">"镜头模糊"）来生成更逼真的背景模糊效果。

将出现一个与图像居中对齐的模糊椭圆，通过移动中央的图钉、羽化手柄和椭圆手柄，可调整模糊的位置和范围。在模糊画廊任务空间的右上角，还有可展开的"场景模糊""倾斜偏移""路径模糊"和"旋转模糊"面板，这些是可应用的其他类型的模糊。

⑧ 拖曳中央的图钉，使其位于白鹭身体的底部，如图 5.11（a）所示。

⑨ 单击并向内拖曳椭圆，使得只有白鹭本身是清晰的，如图 5.11（b）所示。

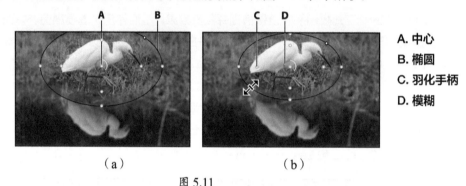

A. 中心
B. 椭圆
C. 羽化手柄
D. 模糊

（a）　（b）

图 5.11

⑩ 按住 Alt 键（Windows）或 Option 键（macOS）并拖曳羽化手柄，使其与图 5.12（a）类似。按住 Alt 键或 Option 键能够分别拖曳每个手柄。

⑪ 单击并拖曳模糊圈，以实现渐进但明显的模糊，如图 5.12（b）所示；也可以移动"模糊工具"中的"模糊"滑块来修改模糊量，将模糊量缩小到 5 像素，如图 5.12（c）所示。

（a）　（b）　（c）

图 5.12

⑫ 单击选项栏中的"确定"按钮，应用模糊效果。

模糊效果可能不太明显，下面来加深效果。

⑬ 在图层面板中，双击图层 Egret_Start 中的"模糊画廊"，将其再次打开。将"模糊"增大到 6 像素，再单击选项栏中的"确定"按钮，让修改生效。

通过模糊图像的其他部分突出了白鹭。由于是对智能对象应用的滤镜，因此可以隐藏或编辑滤镜效果，而不修改原始图像。

⑭ 将这个文件存盘，再关闭它。

模糊画廊

模糊画廊包含五种交互式模糊：场景模糊、光圈模糊、移轴模糊、路径模糊和旋转模糊。它们都提供了选择性运动模糊工具，其中包含一个初始模糊图钉，还可在图像上单击来添加模糊图钉。可应用一种或多种模糊，对于路径模糊和旋转模糊，还可添加闪光效果。

场景模糊对图钉及其指定的图像区域应用渐变模糊，如图5.13所示。默认情况下，场景模糊在图像中央放置一个图钉。用户可拖曳模糊手柄或在"模糊工具"面板中指定值来调整相对于图钉处的模糊程度，还可将这个图钉拖曳到其他地方。

图 5.13　应用场景模糊前后

移轴模糊模拟使用移轴镜头拍摄的图像，即景深很浅且焦点很远的图像。这种模糊指定了一个清晰的平面，但向外逐渐模糊。可使用这种效果来模拟微距摄影照片，如图5.14所示。

光圈模糊模拟浅景深效果——从焦点向外逐渐模糊，如图5.15所示。可通过调整椭圆手柄、羽化手柄和模糊量来定制光圈模糊。

图 5.14　应用移轴模糊前后　　　　图 5.15　应用光圈模糊前后

旋转模糊是一种使用度数度量的辐射式模糊，如图5.16所示。可修改椭圆的大小和形状、通过按住Alt键（Windows）或Option键（macOS）并拖曳来调整旋转点的位置，以及调整模糊角度；也可在"模糊工具"面板中指定模糊角度。可使用多个重叠的旋转模糊。需要展示旋转的螺旋桨、车轮或齿轮时，旋转模糊很有用。

路径模糊沿绘制的路径创建动感模糊效果，如图5.17所示。可控制模糊的形状和程度，以达到最好的效果。

应用路径模糊时，将出现一条默认路径，可通过拖曳调整其端点的位置，单击并拖曳中心点来修改其形状，还可通过单击来添加曲线点。路径上的箭头指出了模糊的方向。

此外，还可创建多点路径或形状。模糊形状定义了局部动感模糊，类似于相机抖动（参见本课后面的"防抖滤镜"）。"模糊工具"面板中的"速度"滑块指定了所有路径模糊的速度，而"居中模糊"选项确保所有像素的模糊形状都与像素居中对齐,这样得到的动感模糊效果显得更稳定。要让动感模糊显得不那么稳定,可取消选择这个选项。

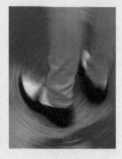　　

图 5.16　应用旋转模糊前后　　　　　　　图 5.17　应用路径模糊前后

　　如果要展示动物的各条腿沿不同的方向移动形成的模糊,可分别给每条腿应用路径模糊。

　　有些模糊类型还在"效果"选项卡中提供了额外选项,可在这个选项卡中指定散景参数,以控制模糊区域的外观。光源散景调亮模糊区域;散景在已调亮但非纯白色的区域添加更显眼的颜色;光照范围指定影响的色调范围。

　　对于旋转模糊和路径模糊,可在"动感效果"选项卡中添加闪光效果,如图 5.18 所示。在这个选项卡中,"闪光灯强度"滑块决定了呈现的模糊程度(0% 不添加闪光效果,100% 添加完整的闪光效果,导致呈现的模糊程度很低);"闪光灯闪光"决定了曝光程度。

　　应用模糊会消除原始图像中的数字杂色和胶片颗粒,导致模糊区域与原始图像不匹配,让模糊后的图像看起来很假,如图 5.19 所示。可使用"杂色"选项卡来恢复杂色和胶片颗粒,让模糊区域和未模糊的区域匹配。为此,首先设置"数量"滑块,再使用其他选项来匹配原始颗粒特征:如果原始图像存在杂色,就增大"颜色"值;如果要平衡高光和阴影区域的杂色量,就降低"高光"值。

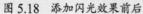　　

图 5.18　添加闪光效果前后　　　　　　　图 5.19　模糊前后

5.5　创建全景图

　　有时候场景太大,一次拍摄不下来。Photoshop 能够轻松地使用多幅图像来合成全景图,让欣赏者能够看到全景。

　　同样,这里也先来看看最终文件,了解将合成的图像是什么样的。

❶ 选择菜单"文件">"在 Bridge 中浏览"。

❷ 切换到文件夹 Lesson05,并查看文件 Skyline_End.psd 的缩览图,如图 5.20 所示。

图 5.20

> **提示** 在 Bridge 中，可按空格键在全屏模式下预览选定的图像，这在需要预览包含大量细节或非常大的图像时很有用。要关闭全屏模式，可再次按空格键。

本节将把四张西雅图天际图像合并成一张全景图，让欣赏者知道完整的场景是什么样的。要使用多幅图像来创建全景图，只需单击几下鼠标，Photoshop 将负责完成其他所有的工作。

③ 返回到 Photoshop。

④ 在 Photoshop 没有打开任何文件的情况下，选择菜单"文件">"自动">"Photomerge"。

> **提示** 此外，也可在 Bridge 中直接使用 Photomerge 来打开选定的文件，为此可选择菜单"工具">"Photoshop">"Photomerge"。

⑤ 在"源文件"部分，单击"浏览"按钮并切换到文件夹 Lesson05\Files For Panorama。

⑥ 选择第一个文件，再按住 Shift 键并单击最后一个文件以选择所有文件，再单击"确定"或"打开"按钮。

⑦ 在"Photomerge"对话框的"版面"部分，选择"透视"。

就合并图像而言，"透视"并非总是最佳选项，这要看合并的图像是怎么拍摄的。如果对合并结果不满意，可重新开始，并尝试使用其他的版面选项。如果不确定该使用哪个选项，选择"自动"就行。

⑧ 在"Photomerge"对话框的底部，选中"混合图像""晕影去除""几何扭曲校正"和"内容识别填充透明区域"复选框，再单击"确定"按钮，如图 5.21 所示。

"混合图像"根据图像之间的最佳边界混合图像，而不仅仅是创建简单的矩形混合；"晕影去除"对边缘较暗的图像进行曝光补偿；"几何扭曲校正"消除桶形、枕形和鱼眼失真；"内容识别填充透明区域"自动修补图像边缘和画布之间的空白区域。

Photoshop 将创建全景图。这是一个复杂的过程，因此在 Photoshop 处理期间可能需要等待几分钟。完成后，将在图像窗口中看到一幅全景图。在图层面板中有五个图层，其中最上面图层的名称包含字样"（合并）"，下面的四个图层是选择的原始图像，如图 5.22（a）所示。Photoshop 检测图像重叠的区域并匹配了图像，还校正了所有扭曲。Photoshop 根据选择的图像混合得到的全景图，还有"内容识别填充透明区域"填充过的

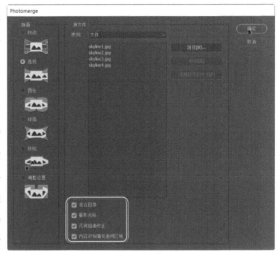

图 5.21

原本为空白的区域——选区标识的区域，如图5.22（b）所示。

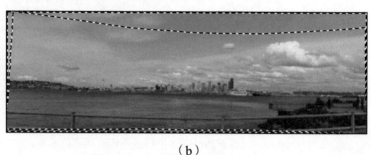

（a）   （b）

图 5.22

> 💡 注意　合并的图像越多、图像的像素尺寸越大，Photomerge 需要的时间就越多。在较新版本或内存较多的计算机上，Photomerge 的运行速度较快。

> 💡 提示　想知道在没有选择"内容识别填充透明区域"复选框的情况下，全景图是什么样的，可隐藏最上面的图层。

使用 Photomerge 获取最佳效果

拍摄要用于创建全景图的照片时，请牢记以下指导原则，这样才能获得最佳效果。

> 💡 提示　如果要创建室内全景图（或有被拍摄对象离相机很近的全景图），那么手工旋转相机或通过旋转三脚架来旋转相机时，可能带来视差，导致拍摄对象没有对齐。为避免这种误差，可使用一种被称为节点滑座（nodal slide）的三脚架配件，它可确保相机精确地绕镜头的入射光瞳旋转。

图像之间重叠 15%~40%。足够的重叠让 Photomerge 能够无缝地混合边缘。重叠超过 50% 毫无意义，只会导致需要拍摄的照片太多。

使用相同的焦距设置。如果使用的是变焦镜头，确保拍摄用于创建全景图的所有照片时都使用相同的焦距设置。

保持水平。确保在每张照片中，地平线的垂直位置都相同，以免全景图是倾斜的。如果相机的取景器中有水平仪，请使用它。

在可能的情况下使用三脚架。如果拍摄每张照片时相机的高度都相同，将获得最佳的结果。带旋转云台的三脚架更容易满足这样的条件。

从同一个位置拍摄所有的照片。如果使用了带旋转云台的三脚架，尽量从同一个位置拍摄所有的照片，确保它们的拍摄角度都相同。

避免使用创意扭曲镜头。虽然"自动"选项能够调整使用鱼眼镜头拍摄的图像，但这依旧可能影响 Photomerge。

使用相同的曝光设置。图像的曝光相同时，混合出来的效果将更好。例如，拍摄所有照片时，都开启或关闭闪光灯。

尝试使用不同的版面选项。创建全景图时，如果对得到的结果不满意，可尝试使用不同的版面选项。通常，"自动"都是合适的选择，但有时使用其他选项生成的图像更佳。

⑨ 选择菜单"选择">"取消选择"。

💡提示 在生成的全景图文件中，使用原始图像创建的图层带有蒙版。Photoshop 创建这些蒙版旨在混合相邻图像的边缘，可编辑这些蒙版，但如果不需要，可拼合全景图，让文件更小。

⑩ 选择菜单"图层">"拼合图像"，结果如图 5.23 所示。

图 5.23

⑪ 选择菜单"文件">"存储为"。从下拉列表"格式"中选择 Photoshop，将文件命名为 Sky-line_Working.psd，将存储位置指定为 Lesson05，再单击"保存"按钮。

这个全景图看起来很好，只是有点暗。下面添加一个色阶调整图层，将这幅全景图加亮些。

⑫ 单击调整面板中的"色阶"图标，如图 5.24（a）所示，添加一个色阶调整图层。

⑬ 在属性面板中选择白场吸管，如图 5.24（b）所示。

（a）　　　　　　　　　　（b）

图 5.24

💡注意 在第 13 步中，单击的区域必须接近但又不是纯白色。如果使用白场吸管单击后图像没有变化，很可能是单击的区域不能再白且不存在色偏。当单击的像素已经是纯白色（如 RGB 值分别为 255、255、255）时，将出现这种情况。

在云彩中的白色区域单击，如图 5.25（a）所示。之后，整幅图像会变得更亮，天空会变得更蓝，因为图像原来的色调有点偏暖，而白场吸管功能消除了这种偏色，如图 5.25（b）所示。

（a）

图 5.25

（b）

图 5.25（续）

⑭ 保存所做的工作。在"Photoshop 格式选项"对话框中，单击"确定"按钮。

> 💡 注意　在第 14 步中，之所以会出现"Photoshop 格式选项"对话框，是因为新增了一个图层。存储只包含背景图层的 Photoshop 文档时，通常不会出现"Photoshop 格式选项"对话框。

5.6　裁剪时填充空白区域

这个全景图很好，但有两个小缺点：地平线不太平；底部的栏杆不完整，让人感觉右下角礁石处的栏杆伸到了水中。如果对这幅图像进行旋转，四角可能出现空白区域，进而要求将图像裁剪得更小，从而丢失部分图像。前面合成全景图时，使用了内容识别技术来填充生成的空白区域，这种技术也可用来填充拉直和裁剪图像时形成的空白区域。

① 确保打开了 Skyline_Working.psd，并在图层面板中选择了"背景"图层。

② 选择菜单"图层">"拼合图像"。

③ 选择工具面板中的裁剪工具，图像周围将出现裁剪矩形及其手柄，如图 5.26 所示。

图 5.26

④ 在选项栏中选择"拉直"按钮（ ），并确保选择了"内容识别"复选框，如图 5.27 所示。

图 5.27

⑤ 将鼠标指针指向图像中地平线的左端，单击并向右拖曳以创建一条与地平线对齐的拉直线（见图 5.28），到达地平线右端后松开鼠标。

图 5.28

注意到四角附近有些需要填充的白色区域，如图 5.29 所示。

图 5.29

⑥ 在裁剪矩形依然处于活动状态的情况下，向下拖曳图像，直到底部不完整的栏杆部分位于裁剪矩形外面，如图 5.30 所示。

图 5.30

⑦ 单击选项栏中的"提交"按钮（✔），应用当前裁剪设置，内容识别裁剪将填充图像顶部和两边的空白区域，如图 5.31 所示。

图 5.31

⑧ 保存所做的修改，再关闭文档。

替换天空

当找到了合适的照片，但其中的天空区域与要传达的情绪或时间不搭时，可在 Photoshop 中轻松地替换天空。"天空替换"功能可完成众多艰难的工作，如创建蒙版，以及让天空与照片的颜色更一致。

1. 打开文件夹 Lesson05 中的文档 Skyline_End.psd，再选择菜单"编辑">"天空替换"。

2. 从"天空"列表中选择一幅图像，文档中的天空将更新。要对原来的天空和新天空进行比较，可选择"预览"复选框；要使用自己的天空图像，可单击"天空"列表中的齿轮图标，并选择"新建天空"，如图 5.32 所示。

3. 检查自动合成的图像的质量。两幅图像的颜色一致吗？使用自动生成的蒙版时，边缘的质量是否存在问题？为检查这两点，请放大图像。

4. 如果发现了问题，请调整天空替换选项。例如，可使用天空移动工具来调整天空图像的位置，使用天空画笔工具来编辑蒙版边缘，还可修改"天空调整"部分的"缩放"设置。

5. 对天空替换结果满意后，确保从"输出到"下拉列表中选择了"新图层"，再单击"确定"按钮，如图 5.33（a）所示。

"输出到"被设置为"新图层"时，注意到在图层面板中，"天空替换"为添加新天空而创建的图层与原来的图层是分开的，如图 5.33（b）所示。在"天空替换"对话框中，单击"确定"按钮后，可对创建的图层和蒙版进行编辑（有关图层蒙版的详细信息，将在第 6 课介绍）。要显示原来的天空，可隐藏新创建的图层，如图 5.34 所示。

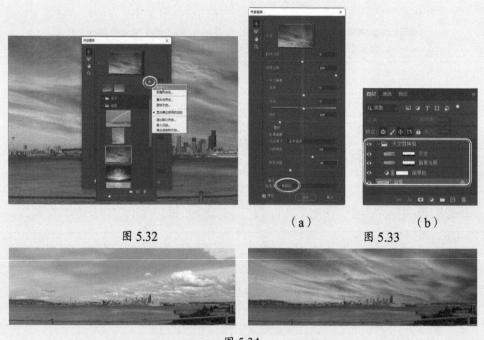

图 5.32　　　　　　　　　　　　（a）　　　　　　（b）　图 5.33

图 5.34

5.7　校正图像扭曲

"镜头校正"滤镜可修复常见的相机镜头缺陷，如桶形和枕形扭曲、晕影及色差。桶形扭曲是一种镜头缺陷，导致直线向图像边缘弯曲；枕形扭曲则相反，导致直线向内弯曲；色差指的是图像对象的边缘出现色带；晕影指的是图像的边缘（尤其是角落）比中央暗。

出现这些缺陷时，可以让"镜头校正"滤镜根据拍摄照片时使用的相机、镜头和焦距做相应的设置，还可使用该滤镜来旋转图像或修复由于相机垂直或水平倾斜而导致的图像透视问题。相对于使用"变换"命令，该滤镜显示的网格让这些调整更容易、更准确。

> 💡 **提示** 如果拍摄照片时，将其存储为原始数据格式文件，可使用插件模块 Adobe Camera Raw 来处理。该模块用于在 Photoshop 和 Bridge 中处理原始数据格式文件，其光学面板中包含类似的镜头校正选项，如镜头特定的校正配置文件和色差校正选项。

① 选择菜单"文件">"在 Bridge 中浏览"。

② 在 Bridge 中，切换到文件夹 Lesson05，并查看文件 Columns_Start.psd 和 Columns_End.psd 的缩览图，如图 5.35 所示。

图 5.35

在这里，希腊庙宇的原始图像存在扭曲，其中的立柱像是弯曲的。这种扭曲是由于拍摄时距离太近且使用的是广角镜头引起的。

③ 双击文件 Columns_Start.psd，在 Photoshop 中打开它。

④ 选择菜单"文件">"存储为"，在"存储为"对话框中，将文件命名为 Columns_Working.psd，并将其存储到文件夹 Lesson05 中。如果出现"Photoshop 格式选项"对话框，单击"确定"按钮。

> 💡 **提示** 如果前一个练习显示的裁剪矩形依然可见且容易分散注意力，可切换到其他工具，如抓手工具。

⑤ 选择菜单"滤镜">"镜头校正"，打开"镜头校正"对话框。

⑥ 选择对话框底部的"显示网格"复选框。

图像上将出现对齐网格。对话框的右边是基于镜头配置文件的"自动校正"选项卡，如图 5.36 所示；在"自定"选项卡中，包含用于手工校正扭曲、色差和透视的选项。

"镜头校正"对话框包含一个"自动校正"选项卡，可调整其中的一项设置，再自定其他设置。

图 5.36

❼ 在"镜头校正"对话框的"自动校正"选项卡中，确保选择了"自动缩放图像"复选框且从下拉列表"边缘"中选择了"透明度"。

❽ 单击标签"自定"。

❾ 在"自定"选项卡中，将"移去扭曲"滑块拖曳到 +52 左右，以消除图像中的桶形扭曲；也可选择"移去扭曲"工具（🖥），并在预览区域中拖曳鼠标直到立柱变直。这种调整导致图像边界向内弯曲，但由于选择了"自动缩放图像"复选框，"镜头校正"滤镜将自动缩放图像以调整边界。

💡 提示　修改时注意对齐网格，以便知道立柱变成垂直的时刻。

❿ 单击"确定"按钮使修改生效，并关闭"镜头校正"对话框，如图 5.37 所示。

图 5.37

使用广角镜头及拍摄角度过低导致的扭曲得到了缓解。

⓫（可选）要比较最后一次修改前后的图像，按"Ctrl + Alt + Z"（Windows）或"Command+ Option + Z"（macOS）组合键撤销刚才应用的滤镜，再按这些键重新应用该滤镜。这些键是菜单"编

辑">"切换最终状态"的快捷键，按它们可在文档的最后两个状态之间来回切换。

⑫ 选择菜单"文件">"存储"，保存所做的修改，如果出现"Photoshop 格式选项"对话框，单击"确定"按钮，再关闭图像。

这个庙宇现在看起来稳定多了，如图 5.38 所示。

图 5.38

5.8 增大景深

拍摄照片时，常常需要决定让前景还是背景清晰。如果希望整幅照片都清晰，可拍摄两张照片（一张前景清晰，一张背景清晰），再在 Photoshop 中合并它们。

由于需要精确地对齐图像，因此使用三角架固定相机将有所帮助。但即便手持相机，只要注意取景并对齐，也可获得不错的效果。下面给海滩上的高脚杯图像增大景深。

❶ 选择菜单"文件">"在 Bridge 中浏览"。

❷ 在 Bridge 中，切换到文件夹 Lesson05，并查看文件 Glass_Start.psd 和 Glass_End.psd 的缩览图，如图 5.39 所示。

图 5.39

原始图像包含两个图层，在一个图层中只有沙滩背景是清晰的，而在另一个图层中只有前景杯子是清晰的。要将让这两者都很清晰，需要增大景深。

③ 双击文件 Glass_Start.psd，在 Photoshop 中打开它。

④ 选择菜单"文件">"存储为"，将文件命名为 Glass_Working.psd，并保存到文件夹 Lesson05。如果出现"Photoshop 格式选项"对话框，单击"确定"按钮。

⑤ 在图层面板中，隐藏图层 Beach，以便只有图层 Glass 可见，发现高脚杯是清晰的，而背景是模糊的，如图 5.40（a）所示。再次显示图层 Beach，现在海滩是清晰的，而高脚杯是模糊的，如图 5.40（b）所示。

（a）   （b）

图 5.40

下面将每个图层中清晰的部分合并起来。首先，需要对齐图层。

⑥ 按住 Shift 键并单击这两个图层以选择它们，如图 5.41 所示。

图 5.41

⑦ 选择菜单"编辑">"自动对齐图层"。

由于这两幅图像是从相同的角度拍摄的，使用"自动"就可对齐得很好。

⑧ 如果没有选择"自动"单选按钮，请选择它；确保"晕影去除"和"几何扭曲"复选框都没有被选中，再单击"确定"按钮以对齐图层，如图 5.42 所示。

💡提示 只对齐图层而不创建全景图时，"调整位置"通常是最合适的对齐选项。在这里，"调整位置"和"自动"的效果相同。

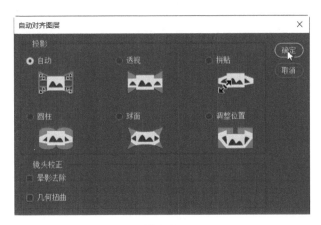

图 5.42

图层完全对齐后，便可将它们混合。

⑨ 在图层面板中，确保依然选择了这两个图层，再选择菜单"编辑">"自动混合图层"。

⑩ 选择"堆叠图像"单选按钮和"无缝色调和颜色"复选框，确保没有选择"内容识别填充透明区域"复选框，再单击"确定"按钮，如图 5.43（a）所示。

高脚杯和后面的海滩都很清晰，如图 5.43（b）所示，这是因为"自动混合图层"混合了这两幅图像中最清晰的部分。

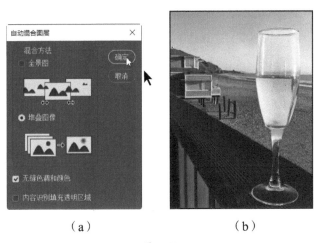

（a）   （b）

图 5.43

⑪ 保存所做的工作，并关闭这个文件。

5.9　使用内容识别填充删除物体

本书前面使用过内容感知功能，还在本课前面使用它来填充了全景图的天空区域。下面使用内容识别填充来删除图像中的物体，并让 Photoshop 填充这个物体原来所在的区域。

❶ 选择菜单"文件">"在 Bridge 中浏览"。

❷ 切换到文件夹 Lesson05，并查看 JapaneseGarden_Start.jpg 和 JapaneseGarden_End.jpg 的缩览图，如图 5.44 所示。

图 5.44

下面使用内容识别填充工具来删除照片左边的锥形岩石及其倒影。

③ 双击文件 JapaneseGarden_Start.jpg，在 Photoshop 中打开它。

④ 选择菜单"文件">"存储为"，将格式设置为 Photoshop，将名称指定为 JapaneseGarden_Working.psd，再单击"保存"按钮。如果出现了"Photoshop 格式选项"对话框，单击其中的"确定"按钮。

⑤ 选择套索工具。

⑥ 通过拖曳鼠标创建一个选框，它环绕了左边的岩石及其倒影，还有一些水面区域，如图 5.45 所示。这个选区不必太精确。

⑦ 选择菜单"编辑">"内容识别填充"。

这将打开"内容识别填充"对话框。在这个对话框的左侧，显示的是原图像，以及创建的选区，其中的彩色区域（默认为绿色）指出了内容识别填充工具将从哪些地方取样，用于填充被删除的区域。右边是预览，指出了结合当前的取样区域，以及内容识别填充选项面板中的设置时，结果是什么样的，如图 5.46 所示。

图 5.45

> 💡 提示 预览是一个面板，可拖曳它和图像之间的分隔条。通过拖曳预览面板的标签，可将该面板解锁，使其变成浮动的。只有在使用内容识别填充工具时，才能看到这个预览面板。

首先，需要考虑的、最重要的设置是取样区域选项。

• 自动：默认设置，它对图像进行分析，力图改进取样区域，并将与选区周围不像的区域排除在外。注意到树木未包含在取样区域中，因为"自动"设置认为树木与选择的水面区域相差太远了。

• 矩形：将除选区外的整幅图像作为取样区域。

• 自定：不指定取样区域，而让用户使用取样画笔工具，通过手工绘画来指定要让 Photoshop 将图像的哪些部分作为取样区域。

该选择使用哪项设置呢？先选择"自动"，因为如果它的效果很好，需要做的手工修饰工作将最少。在使用"自动"设置的结果不理想时，可尝试其他设置。

A. 取样画笔工具
B. 取样区域
C. 内容识别填充选项
D. 调整缩放比例
E. 撤回设置

图 5.46

如果预览面板中的取样不适合，可使用取样画笔来进一步调整取样区域。在"内容识别填充"任务空间中，取样画笔是左边工具栏中的第一个工具。如果觉得此时的图像已经足够满意，可跳过接下来的第 8~10 步；默认的效果如何取决于建立的选区是什么样的。

⑧ 按 [键缩小取样画笔工具，直到选项栏中显示的画笔大小为 175 像素左右，如图 5.47 所示。"内容识别填充"对话框打开时，默认选择了取样画笔工具。

注意到画笔中央有一个减号，这是因为取样画笔工具被设置为减去模式，选项栏指出了这一点。

⑨ 在不想要的区域中（有植被覆盖的区域、水面与植被交界的区域）绘画，将它们从取样区域中删除，看到它们不再是绿色的了。这样做时，将重新计算填充，可在预览面板中看到最新的结果，如图5.48 所示。

图 5.47

⑩ 用来填充的区域看起来只有水面区域且倒影看起来真实后，就可停止绘画了。

图 5.48

可能需要不断尝试才能看到所需的效果。要改善效果，可使用以下技巧。

- 在减去模式下，使用取样画笔工具将更多的区域排除，以防填充错误的内容。例如，将水面与灯笼基底及其他叶子覆盖的部分交界的区域排除在外可能有所帮助。

- 使用套索工具修改选区。例如，尝试在减去模式下使用套索工具将植被覆盖的区域排除，同时确保包含所有的岩石区域。

> 💡 提示　选择套索工具后，可单击"扩展"和"收缩"按钮，将选区扩大或缩小指定的量。

> 💡 提示　要快速地在套索工具的添加和减去模式之间切换，可按 E 键。

- 调整填充设置。就这个练习而言，调整"颜色适应"设置的效果最好。在这里不需要使用其他选项，虽然它们在其他情形下很有用。"旋转适应"对重建缺失的放射型内容区域（如花瓣）很有用，"缩放"有助于填充图案区域，而"镜像"对重建对称型内容很有用。

⑪ 如果还有其他区域需要填充，可单击"应用"按钮来填充当前选区。然后，就可创建需要填充的新选区了。

⑫ 填充完所有需要填充的区域后，单击"确定"按钮，再选择菜单"选择" > "取消选择"。

在图层面板中，注意到填充默认放在一个名为"背景拷贝"的新图层中，如图 5.49 所示。如果隐藏这个新图层，就可在背景图层中看到完整的原始图像。

图 5.49

> 💡 提示　如果不想让内容识别填充工具将填充放在一个新图层中，可在单击"确定"按钮关闭"内容识别填充"对话框前，修改"输出设置"部分中的"输出到"选项。

⑬ 将文件存盘，再关闭它。

使用内容感知移动工具

处理一些图像时，使用内容感知移动工具的效果会很好，但处理其他图像时，它的效果可能不怎样。要想获得好的效果，只有在图像的背景足够一致，Photoshop 能够识别并重现其中的图案（如草地、纯色墙壁、天空、木纹或水面）时才有效。

在扩展模式下，这个工具适用于处理位于与相机垂直的平面上的建筑物件，但对于与相机不垂直的物件，处理效果不佳。

如果处理的图像包含多个图层，请在选项栏中选择"对所有图层取样"复选框，以便在选区中包含所有图层的内容。

"结构"和"颜色"选项决定了既有图像图案在结果上的反映程度。在"结构"设置中，1 的反映程度最低，而 5 的反映程度最高。"颜色"设置的取值范围为 0（不匹配颜色）到 10（尽可能匹配颜色）。可以在选择了物体的情况下尝试这些选项，看看在特定图像中，哪些设置获得的结果最佳。要查看物体与新周边环境的匹配情况，可能需要隐藏选区的边缘，为此可选择菜单"视图" > "显示" > "选区边缘"或"视图" > "显示额外内容"。

使用内容感知移动工具进行变换

使用内容感知移动工具时，只需执行几个简单的步骤，就可复制蓟花，使其与背景相融合，同时与原件差别足够大，看不出来是复制品。

1. 打开文件夹 Lesson05\Extra Credit 中的文件 Thistle.psd。

2. 选择内容感知移动工具（ ），它与修复画笔工具和红眼工具位于同一组。

3. 在选项栏中，从"模式"下拉列表中选择"扩展"，如图 5.50 所示。选择"扩展"将复制蓟花，如果要移动蓟花，应选择"移动"。

图 5.50

4. 使用内容感知移动工具绘制一个环绕蓟花的选框，并确保选框足够大，包含了蓟花周围的一些小草。

5. 向左拖曳选区，将其放在只包含小草的地方。

6. 在复制后的蓟花上单击（Windows）或按住 Control 键并单击复制后的蓟花（macOS），再选择"水平翻转"，如图 5.51 所示。

7. 拖曳左上角的变换手柄以缩小蓟花。如果想要蓟花复制品离原件更远，可将鼠标指针指向变换矩形内，再单击并稍微向左拖曳。

8. 按 Enter 键提交变换，但不要取消选择蓟花，以便能够通过调整选项栏中的"结构"和"颜色"设置，让蓟花和背景更加融为一体。

9. 选择菜单"选择">"取消选择"，再保存所做的修改，结果如图 5.52 所示。

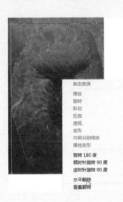

图 5.51

图 5.52

5.10　调整图像的透视

透视变形功能能够调整图像中的物体与场景的关系。可通过校正扭曲、修改观看物体的角度、调整物体的透视使其与新背景融为一体。

透视变形功能的使用过程包含两个步骤：定义和调整平面。首先，在版面模式下绘制四边形来定义两个或更多的平面；绘制四边形时，最好让其边与物体的线条平行。接下来，切换到变形模式，并对定义的平面进行操作。

下面使用透视变形来合并两幅不同透视的图像。

① 选择菜单"文件">"在 Bridge 中浏览"。

② 切换到文件夹 Lesson05，并查看文件 Bridge_Start.psd 和 Bridge_End.psd 的缩览图，如图 5.53 所示。

文件 Bridge_Start.psd 合并了一幅火车图像和一幅栈桥图像，但这两幅图像的透视不一致。如果要讲述"飞翔的火车降落在栈桥上"的故事，这幅图像也许更适合。但如果希望图像更逼真，就需要调整火车的透视，使其牢固地停在铁轨上。下面使用透视变形来实现这个目标。

③ 双击文件 Bridge_Start.psd，在 Photoshop 中打开它。

④ 选择菜单"文件">"存储为"，并将文件重命名为 Bridge_Working.psd。在"Photoshop 格式选项"对话框中，单击"确定"按钮。

⑤ 选择图层 Train，如图 5.54 所示。

图 5.53   图 5.54

铁轨位于图层 Background 中，而火车位于图层 Train 中。由于图层 Train 是一个智能对象，因此如果对透视变形的结果不满意，可进行修改。

⑥ 选择菜单"编辑">"透视变形"。

💡注意 在支持图形加速的计算机上，透视变形的运行速度更快。要了解使用的计算机是否支持图形加速，请参阅 Adobe 网站的"Photoshop 系统需求"。

将出现一个动画式教程，演示如何绘制定义平面的四边形。

⑦ 请观看这个动画，再关闭它。

下面来创建定义火车图像平面的四边形。

⑧ 绘制表示火车侧面的四边形：单击烟囱顶部的上方，向下拖曳到前轮下面的铁轨，再拖曳到火车的末尾。

⑨ 绘制表示火车正面的四边形：单击排障器下边缘的左端，拖曳到排障器下边缘的右端，再向上拖曳到树木处。向右拖曳这个四边形，使其与火车侧面四边形的左边重合。

💡提示 不确定绘制的透视四边形是否合适？如果它们像一个刚好装下目标物体的集装箱，那就是对的。

⑩ 拖曳平面的顶点，使平面的角度与火车一致：侧面平面的下边缘应与火车车轮对齐，而上边缘应与烟囱和火车顶部对齐；正面平面应与排障器和车灯顶部的线条平行，如图 5.55 所示。

绘制定义平面的四边形后，就可进入第二步——变形了。

⑪ 单击选项栏中的"变形"，并关闭出现的教程窗口。

⑫ 在选项栏中，单击"变形"旁边的"自动拉直接近垂直的线段"按钮▥，如图 5.56 所示。

接近垂直的线条变成了垂直的，使得调整透视更容易。

⑬ 通过拖曳手柄来操作平面，将火车尾部往下拉，使其紧靠在铁轨上。改变火车的透视以获得更真实的效果。

图 5.55

图 5.56

⑭ 根据需要变形火车的其他部分——可能需要调整火车的正面。进行透视变形时请注意车轮，确保它们未扭曲，如图 5.57 所示。

图 5.57

虽然有精确调整透视的方式，但在很多情况下都可以凭视觉来判断调整到什么程度合适。因为是以智能滤镜的方式应用的透视变形，所以之后可回过头来进行微调。

⑮ 对透视满意后，单击选项栏中的"提交透视变形"按钮（✔）。

⑯ 要对修改后的图像与原件进行比较，可在图层面板中隐藏"透视变形"滤镜，再显示它。

如果要做进一步调整，可在图层面板中双击"透视变形"滤镜。继续调整既有的平面，也可单击选项栏中的"版面"按钮，以便调整这些平面的形状。修改完毕后，单击"提交透视变形"按钮，让修改生效。

⑰ 保存所做的工作，再将文件关闭。

修改建筑物的透视

在前面的练习中，使用透视变形来改变一个图层与另一个图层的关系，但也可使用它来改变同一个图层中不同物体之间的关系。例如，可调整观看建筑物的角度。

在这种情况下，可以同样的方式应用透视变形：在版面模式下，绘制要调整的物体的平面；在变形模式下，操作这些平面。当然，由于要在图层内改变观察角度，因此该图层中的其他物体也将移动，为此要特别注意不正常的地方。例如，在图 5.58 中，当调整建筑物的透视时，周围树木的透视也发生了变化。

图 5.58

防抖滤镜

在快门速度很慢或焦距很长时，即便手很稳，相机也可能发生意外的移动。防抖滤镜可减轻相机抖动的影响，让图像更清晰，如图 5.59 所示。

应用防抖滤镜前

应用防抖滤镜后

图 5.59

要获得最佳的结果，应对图像的特定部分（而不是整幅图像）应用防抖滤镜，在文字因相机抖动而变得字迹模糊时尤其如此。

要使用防抖滤镜，可打开要处理的图像，再选择菜单"滤镜" > "锐化" > "防抖"。这个滤镜将自动分析图像，选择相关的区域并消除模糊。满足要求后，单击"确定"按钮，关闭"防抖"对话框，并让这个滤镜生效。

用户可调整 Photoshop 解读模糊描摹的方式，即 Photoshop 确定的受相机抖动影响区域的形状和大小，还可调整平滑值和伪像抑制值等。有关防抖滤镜的完整信息，请参阅 Photoshop 帮助。

5.11 复习题

1. 何为红眼？在 Photoshop 中如何消除？
2. 如何使用多幅图像创建全景图？
3. 描述如何在 Photoshop 中修复常见的镜头缺陷。这些缺陷是什么原因导致的？
4. 使用内容识别填充时，如果用来填充选区的内容是错误的，可首先尝试怎么做来解决这种问题？

5.12 复习题答案

1. 红眼是由于闪光灯照射到主体的视网膜上导致的。要在 Photoshop 中消除红眼，可放大人物的眼睛，再选择红眼工具并在眼睛上单击或拖曳。
2. 要使用多幅图像合成全景图，可选择菜单"文件" > "自动" > "Photomerge"，选择要合并的图像，再单击"确定"按钮。
3. 镜头校正滤镜可修复常见的相机镜头缺陷，如桶形扭曲（直线向图像边缘弯曲）和枕形扭曲（直线向内弯曲）、色差（图像的边缘出现色带），以及晕影（图像的边缘，尤其是角落比中央暗）。焦距设置不正确、镜头质量低劣、相机垂直或水平倾斜都可能导致扭曲。
4. 内容识别填充使用了错误的内容来填充选区时，可使用取样画笔将不想要的内容从取样区域中排除、使用套索工具调整选区并尝试不同的取样区域选项。

第 6 课

蒙版和通道

本课概览

- 通过创建蒙版将主体与背景分离。
- 创建快速蒙版以修改选定区域。
- 使用操控变形操纵蒙版。
- 使用通道面板查看蒙版。

- 调整蒙版使其包含复杂的边缘。
- 使用属性面板编辑蒙版。
- 将蒙版保存为 Alpha 通道。
- 提高图像的分辨率以便用于高分辨率印刷。

学习本课大约需要 *1* 小时

　　使用蒙版可隔离并操纵图像的特定部分。可以修改蒙版的挖空部分，但其他区域受到保护，不能修改。可以创建一次性使用的临时蒙版，也可保存蒙版供以后使用。

6.1 使用蒙版和通道

不管是想编辑图层的特定区域，并确保其他区域不受影响还是只想将调整图层或滤镜应用于图层的特定部分，这两种情况，使用蒙版都可简化工作。蒙版是一种图像覆盖层，决定了图层将受编辑影响的区域。

> **提示** 蒙版的工作原理很像房子里将窗格和墙面装饰遮住的保护条：被遮住的区域受到保护，不会发生变化。

另外，还可使用图层蒙版来让图层的某些区域是透明的。删除背景、将多幅图像合成为一幅图像，以及指定哪些区域将受调整图层的影响时，图层蒙版都是必不可少的。相比于将不想要的区域删除，使用图层蒙版更合适，因为后者是可逆的：通过在图层蒙版上绘画，可让隐藏的区域重新显示出来。

除颜色通道外，图像还可包含 Alpha 通道。通过使用 Alpha 通道，可保存并重用选区，还可让文档的某些区域是透明的。

要让蒙版或通道的边缘与主体（如头发）较复杂的边界一致，很具挑战性。Photoshop 提供了自动化工具，可快速创建复杂的选区和蒙版。

> **注意** 蒙版和 Alpha 通道是不可见的，不会被打印出来，只能通过可见的图层看到它们带来的影响。

6.2 概述

首先，来查看将使用蒙版和通道创建的图像。

① 启动 Photoshop 并立刻按 "Ctrl + Alt + Shift"（Windows）或 "Command + Option + Shift"（macOS）组合键，以恢复默认首选项（参见前言中的 "恢复默认首选项"）。

② 出现提示对话框时，单击 "是" 按钮，确认并删除 Adobe Photoshop 设置文件。

③ 选择菜单 "文件" > "在 Bridge 中浏览"，启动 Adobe Bridge。

> **注意** 如果没有安装 Bridge，在选择菜单 "文件" > "在 Bridge 中浏览" 时，将启动桌面应用程序 Adobe Creative Cloud，而它将下载并安装 Bridge。安装完成后，便可启动 Bridge。

④ 单击 Bridge 窗口左上角的 "收藏夹" 标签，选择文件夹 Lessons，再双击内容面板中的文件夹 Lesson06。

⑤ 研究文件 06End.psd。要想看得更清楚，可将 Bridge 窗口底部的缩览图滑块向右移来放大缩览图。

在本课中，将制作一个杂志封面。该封面使用的模特照片的背景不合适，而且这个背景不是纯色的，因此蒙版创建起来可能比较麻烦。因此，将使用 "选择并遮住" 功能将模特放到合适的背景中，还将让模特的头往上抬一点。

⑥ 双击文件 06Start.psd 的缩览图，在 Photoshop 中打开它，如果出现 "嵌入的配置文件不匹配" 对话框，单击 "确定" 按钮。

⑦ 选择菜单"文件">"存储为"，将文件重命名为 06Working.psd 并单击"保存"按钮。如果出现"Photoshop 格式选项"对话框，单击"确定"按钮。

> 💡 注意　如果 Photoshop 显示一个对话框，指出保存到云文档和保存到计算机之间的差别，则单击"保存在您的计算机上"按钮。此外，还可选择"不再显示"复选框，但当重置 Photoshop 首选项后，将取消选择这个设置。

通过存储原始文件的副本，可在需要时使用它。

蒙版和 Alpha 通道

颜色通道、Alpha 通道、图层蒙版、矢量蒙版、剪贴蒙版、通道蒙版和快速蒙版之间有何不同呢？它们是同一个概念的不同表现形式。换句话说，它们都是图像覆盖层，使用白色、黑色和灰色来控制图层可见的区域或将受到编辑影响的区域。明白下面这些差别后，就能做出正确的选择。

- 颜色通道存储彩色图像的可见组分。例如，RGB 图像有三个颜色通道：红色、绿色和蓝色。
- Alpha 通道以灰度图像的方式存储选区。Alpha 通道独立于图层和颜色通道，可将其转换为选区或路径，还可将选区或路径转换为 Alpha 通道。在有些文件格式中，包含定义图像透明区域的 Alpha 通道。
- 图层蒙版是与特定图层相关联的 Alpha 通道。通过使用图层蒙版，可控制要显示 / 隐藏图层的哪些部分。在图层面板中，图层蒙版的缩览图显示在图层缩览图右边（在使用黑色绘制前，它是白色的），如果周围有黑色边框，则说明当前选择了它。
- 矢量蒙版是由独立于分辨率的矢量对象（而不是像素）组成的图层蒙版。矢量蒙版能够精确地控制蒙版边缘，比使用画笔来编辑蒙版更重要。要创建矢量蒙版，可使用菜单"图层">"矢量蒙版"中的命令，也可使用钢笔或形状工具。
- 剪贴蒙版是用一个图层来遮盖另一个图层时形成的。在图层面板中，剪贴蒙版的缩览图向右缩进，并通过一个直角箭头指向它下面的图层。被剪贴的图层的名称带下划线。
- 通道蒙版基于颜色通道（如 RGB 图像中的绿色通道）中的色调反差来定义区域。使用高级遮盖、颜色校正和锐化技巧时，通道蒙版很有用。例如，在蓝色通道中，树木和天空之间的边界可能是最清晰的。
- 快速蒙版是一个临时蒙版，用于将绘画或其他编辑操作限定在图层的特定区域内。快速蒙版是由像素组成的选区，因此使用绘画工具（而不是通过编辑选框）来编辑它们。

▌ 6.3　使用"选择并遮住"和"选择主体"

Photoshop 提供了一组专门用于创建和改进蒙版的工具，这些工具放在一个名为"选择并遮住"的任务空间中。在选择和遮住中，将首先使用选择主体工具创建一个粗略的蒙版，将模特与背景分离；再使用其他选择并遮住工具（如快速选择工具）改进蒙版。

① 在图层面板中，确保两个图层都是可见的且选择了图层 Model。

② 选择菜单"选择">"选择并遮住"。

然后将在"选择并遮住"对话框中打开图像。在这个对话框的图像区域，有一张用棋盘图案表示的洋葱皮，它指出了被遮住的那些区域。当前，棋盘图案覆盖了整幅图像，因为还没有指定要显示哪些区域，如图 6.1 所示。

图 6.1

❸ 在属性面板的"视图模式"部分，从"视图"下拉列表中选择"叠加"，被遮住的区域将显示为半透明的红色，而不是洋葱皮式的棋盘图案。当前，整个图层都被遮住了，因此半透明的红色覆盖了整个图像区域，如图 6.2 所示。

有多种不同的视图模式，使得在不同背景下能够轻松地查看蒙版。

图 6.2

❹ 在选项栏中，单击"选择主体"按钮（也可选择菜单"选择">"主体"），如图 6.3（a）所示。红色叠加清晰地指出了遗漏的区域和蓬松头发所处的边缘，结果如图 6.3（b）所示。

（a）

（b）

图 6.3

> 💡 **注意** 如果在选项栏中没有看到"选择主体"按钮，确认是否选择了快速选择工具（工具面板中的第一个工具）。

> 💡 **提示** 并非必须在打开了"选择并遮住"对话框的情况下才能选择菜单"选择">"主体"；相反，即便在没有选择任何选取工具的情况下，也可使用这个命令。另外，完全可以先选择主体，再进入"选择并遮住"对话框来调整选区。

高级机器学习技术对选择主体功能进行了训练，使其能够识别照片中典型的主体（如人物、动物和物体），并根据它们建立选区。它创建的选区可能有不足，但足够精确，让用户能够使用其他选取工具轻松、快速地进行调整。

注意到模特胸前的几个地方被"选择主体"遗漏了，可使用快速选择工具轻松地将这些地方添加到选区中。

⑤ 确保选择了快速选择工具（），再在选项栏中将画笔大小设置为 15 像素。

⑥ 在遗漏的区域上拖曳鼠标（注意不要拖曳到背景中），将它们添加到选区中，如图 6.4 所示。快速选择工具能够检测出内容边缘，因此拖曳时不用非常精确。拖曳时可松开鼠标，再接着拖曳。

图 6.4

💡提示 编辑选区时，可以通过放大图像找出遗漏的区域。

拖曳快速选择工具时，不要让鼠标位于模特的边缘上或进入背景区域。如果添加了不想添加的区域，可选择菜单"编辑">"还原"，也可切换到减去模式，再使用快速选择工具在要剔除的区域绘画。要切换到减去模式，可单击选项栏中的"从选区减去"图标（⊖）。

在模特身上拖曳快速选择工具时，指定的要显示的区域上的浅红色将消失。在这个阶段，无须确保蒙版十全十美。

💡提示 要调整洋葱皮的不透明度，可拖曳"透明度"滑块。

⑦ 在"视图模式"部分，从"视图"下拉列表中选择"图层"。这将显示使用当前"选择并遮住"设置时，下面的图层会如何显示出来。在这里，看到的是当前设置将如何遮住图层 Magazine Background 上面的图层 Model，如图 6.5 所示。

图 6.5

在较高的缩放比例（如400%）下查看模特的边缘。有些较亮的背景区域依然透过模特显示出来，但总体而言，选择主体和快速选择工具准确地找出了衬衫和脸庞的边缘。接下来，将修复一些边缘缺口和不准确的头发边缘问题。

使用选择并遮住快速、准确地创建蒙版

使用选择并遮住时，应使用不同的工具来指定要完全显示、完全遮住和部分显示的区域（如头发），可以按以下建议做。

- 使用"选择主体"按钮可快速创建初步选区。
- 快速选择工具可用于快速调整"选择主体"生成的选区，还可用于创建初步选区。当拖曳这个工具时，它将使用边缘检测技术自动找出蒙版边缘。不要在蒙版边缘上拖曳，拖曳时确保鼠标指针完全位于要显示的区域里面（在添加模式下）或外面（在减去模式下）。
- 要手工指定蒙版边缘（不自动检测边缘），可使用画笔、套索或多边形套索工具。这些工具也有添加模式和减去模式，它们分别指定要显示的区域和要遮住的区域。

> 💡 **提示** 在"选择并遮住"对话框中，多边形套索工具和套索工具分在一组。

- 不用使用工具栏在添加模式和减去模式之间切换，而让工具处于添加模式，并在需要临时切换到减去模式时，按住 Alt 键（Windows）或 Option 键（macOS）。
- 在蒙版边缘为头发等复杂的过渡时，为让边缘更精确，可使用调整边缘画笔工具在这些边缘上拖曳。不要使用调整边缘画笔在需要完全显示或完全遮住的区域拖曳。
- 不一定要完全使用选择并遮住来建立选区。例如，如果使用其他工具（如色彩范围）建立了选择，可让这个选区处于活动状态，再单击选项栏中的"选择并遮住"按钮，以便对蒙版进行调整。

6.3.1 调整蒙版

这个蒙版中的"选择主体"没有选择模特的所有头发，如从模特发髻垂下的几丝头发。在"选择并遮住"中，调整边缘画笔工具用于找出细节丰富的边缘。

> 💡 **提示** 在"选择并遮住"对话框的属性面板中，调整模式提供了两种处理头发的方式，其中的"颜色识别"适用于背景简单的图像（如这里的图像），而"对象识别"适用于背景复杂的图像。

❶ 在缩放比例为300%甚至更高的情况下，查看模特发髻附近的头发边缘，如图6.6所示。

❷ 选择调整边缘画笔工具（ ✎ ）。在选项栏中，将画笔大小设置为20像素，硬度设置为100%，如图6.7所示。

❸ 在"视图模式"部分的"视图"下拉列表中选择"叠加"，以便能够看到遗漏的头发。

> 💡 **提示** 如果初始选区是使用工具手工创建的（而不是使用"选择主体"创建的），单击"调整细线"按钮，这样可减少使用调整边缘画笔工具进行绘画的工作量。

图 6.6

图 6.7

④ 在发髻和遗漏发丝的末端之间拖曳鼠标。沿从发髻下垂的边缘复杂的发丝拖曳时,会发现它们包含在了可见区域内,如图 6.8 所示。

图 6.8

⑤ 向下拖曳到衬衫后面的头发处。

选择主体准确地遮住了这个发圈内部,但它上面还有一个更小的空洞,需要透过它将背景显示出来,因此下面使用调整边缘画笔工具将这些区域加入蒙版中。

⑥ 在选项栏中,将边缘画笔工具的画笔大小调整为 15 像素,硬度设置为 100%。

来自 Photoshop 官方培训师的提示

编辑图像时,经常需要放大图像以处理细节,然后缩小图像以查看修改效果。下面是一些快捷键,让执行缩放操作更快捷、更容易。

- 在选择了其他工具的情况下,按 "Ctrl 和 +" (Windows) 或 "Command 和 +" (macOS) 组合键进行放大,按 "Ctrl 和 -" (Windows) 或 "Command 和 -" (macOS) 组合键进行缩小。

- 双击工具面板中的缩放工具,将图像的缩放比例设置为 100%。

- 选择了选项栏中的 "细微缩放" 复选框时,向右拖曳可放大视图,而向左拖曳可缩小视图。

- 按住 Alt 键 (Windows) 或 Option 键 (macOS) 从放大工具切换到缩小工具,再单击图像。每执行一次这样的操作,图像都将缩小到下一个预设的缩放比例,同时单击的位置显示在中央。

⑦ 在应该为透明的封闭区域内拖曳,这样应该遮住的空隙部分将变成透明的,而发丝显示了出来,如图 6.9 所示。

图 6.9

⑧ 从"视图"下拉列表中选择"黑白",这是另一种蒙版检查方式。在不同的缩放比例下查看蒙版,查看完毕后选择菜单"视图">"按屏幕大小缩放"。黑色表示相应的区域是透明的,如图 6.10 所示。

图 6.10

如果发现头发或其他应显示的细节被遮住,使用调整边缘画笔工具在它们上面拖曳。要显示的细节越小,就应将调整边缘画笔的大小设置得越小,但也不用让调整边缘画笔工具刚好覆盖细节。

如果使用调整边缘画笔画在了在错误的区域,将它们错误地指定了要显示的区域,可按住 Alt 键 (Windows)或 Option 键(macOS),并使用调整边缘画笔工具在正确的区域绘画。

如果发现某些离散的区域需要完全可见或完全透明的,可使用画笔工具(工具面板中的第三个工具)在这些地方绘画。要让相应的区域是可见的,可使用白色绘画;要让相应的区域被隐藏,可使用黑色绘画。

💡 提示 要牢记该使用什么颜色在蒙版中绘画,有一个速记短语是"黑色隐藏,白色显示"。

6.3.2 全局调整

至此，蒙版已经做好了，但还需稍微缩小一点。要微调蒙版边缘的整体外观，可调整"全局调整"部分的设置。

❶ 在属性面板的"视图模式"部分，从"视图"下拉列表中选择"图层"。这能够以图层 Model 下面的图层 Magazine Backgroud 为背景来预览效果。

> ♡ **注意** 要注意修改"全局调整"设置时的细节。例如，调整"平滑"设置时，如果发现蒙版边缘的尖角变成了圆角或影响到了重要的细节，就说明"平滑"值太大了。同样，"羽化"设置太高可能导致边缘出现难看的光晕。

❷ 在"全局调整"部分，通过沿脸庞移动滑块创建未羽化的平滑边缘。将"平滑"滑块移到 5 处，让轮廓更平滑；将"对比度"设置为 20%，让选区边界的过渡更急促；将"移动边缘"设置为 -15%，从而将选区边界往内移，以删除不想显示的背景部分（如果将"移动边缘"设置为正值，选区边界将向外移），如图 6.11 所示。

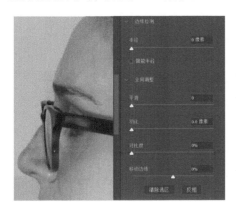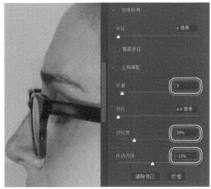

图 6.11

❸ 再次以图层 Maginze Background 为背景查看这个蒙版，并根据需要做必要的调整。

6.3.3 完成蒙版创建

对蒙版满意后，就可创建最终输出，可以是选区、带透明度的图层、图层蒙版或新文档。在这里，要将其用作进入"选择并遮住"对话框时选择的图层 Model 的图层蒙版。

❶ 如果输出设置被隐藏，单击"展开"图标（>）显示它们。

❷ 放大到至少 200%，以便看清脸庞边缘周围的亮条纹。这些条纹是图层 Model 中的背景透过蒙版渗透进来而形成的。

❸ 选择"净化颜色"以消除这些条纹。如果"净化颜色"生成了伪像，可降低"数量"设置，以获得所需的结果。这里将其设置成了 25%。

❹ 从"输出到"下拉列表中选择"新建带有图层蒙版的图层"（见图 6.12），再单击"确定"按钮。

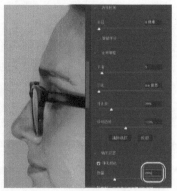

图 6.12

单击"确定"按钮将退出选择并遮住。在图层面板中，新增了一个带图层蒙版（像素蒙版）的图层"Model 拷贝"，这个图层是由选择并遮住创建的，如图 6.13 所示。

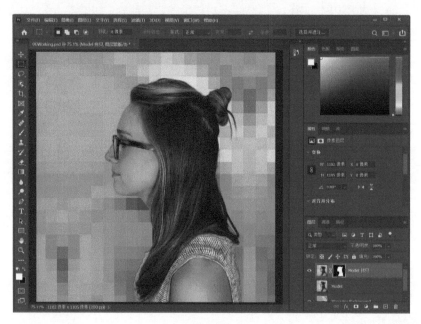

图 6.13

之所以复制图层 Model，是因为"净化颜色"选项需要使用它来生成新像素。原来的图层 Model 被保留，并自动隐藏。如果要重做，可删除图层"Model 拷贝"，让图层 Model 可见并选择它，再打开"选择并遮住"对话框。

> 💡 **注意** 如果没有选择"净化颜色"复选框，就可从"输出到"下拉列表中选择"图层蒙版"。在这种情况下，将给图层 Model 添加一个图层蒙版，而不会复制它。

如果对蒙版不满意，可随时继续编辑。为此，可在图层面板中选择图层蒙版缩览图，再单击属性面板中的"选择并遮住"按钮或单击选项栏中的"选择并遮住"按钮（如果当前选择的是选取工具）或选择菜单"选择">"选择并遮住"。

⑤ 保存所做的工作。

6.4 创建快速蒙版

下面来修改镜框的颜色，将使用到快速蒙版。快速蒙版用完就不再需要，而且快速蒙版可通过绘画来创建。修改之前，先清理一下图层面板。

① 隐藏图层 Magazine Backcground，以便将注意力集中在模特上；同时，确保选择了图层"Model 拷贝"，如图 6.14 所示。

② 单击工具面板底部附近的"以快速蒙版模式编辑"按钮（默认在标准模式下编辑），如图 6.15 所示。

> **💡 注意** 如果显示器较小且工具面板处于单栏模式，"以快速蒙版模式编辑"按钮可能位于屏幕外面。如果工具面板处于双栏模式，"以快速蒙版模式编辑"按钮将位于工具面板的左下角。

在快速蒙版模式下，建立选区时，将出现红色叠加层，像传统照片冲印店使用红色醋酸纸覆盖选区外的区域那样（类似于"选择并遮住"中的"叠加"视图模式）。用户只能修改选定并可见的区域，因为这些区域未受到保护。在图层面板中，选定的图层将呈红色，这表明当前处于快速蒙版模式，如图 6.16 所示。

图 6.14

图 6.15

图 6.16

③ 选择工具面板中的画笔工具（ ）。

④ 在选项栏中，确保模式为"正常"。打开弹出式画笔面板，并选择一种直径为 13 像素、硬度为 100% 的画笔，再在面板外单击以关闭它。

⑤ 在眼镜脚上绘画，如图 6.17（a）所示（可以适当放大视图）。绘画的区域将变成红色，表明创建了一个蒙版。

⑥ 继续绘画以覆盖眼镜脚和镜片周围的镜框，如图 6.17（b）所示。在镜片周围绘画时缩小画笔，最终效果如图 6.17（c）所示。

可以暂时忽略被头发覆盖的眼镜脚部分。

（a）

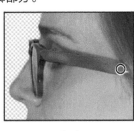
（b）

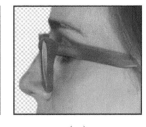
（c）

图 6.17

> **💡 提示** 这里是通过在要选择的区域内绘画来创建选区，而在第 3 课，是使用创建选框的工具来创建选区。

在快速蒙版模式下，Photoshop 将红色遮盖层视为灰度蒙版，其中的灰度对应于蒙版的透明度。在快速蒙版模式下使用绘画或编辑工具时，请牢记以下原则。

- 使用黑色绘画将增大蒙版（红色覆盖层）并缩小选区。
- 使用白色绘画将缩小蒙版并增大选区。
- 使用灰色（或降低不透明度）绘画在蒙版中添加半透明区域——灰度越大越透明（遮盖程度越高）。

⑦ 单击"以标准模式编辑"按钮（▣，它与原来的"以快速蒙版模式编辑"按钮位于相同的位置），退出快速蒙版模式。

接下来，选择未覆盖的区域：退出快速蒙版模式后，将把快速蒙版转换为选区。

> 💡提示　如果要将选区留到以后使用，请将其保存为 Alpha 通道（选择菜单"选择">"存储选区"），
> 否则取消选择后，该选区将丢失。

⑧ 选择菜单"选择">"反选"，选择前面遮盖的区域。

⑨ 选择菜单"图像">"调整">"色相/饱和度"。选区将被转换为图层蒙版，确保"色相/饱和度"调整只应用于未被遮盖的区域。

⑩ 在"色相/饱和度"对话框中，将"色相"设置改为 70，再单击"确定"按钮，镜框将变成绿色，如图 6.18 所示。

图 6.18

⑪ 选择菜单"选择">"取消选择"。

6.5　使用操控变形操纵图像

操控变形能够更灵活地操纵图像。可以调整头发和胳膊等区域的位置，就像提拉木偶上的绳索一样，可在要控制移动的地方加入图钉。下面使用操控变形让模特的头后仰，使其就像是向上看一样。

① 缩小图像以便能够看到整个模特。

② 在图层面板中选择了图层"Model 拷贝"的情况下，选择菜单"编辑">"操控变形"。

> 💡注意　Photoshop 提供了多种不同的让图层变形的方式，这里之所以使用操控变形，是因为它是让图
> 像特定部分绕中心旋转（如这个示例中让头后仰）的最简单方式。

图层的可见区域（这里是模特）将出现一个网格，如图 6.19 所示。将使用该网格在要控制移动（或确保它不移动）的地方添加图钉。

③ 沿身体边缘和头的下部单击，每单击一次，操控变形都将添加一颗图钉。添加 10~12 颗图钉

就够了，如图 6-20（a）所示。

通过在身体周围添加图钉，可确保模特头部倾斜时，身体保持不动。

④ 选择颈背上的图钉，图钉将变成蓝色，这表明选择了该图钉，如图 6.20（b）所示。

⑤ 按住 Alt 键（Windows）或 Option 键（macOS），将在图钉周围出现一个更大的圆圈，如图 6.21 所示。鼠标指针将变成弯曲的双箭头，如图 6.22（a）所示，继续按住 Alt 键（Windows）或 Option 键（macOS）并拖曳鼠标，让头部后仰，如图 6.22（b）所示。在选项栏中可看到旋转角度，也可以在这里输入数值让头部后仰，如图 6.22（c）所示。

图 6.19

（a）　　　　　　　　　（b）

图 6.20

图 6.21

（a）　　　　　　　　　（b）

（c）

图 6.22

💡注意　按住 Alt 键或 Option 键后不要单击图钉，否则图钉将被删除。

⑥ 对旋转角度满意后，单击选项栏中的"提交操控变形"按钮（✓）或按 Enter 键。

⑦ 保存所做的工作。

6.6　使用 Alpha 通道创建投影

不同的图层存储了图像中的不同信息，同样，通道也能够访问特定的信息。Alpha 通道将选区存储为灰度图像,而颜色信息通道存储了有关图层中每种颜色的信息,例如,RGB 图像默认包含红色、绿色、蓝色和复合通道。

为避免将通道和图层混为一谈,可这样认为:通道包含了图像的颜色和选区信息,而图层包含的是绘画、形状、文本和其他内容。

为创建投影,将先把图层"Model 拷贝"的透明区域转换为选区,再在另一个图层中使用黑色来填充该选区。由于将通过修改选区来创建投影,因此下面将该选区存储为 Alpha 通道,以便后面需要时加载它。

❶ 在图层面板中,按住 Ctrl 键(Windows)或 Command 键(macOS)并单击图层"Model 拷贝"的缩览图。这将选择蒙版对应的区域。

❷ 选择菜单"选择">"存储选区"。在"存储选区"对话框中,确保从"通道"下拉列表中选择了"新建",再将通道命名为 Model Outline,并单击"确定"按钮,如图 6.23 所示。

图 6.23

图层面板和图像窗口都没有任何变化,但在通道面板中添加了一个名为 Model Outline 的新通道。这个选区依然处于活动状态。

> ♀ 提示 将边界与模特轮廓重叠的选区存储为 Alpha 通道后,可随时重用它(甚至可在其他 Photoshop 文档中重用它),为此可选择菜单"选择">"载入选区"。

Alpha 通道简介

下面是 Alpha 通道的相关知识。

- 一幅图像最多可包含 56 个通道,其中包括所有的颜色通道和 Alpha 通道。
- Alpha 通道是 8 位的灰度图像,能够存储 256 种灰度。
- 用户可以指定每个通道的名称、颜色、蒙版选项和不透明度;其中,不透明度只影响通道的预览,而不会影响图像。
- 所有新通道的像素尺寸都与当前图像相同。
- 可以使用绘画工具和滤镜对 Alpha 通道进行编辑。
- 可以将 Alpha 通道转换为专色通道。
- 通过选择菜单"选择">"载入选区",可从另一个文档中载入 Alpha 通道,条件是这两个文档的像素尺寸相同。

③ 单击图层面板底部的"创建新图层"按钮，将新图层拖曳到图层"Model 拷贝"的下面，再双击新图层的名称，并将其重命名为 Shadow。

> ♀ **注意** 有些图像文件格式支持随图像文档存储 Alpha 通道。在 Photoshop 中，如果存储文档时选择了"Alpha 通道"复选框，它将创建一个 Alpha 通道，该通道覆盖了合成图像中没有不透明像素的所有区域。

④ 在选择了图层 Shadow 的情况下，选择菜单"选择">"选择并遮住"。这将把当前选区载入"选择并遮住"任务空间。

⑤ 在属性面板的"视图模式"部分，从"视图"下拉列表中选择"黑底"。

⑥ 在"全局调整"部分，将"移动边缘"滑块移到 36% 处；在"输出设置"部分，确保从下拉列表"输出到"中选择了"选区"，如图 6.24 所示，再单击"确定"按钮。

图 6.24

⑦ 选择菜单"编辑">"填充"。在"填充"对话框中，从下拉列表"内容"中选择"黑色"，再单击"确定"按钮，如图 6.25 所示。

图层 Shadow 将显示用黑色填充的模特轮廓。投影通常没有人那么暗，下面降低该图层的不透明度。

⑧ 在图层面板中，将图层不透明度改为 30%，如图 6.26 所示。

图 6.25　　　　　　　　图 6.26

当前，投影与模特完全重合。下面调整投影的位置。

⑨ 选择菜单"选择">"取消选择"。

⑩ 选择菜单"编辑">"变换">"旋转"。如图 6.27（a）所示，手工旋转投影或在选项栏的"旋转"文本框中输入 -15，再向左拖曳投影或在选项栏的"X"文本框中输入 545。单击"提交变换"按钮或按 Enter 键让变换生效，效果如图 6.27（b）所示。

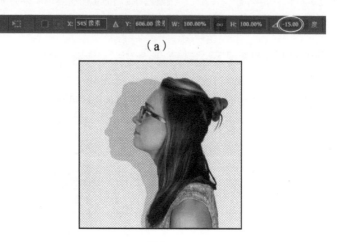

（a）

（b）

图 6.27

⑪ 单击图层 Magazine Background 的眼睛图标，让这个图层可见，并删除图层 Model，结果如图 6.28 所示。

图 6.28

⑫ 选择菜单"文件">"存储"，保存所做的工作。

至此，这个杂志封面就做好了。

6.7 复习题

1. 使用快速蒙版有何优点？
2. 取消选择快速蒙版时，将发生什么情况？
3. 将选区存储为 Alpha 通道时，Alpha 通道被存储在什么地方？
4. 存储蒙版后，如何在通道中编辑蒙版？
5. 通道和图层之间有何不同？

6.8 复习题答案

1. 快速蒙版有助于创建一次性选区。另外，通过使用快速蒙版，可使用绘图工具轻松地编辑选区。
2. 与其他选区一样，取消选择快速蒙版后它将消失。
3. Alpha 通道与其他可见的颜色通道一起存储在通道面板中。
4. 可使用黑色、白色和灰色在 Alpha 通道中的蒙版上绘画。
5. Alpha 通道是用于存储选区的存储区。所有可见图层都将出现在打印或导出的输出中，但在打印或导出的输出中，只有颜色通道可见，而 Alpha 通道不可见。图层包含有关图像内容的信息，而 Alpha 通道包含有关选区和蒙版的信息。

第 7 课

文字设计

本课概览

- 利用参考线在合成图像中放置文本。
- 将文字和其他图层合并。
- 设置文本的格式。
- 使用高级功能控制文字及其位置。
- 根据文字创建剪贴蒙版。
- 预览字体。
- 沿路径放置文本。

学习本课需要的时间不超过 *1* 小时

Photoshop 提供了功能强大而灵活的文字工具，让用户能够轻松且颇具创意地在图像中加入文字。

7.1　关于文字

Photoshop 文字图层由基于矢量的形状组成，这些形状描述了某种字体中的字母、数字和符号。很多字体都有多种格式，其中最常见的是 TrueType 和 OpenType（有关 OpenType 的详细信息，请参阅本课后面的"Photoshop 中的 OpenType"）。Type 1（PostScript）字体是一种较老的字体格式，现在用得比较少。

Photoshop 保留基于矢量的文字的轮廓，当编辑、缩放文件图层或调整其大小时，将以 Photoshop 文档的分辨率来渲染文字。然而，文档的像素尺寸决定了文字的清晰度，因此对于像素尺寸较小的文档（如设计用于网站的低分辨率文档），当放大它们时，文字的边缘很快就会出现锯齿。

7.2　概述

在本课中，将为一本技术杂志制作封面。该封面将以第 6 课制作的封面为基础，其中包含一位模特、模特投影和橘色背景，本课将在封面中添加文字，并设置其样式，包括对文字进行变形。

首先，来查看最终的合成图像。

① 启动 Photoshop 并立刻按"Ctrl + Alt + Shift"（Windows）或"Command + Option + Shift"（macOS）组合键，以恢复默认首选项（参见前言中的"恢复默认首选项"）。

② 出现提示对话框时，单击"是"按钮，确认并删除 Adobe Photoshop 设置文件。

③ 选择菜单"文件">"在 Bridge 中浏览"，启动 Adobe Bridge。

> ♡ 注意　如果没有安装 Bridge，当选择"在 Bridge 中浏览"时将提示安装 Bridge。更详细的信息请参阅前言。

④ 在 Bridge 左上角的收藏夹面板中，单击文件夹 Lessons，然后双击内容面板中的文件夹 Lesson07，以便能够看到其内容。

⑤ 选择文件 07End.psd。向右拖曳缩览图滑块加大缩览图，以便清晰地查看该图像。

将使用 Photoshop 的文字功能来完成该杂志封面的制作。所需的所有文字处理功能 Photoshop 都有，无须切换到其他软件就能完成这项任务。

> ♡ 注意　虽然本课是第 6 课的延续，但使用的是文件 07Start.psd，它包含一条路径和一条注释，这些在存储的文件 06Working.psd 中是没有的。

⑥ 双击文件 07Start.psd，在 Photoshop 中打开它。

⑦ 选择菜单"文件">"存储为"，将文件重命名为 07Working.psd，并单击"保存"按钮。

> ♡ 注意　如果 Photoshop 显示一个对话框，指出保存到云文档和保存到计算机之间的差别，则单击"保存在您的计算机上"按钮。此外，还可选择"不再显示"复选框，但当重置 Photoshop 首选项后，将取消选择这个设置。

⑧ 在"Photoshop 格式选项"对话框中，单击"确定"按钮。

⑨ 单击选项栏工作区右侧向下的箭头，在下拉列表中选择"图形和 Web"，如图 7.1 所示。

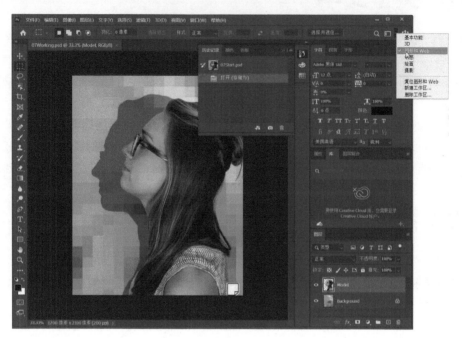

图 7.1

图形和 Web 工作区显示本课将使用的字符面板和段落面板，它还显示了图层面板和字形面板。

7.3　使用文字创建剪贴蒙版

剪贴蒙版是一个或一组对象，它们遮住了其他元素，使得只有这些对象内部的区域才是可见的。实际上，这是对其他元素进行裁剪，使其符合剪贴蒙版的形状。在 Photoshop 中，可以使用形状或字母来创建剪贴蒙版。在本节中，将把字母用作剪贴蒙版，让另一个图层中的图像能够透过这些字母显示出来。

7.3.1　添加参考线以方便放置文字

文件 07Working.psd 包含一个图层 Background，制作的文字将放在它上面。首先，放大要处理的区域，并使用标尺参考线来帮助放置文字。

> ♀提示　单击菜单"视图">"实际大小"，Photoshop 标尺将与现实中的标尺相同。这种设置最适合需要打印的文档，但不适合度量单位为像素的文档。

❶ 选择菜单"视图">"按屏幕大小缩放"，以便能够看到整个封面。

❷ 选择菜单"视图">"标尺"，在图像窗口顶端和左侧显示标尺。

❸ 如果标尺的单位不是英寸，在标尺上单击鼠标右键（Windows）或按住 Control 键并单击（macOS），再选择"英寸"。

❹ 从左标尺拖曳出一条垂直参考线，并将其放在封面中央（4.25 英寸处），如图 7.2 所示。

提示 如果难以将垂直标尺参考线放到 4.25 英寸处，可按住 Shift 键，这样参考线将自动与 4.25 英寸处的标尺刻度对齐。

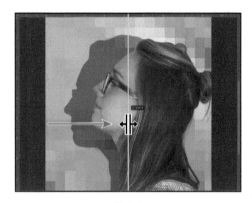

图 7.2

7.3.2 添加点文字

现在可以在合成图像中添加文字了，可在图像的任何位置创建横排或直排文字。用户可以输入点文字（一个字母、一个单词或一行字）或段落文字。在本课中，将添加这两种文字。首先，添加点文字。

❶ 在图层面板中，选择图层 Background，如图 7.3（b）所示。

❷ 选择横排文字工具（ T.），并在选项栏中做以下设置，如图 7.3（a）所示。

· 在"字体系列"下拉列表中选择一种带衬线的字体，如 Minion Pro Regular。

· 在"字体大小"下拉列表中输入 144，并按 Enter 键。

· 单击"居中对齐文本"按钮。

❸ 在字符面板中，将"字距"设置为 100，如图 7.3（c）所示。

字距值指定字母之间的间距，影响文本行的紧密程度。

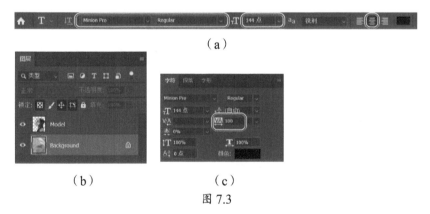

图 7.3

❹ 在前面添加的中央参考线与模特前额边缘交叉的地方单击以设置插入点，并输入 DIGITAL，再单击选项栏中的"提交所有当前编辑"按钮（ ✓ ），结果如图 7.4 所示。

注意 输入文字后，要提交编辑，要么单击"提交所有当前编辑"按钮，要么切换到其他工具或图层，而不能通过按 Enter 键来提交，因为这样做将换行。

图 7.4

单词 DIGITAL 被加入封面，并作为一个新文字图层（DIGITAL）出现在图层面板中。可以像其他图层那样编辑和管理文字图层；可以添加或修改文本、改变文字的朝向、应用消除锯齿、应用图层样式和变换，以及创建蒙版；可以像其他图层一样移动和复制文字图层、调整其排列顺序，以及编辑其图层选项。

对这个杂志封面来说，文本已足够大，但不够时尚。下面来使用另一种字体。

⑤ 双击文本 DIGITAL。

⑥ 打开选项栏中的"字体系列"下拉列表，通过移动鼠标或使用方向键让鼠标指针指向各种字体。

> 💡提示　在图层面板中选择了文字图层时，属性面板显示的是文字设置，因此也可在这里修改文字选项，如字体。

将鼠标指针指向字体名时，Photoshop 将暂时把该字体应用于选定文本，让用户能够预览效果。

⑦ 选择 Myriad Pro Semibold 或类似的字体，再单击"提交所有当前编辑"按钮（ ✓ ）。

使用这种字体的效果要好得多，如图 7.5 所示。

图 7.5

⑧ 如果文字 DIGITAL 不在封面顶部，选择移动工具并将这些文字拖曳到顶部。

⑨ 选择菜单"文件" > "存储"，将文件存盘。

7.3.3 创建剪贴蒙版及应用投影效果

默认情况下，添加的文字为黑色。这里需要使用一幅电路板图像来填充这些字母，因此，接下来将使用这些字母来创建一个剪贴蒙版，让另一个图层中的图像透过它们显示出来。

① 选择菜单"文件">"打开"，打开文件夹 Lesson07 中的文件 circuit_board.tif。

② 选择菜单"窗口">"排列">"双联垂直"。文件 circuit_board.tif 和 07Working.psd 都将出现在屏幕上。单击文件 circuit_board.tif，以确保它处于活动状态。

③ 选择移动工具，再按住 Shift 键并将文件 circuit_board.tif 的"背景"图层拖曳到文件 07Working.psd 的中央，如图 7.6 所示。

拖曳时按住 Shift 键可让图像 circuit_board.tif 位于合成图像的中央。

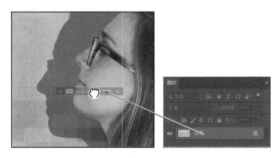

图 7.6

在 07Working.psd 的图层面板中将出现一个新图层（图层 1），该图层包含电路板图像，将透过文字显示出来。然而，在创建剪贴蒙版前，需要缩小电路板图像，因为它相对于合成图像太大了。

④ 关闭文件 circuit_board.tif，而不保存所做的修改。

⑤ 在 07Working.psd 文件中，选择图层"图层 1"，再选择菜单"编辑">"变换">"缩放"。

⑥ 抓住定界框角上的一个手柄，按住 Alt 键（Windows）或 Option 键（macOS）并拖曳，将电路板缩小到与文字等宽。

按住 Alt 键或 Option 键可让图像居中。

⑦ 调整电路板的位置，使其覆盖文字，如图 7.7 所示。在电路板图层外面单击以提交变换。

 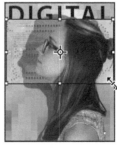 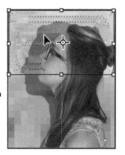

图 7.7

⚡ 注意　在图层外面单击时，如果没有取消选择其定界框，让鼠标指针远离定界框，等鼠标指针从旋转图标变成箭头后，再在文档窗口中单击。

⑧ 双击图层名"图层 1"并将其改为 Circuit Board。然后，按 Enter 键或单击图层面板中图层名的外部使修改生效，如图 7.8 所示。

⑨ 如果没有选择图层 Circuit Board，选择它，再从图层面板菜单中选择"创建剪贴蒙版"，如图 7.9 所示。

图 7.8

图 7.9

💡 提示　此外，也可使用下面这两种方法来创建剪贴蒙版：按住 Alt 键（Windows）或 Option 键（macOS），并在图层 Circuit Board 和 DIGITAL 之间单击；在选择了图层 Circuit Board 的情况下，选择菜单"图层">"创建剪贴蒙版"。

电路板图像将透过字母 DIGITAL 显示出来。图层 Circuit Board 的缩览图左边有一个小箭头，而文字图层的名称带下划线，这表明应用了剪贴蒙版。下面添加内阴影效果，赋予字母以立体感。

⑩ 选择文字图层 DIGITAL 使其处于活动状态，单击图层面板底部的"添加图层样式"按钮（ *fx.* ），并从下拉列表中选择"内阴影"，如图 7.10 所示。

图 7.10

⑪ 在"图层样式"对话框中，确认混合模式被设置为"正片叠底"，并将不透明度设置为 48%，距离设置为 18，阻塞设置为 0，大小设置为 16，再单击"确定"按钮，如图 7.11 所示。如果选择了"预览"复选框，将看到修改设置对图层的影响。

"内阴影"效果赋予杂志名以立体感，如图 7.12 所示。

⑫ 选择菜单"文件">"存储"，保存所做的工作。

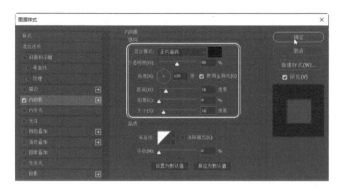

图 7.11   图 7.12

段落样式和字符样式

在 Photoshop 中，如果经常使用文字，或者需要将图像中大量的文字格式设置成一致，使用段落样式和字符样式可提高工作效率。段落样式是一组文字属性，只须单击鼠标就可将其应用于整段文字；字符样式是一组可应用于各个字符的属性。要使用这些样式，可打开相应的面板：选择菜单"窗口"＞"段落样式"或"窗口"＞"字符样式"。

Photoshop 文字样式与 Adobe InDesign 等排版软件和 Microsoft Word 等字处理软件中的样式类似，但其行为稍有不同。在 Photoshop 中，为使用文字样式来获得最佳结果，需牢记以下几点。

- 对于在 Photoshop 中创建的所有文本，都将默认应用基本段落样式。基本段落样式是由默认的文本设置定义的，但可修改其属性。

- 创建新样式前，取消选择所有的图层。

- 对于选定的文字，如果做了不同于当前段落样式（通常是基本段落样式）的修改，这些修改（覆盖）将是永久性的，即便应用了新样式。为确保段落样式的所有属性都应用到了文本，必须在应用样式后，单击段落样式面板中的"清除覆盖"按钮。

- 可将同一个段落样式和字符样式用于多个文件。要保存当前样式，将其作为所有新文档的默认设置，可选择菜单"文字"＞"存储默认文字样式"；要在既有文档中使用默认样式，可选择菜单"文字"＞"载入默认文字样式"。

7.4   沿路径放置文字

在 Photoshop 中，可创建沿使用钢笔或形状工具创建的路径排列的文字。文字的方向取决于在路径中添加锚点的顺序。使用横排文字工具在路径上添加文字时，字母将与路径垂直。如果调整路径的位置或形状，文字也将相应地移动。

下面在一条路径上创建文字，让文字看起来像是从模特嘴中说出来的。路径已经创建好，可在路径面板中找到。

❶ 在图层面板中，选择图层 Model。

② 选择菜单"窗口">"路径"，显示路径面板。

③ 在路径面板中，选择路径Speech Path，如图7.13所示。

④ 选择横排文字工具。

⑤ 在选项栏中，单击"右对齐文本"按钮。

图 7.13

来自 Photoshop 官方培训师的提示

文字工具使用技巧

· 选择横排文字工具后，按住 Shift 键并在图像创建口单击，将创建一个新的文字图层。这样做可避免在另一个文字块附近单击时，Photoshop 将选择它。

· 在图层面板中，双击任何文字图层的缩览图图标，将选中该图层中所有的文字。

· 选中任何文本后，在该文本上单击鼠标右键（Windows）或按住 Control 键并单击（macOS），可打开上下文菜单，然后选择"拼写检查"，可检查拼写。

⑥ 在字符面板中做以下设置。

· 字体系列为 Myriad Pro。

· 字体样式为 Regular。

· 字体大小为 14 点。

· 字距为 -10。

· 颜色为白色。

· 全大写（TT）。

⑦ 将鼠标指针指向路径，等出现一条斜线后单击模特嘴巴附近的路径起点，并输入文字"WHAT'S NEW WITH GAMES?"，如图 7.14 所示。

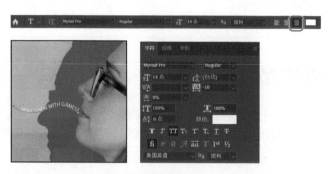

图 7.14

> ♀注意 路径不是形状图层，它只存在于路径面板中，因此不会被打印出来或导出。但路径上的文字是文字图层，因此会被打印出来或导出。

在路径上输入文本时，文本将从右往左延伸，这是因为第5步选择了"右对齐文本"。

⑧ 选择"GAMES?"，并将其字体样式改为 Bold，再单击选项栏中的"提交所有当前编辑"按钮（☑），效果如图 7.15 所示。

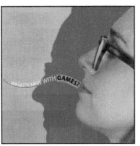

图 7.15

⑨ 在图层面板中，选择图层"What's New with Games"，再从图层面板菜单中选择"复制图层"，并将新图层命名为"What's new with music?"。

现在看不到复制的文字图层，因为它与原来的图层完全重叠在一起。

⑩ 使用文字工具选择 Games，并将其替换为 music，再单击选项栏中的"提交所有当前编辑"按钮。

💡 **注意** 在选择了文字工具的情况下，当鼠标指针指向有替代字的字符时，可能出现一个包含替代字的网格，可通过单击它来选择替代字（详情请参阅本课后面的旁注"字形面板"）。如果觉得显示的替代字碍事，可在"首选项"对话框的"文字"面板中取消选择"启用文字图层替代字形"复选框。

由于这两个文字图层包含的文本不同，因此很容易看出它们彼此重叠在一起。下面来移动其中的一个，让它们不再重叠在一起。

⑪ 选择菜单"编辑">"自由变换路径"，将路径左端旋转大约 15 度，再将该路径移到第一条路径的右上方。然后，单击选项栏中的"提交变换"按钮，结果如图 7.16 所示。

💡 **注意** 如果不记得如何使用变换定界框来执行旋转，可将鼠标指针指向变换定界框外面一点点，等鼠标指针变成旋转图标（带两个箭头的弧线）后再拖曳。

⑫ 重复第 9~11 步，将单词"GAMES"替换为"PHONES"。将路径左端旋转大约 -15 度，并将该路径移到第一条路径的下方，结果如图 7.17 所示。

图 7.16

图 7.17

⑬ 选择菜单"文件">"存储"，保存所做的工作。

7.5　点文字变形

位于弯曲路径上的文字比直线排列的文字有趣，但下面将变形文字，让其更有趣。变形让用户能够扭曲文字，使其变成各种形状，如圆弧或波浪。用户选择的变形样式是文字图层的一种属性——用户可以随时修改图层的变形样式，以修改文字的整体形状。变形选项让用户能够准确地控制变形效果的方向和透视。

① 如果必要，通过缩放或滚动来移动图像窗口的可见区域，让模特左边的文字位于图像窗口中央。

② 在图层面板中，在图层"What's New with games?"上单击鼠标右键（Windows）或按住 Control 键并单击（macOS），再从上下文菜单中选择"文字变形"，如图 7.18 所示。

图 7.18

> ♀ **注意**　如果在上下文菜单中没有看到"文字变形"命令，可在图层名（而不是图层缩览图）上单击鼠标右键或按住 Control 键并单击。

③ 在"变形文字"对话框中，从"样式"下拉列表中选择"波浪"，并选中单选按钮"水平"。将"弯曲"设置为 +33%，"水平扭曲"设置为 –23%，"垂直扭曲"设置为 +5%，然后单击"确定"按钮，如图 7.19 所示。

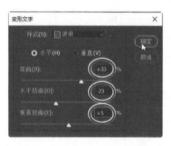 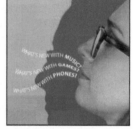

图 7.19

"弯曲"滑块指定变形程度，而"水平扭曲"和"垂直扭曲"滑块指定变形的透视。

句子"WHAT'S NEW WITH GAMES?"看起来是浮动的，就像波浪。

重复第 2~3 步，对路径上添加的其他两段文字进行变形，如图 7.20 所示。

图 7.20

④ 将文件存盘。

7.6 设计段落文字

到目前为止，在封面上添加的文本都只有几个单词或字符，它们是点文字。然而，很多设计方案要求包含整段文字。在 Photoshop 中，可以设计整段文字，还可应用段落样式而无须切换到排版软件对段落文字进行复杂的控制。

7.6.1 使用参考线来帮助放置段落

下面在封面上添加段落文字。首先，在工作区中添加一些参考线以帮助放置段落。

①如果必要，进行放大或滚动，让文档的上半部分更清楚。

②从左边的垂直标尺上拖出一条参考线，将其放在距离封面右边缘大约 0.25 英寸处；从顶端的水平标尺上拖出一条参考线，将其放在距离封面顶端大约 2 英寸处。如图 7.21 所示。

图 7.21

7.6.2 添加来自注释中的段落文字

现在便可以添加段落文字。在实际的设计中，文字可能是以字处理文档或电子邮件正文的方式提供的，设计师可将其复制并粘贴到 Photoshop 中，也可能需要设计师自己输入。另一种添加少量文字的简易方式是，使用注释将其附加到图像文件中，这里就是这样做的。

①选择注释工具，再双击图像窗口右下角的黄色注释，在注释面板中打开它。如果必要，扩大注释面板以便能够看到所有文本，如图 7.22 所示。

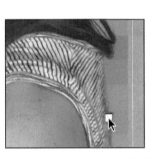

图 7.22

②选择注释面板中的所有文本，再按"Ctrl + C"（Windows）或"Command + C"（macOS）组合键，将其复制到剪贴板，然后关闭注释面板。

③选择图层 Model，再选择横排文字工具。

④按住 Shift 键，并单击两条参考线的交点。继续按住 Shift 键并向左下方拖曳，再松开 Shift 键并继续拖曳，直到绘制出一个宽约 4 英寸、高约 8 英寸的文本框。这个文本框的右边缘和上边缘与前面添加的参考线对齐。

❺ 按"Ctrl + V"（Windows）或"Command + V"（macOS）组合键粘贴文本。新文字图层位于图层面板顶部，因此文本出现在模特前面。

❻ 选择前三行（The Trend Issue），再在字符面板中应用以下设置。
- 字体系列为 Myriad Pro（或其他无衬线字体）。
- 字体样式为 Regular。
- 字体大小（■）为 70 点。
- 行间距（■）为 55 点。
- 字距为 50 点。
- 颜色为白色。

❼ 在这些文本依然被选择的情况下，单击选项栏或段落面板中的"右对齐文本"按钮。

❽ 选择单词"TREND"，并将字体样式改为 Bold，结果如图 7.23 所示。

标题的格式就设置好了，下面来设置其他文本的格式。

❾ 选择粘贴的其他文本，在字符面板中做以下设置。
- 字体系列为 Myriad Pro。
- 字体样式为 Regular。
- 字体大小为 22 点。
- 行间距为 28 点。
- 字距为 0。
- 取消选择"全大写"（TT）。

下面让子标题更突出。

❿ 选择文本"What's Hot!"，在字符面板中做以下修改，再按 Enter 键。
- 将字体样式改为 Bold。
- 将字体大小改为 28 点。

⓫ 对子标题"What's Not!"重复第 10 步。

⓬ 选择单词"TREND"，再在字符面板中将文本颜色改为绿色。

⓭ 单击选项栏中的"提交所有当前编辑"按钮，结果如图 7.24 所示。

⓮ 保存所做的修改。

图 7.23   图 7.24

Photoshop 中的 OpenType

OpenType 是 Adobe 和 Microsoft 联合开发的一种跨平台字体文件格式，这种格式可将同一种字体用于 macOS 操作系统和 Windows 操作系统计算机，这样在不同平台之间传输文件时，无须替换字体或重排文本。OpenType 支持各种扩展字符集和版面设计功能，如传统的 PostScript 和 TrueType 字体不支持的花饰字和自由连字。这反过来提供了更丰富的语言支持和高级文字控制。在 Photoshop 字体下拉列表中，OpenType 字体带 OpenType 图标（ *O* ）。下面是一些有关 OpenType 的要点。

• OpenType 菜单：字符面板菜单中有一个 OpenType 子菜单，其中显示了对当前 OpenType 字体来说可用的所有特性，包括连字、替代和分数字。呈灰色显示的特性对当前字体不可用；选中的特性被应用于当前字体。

• 自由连字：要将自由连字用于两个 OpenType 字符，如 Bickham Script Standard 字体的"th"，可在图像窗口中选中它们，然后从字符面板菜单中选择"OpenType"＞"自由连字"。

• 花饰字：添加花饰字和替代字符的方法与添加自由连字的方法相同。选中字母（如 Bickham Script 字体的大写字母 B），再选择菜单"OpenType"＞"花饰字"，将常规大写字母 B 改成极其华丽的花饰字 B。

• 真正的分数：要创建真正的分数，可像通常那样输入分数，如 1/2，再选中这些字符，并从字符面板菜单中选择"OpenType"＞"分数字"，Photoshop 将把它变成真正的分数。

• 彩色字体：虽然在 Photoshop 中可以给文字指定颜色，但 OpenType-SVG 格式让字体本身可包含多种颜色和渐变。例如，彩色字体能够让字母 A 变为纯蓝色、纯红色，以及蓝绿渐变色，如图 7.25（a）所示。

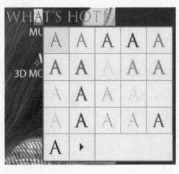

（a）   （b）

图 7.25

- 绘文字字体（Emoji fonts）：另一种 OpenType-SVG 字体是绘文字字体，如图 7.25（b）所示，这是因为 OpenType-SVG 支持将矢量图作为字符。在 Photoshop "字体系列" 下拉列表中，使用了 OpenType-SVG 图标（🔳）来标识彩色字体和绘文字字体。
- 可变字体（Variable fonts）：在要求的字体粗细比 Regular 粗且比 Bold 细时，可使用可变字体，这样可在属性面板中定制粗细、宽度和倾斜等属性。在 Photoshop "字体系列" 下拉列表中，使用了 OpenType-VAR 图标（🔳）来标识可变字体。

注意，有些 OpenType 字体的选项比其他 OpenType 字体的多。

> 💡 **提示** 怎么知道字符是否有 OpenType 替代字形呢？如果选定的字符下面有很粗的下划线，可将鼠标指针指向它来显示替代字形，可像在字形面板中那样选择这些字形，也可单击三角形来打开字形面板。

7.7 添加圆角矩形

该杂志封面的文字处理工作就要完成，余下的唯一任务是在右上角添加卷号。首先，将创建一个圆角矩形，用于充当卷号的背景。

① 选择工具面板中的圆角矩形工具（▢）。

② 在封面右上角字母 L 的右上方绘制一个矩形，其右边缘与参考线对齐，宽度大约为 0.34 英寸（可在属性面板中设置）。

③ 在属性面板中，单击填色色板，展开预设组 "蜡笔" 并选择 "蜡笔黄橙" 色板（第三个）。确保描边颜色被设置为无。

默认情况下，矩形所有圆角的半径都相同，但可分别调整各个圆角的半径。如果需要，以后还可回过头来编辑圆角。下面来修改这个矩形，使得只有左下角是圆形的——将其他角都改为直角。

④ 在属性面板底部，将所有设置角半径的文本框中输入 "0" 并按 Enter 键。

> 💡 **提示** 此外，也可通过拖曳每个角附近的目标图标来调整圆角的半径。对于这里的小型矩形来说，可能需要增大缩放比例才能看到目标图标。如果只调整当前圆角的半径，可按住 Alt 键（Windows）或 Option 键（macOS），并拖曳目标图标。

由于选择了 "将半径值链接到一起" 图标（🔗，其颜色比面板背景深），因此四个角的半径都被设置为 0。

> 💡 **注意** 绘制圆角矩形时，属性面板中有两个链接图标，其中，上面那个用于保持矩形的长宽比不变，下面那个让四个角的圆角半径相同。

⑤ 在属性面板中，单击 "将半径值链接到一起" 图标（🔗），以取消选择它，再将左下角半径改为 16 并按 Enter 键，如图 7.26（b）所示。

⑥ 使用移动工具将矩形拖曳到封面顶部，使其犹如飘着的缎带，同时使其右边缘与标尺参考线对齐，如图 7.26（a）所示。

⑦ 在选项栏中，选中"显示变换控件"复选框。向下拖曳矩形的下边缘以接近字母 L（如果不确定这个矩形该多高，请参阅文件 07End.psd），如图 7.26 所示。然后，按 Enter 键。

（a）

（b）

图 7.26

7.8 添加直排文字

现在可以在缎带上添加卷号。

① 选择菜单"选择">"取消选择图层"，再选择隐藏在横排文字工具后面的直排文字工具（ ⊥T ）。

② 按住 Shift 键，并在刚才创建的矩形底端附近单击。

单击时按住 Shift 键可创建一个新的文本框，而不是选择标题。

③ 输入"VOL 9"。

这些字母太大了，需要调整大小才能完全看到它们。

④ 选择菜单"选择">"全部"，再在字符面板中做以下设置（见图 7.27）。

· 字体系列 Myriad Pro。
· 字体样式为 Condensed。
· 字体大小为 15 点。
· 字距为 10。
· 颜色为黑色。

图 7.27

⑤ 单击选项栏中的"提交所有当前编辑"按钮（ ✔ ）。直排文本将出现在一个名为 VOL 9 的图层中。如果必要，使用移动工具（ ▶+ ）拖曳使其位于缎带中央。

保存为 Photoshop PDF

如果添加的文字是由基于矢量的轮廓构成的，放大后依然锐利而清晰，但如果将图像存储为 JPEG 或 TIFF 格式，Photoshop 将栅格化文字，导致文字不能被编辑。存储为 Photoshop PDF 格式时，将保留矢量文字。

此外，还可在 Photoshop PDF 文件中保留其他 Photoshop 编辑功能，例如，可保留图层、颜色信息，乃至注释。

为确保以后能够对文档进行编辑，在"存储为 Photoshop PDF"对话框中选择"保留 Photoshop 编辑功能"，这将导致 PDF 文件更大。

存储为 PDF 时，要保留文件中的所有注释并将其转换为 Acrobat 注释，可在"另存为"对话框的"存储选项"部分选择"注释"。

用户可在 Acrobat 或 Photoshop 中打开 Photoshop PDF 文件，可将其置入其他软件，还可打印它们。有关存储为 Photoshop PDF 的详细信息，请参阅 Photoshop 帮助。

接下来，需要做一些清理工作。

⑥ 使用注释工具单击注释以选择它，再单击鼠标右键（Windows）或按住 Control 键并单击（macOS），并从上下文菜单中选择"删除注释"将注释删除，如图 7.28 所示。单击"是"按钮确认要删除注释。

图 7.28

💡 **提示**　如果希望设计熟悉字体的外观，但又不知道字体的外观是什么样的，可尝试使用字体相似性功能。为此，在字符面板或选项栏的"字体系列"下拉列表中选择一种字体，再单击字体列表开头的"显示相似字体"按钮，如图 7.29 所示。字体列表将显示系统或 Adobe Fonts 中 20 种最类似的字体。

图 7.29

⑦ 隐藏参考线：选择抓手工具（✋），并按"Ctrl + ;"（Windows）或"Command + ;"（macOS）组合键隐藏参考线。然后，缩小视图以方便查看作品。

⑧ 选择菜单"文件">"存储"，保存所做的工作。

至此，在这个杂志封面上添加了所需的文字并设置了样式。杂志封面制作好后，下面将其拼合，为印刷做好准备。

字形面板

字形面板列出了选定字体中所有的字符，包括专用字符和替代字（如花式字）。在字体名和样式下拉列表上方，是一行最近使用过的字形；如果还没有使用过任何字形，这一行将是空的。字体名下方有一个下拉列表，能够选择文字系统（如阿拉伯语）或字符类别（如标点或货币符号）。对于特定的字符，如果包围它的方框的右下角有黑点，就说明这个字符有替代字；要查看其替代字或将这些替代字输入文字图层中，可在字符上单击并按住鼠标，如图 7.30 所示。

图 7.30

提示 通过字形面板（选择菜单"窗口">"字形"）可使用 OpenType 字体中的所有替代字。编辑文本时，双击字形面板中的字符可将其添加到文本中。

⑨ 选择菜单"文件">"存储为"，并将文件重命名为 07Working_flattened。如果出现"Photoshop格式选项"对话框，单击"确定"按钮。

通过保留包含图层的版本，以后可对 07Working.psd 做进一步编辑。

⑩ 选择菜单"图层">"拼合图像"。

⑪ 选择菜单"文件">"存储"，再关闭图像窗口。

提示 Photoshop 和 TIFF 文件格式指定固定的像素尺寸，对于用于高分辨率输出的 Photoshop 文档（如用于印刷的 InDesign 文档中的 Photoshop 文档），这可能导致文字图层和矢量形状的平滑度受到限制。创建用于高分辨率输出的 Photoshop 文件时，如果它包含矢量形状或文字图层，可询问输出服务提供商使用什么格式最合适，如非拼合的 Photoshop PDF。

使用匹配字体，确保项目一致

在往期杂志中，包含文本 Premiere Issue（参见文件夹 Lesson07 中的文件 MatchFont.psd），如果想知道这些文本使用的是哪种字体，以便将最新一期杂志中的一些文本也设置为同样的字体。然而，唯一可供参考的文件已拼合，因此原来的文字图层丢失了。所幸在 Photoshop 中，可使用"匹配字体"功能来确定其使用的字体。Photoshop 可使用机器学习判断出图片中文字使用的是哪种字体。"匹配字体"功能还可识别照片中文字使用的字体，如街景照片中招牌文字使用的字体。

1. 打开文件夹 Lesson07 中的文件 MatchFont.psd。

2. 选择字样 Premiere Issue 所在的区域，并确保选区尽可能小，如图 7.31 所示。

3. 选择菜单"文字">"匹配字体"，Photoshop 将显示一个与图像中字体类似的字体列表，其中包括系统安装的字体，以及来自 Adobe Fonts 的字体，如图 7.32 所示。

图 7.31　　　　　　　　图 7.32

4. 若只列出计算机上安装的字体，可取消选择"显示可从 Adobe Fonts 激活的字体"复选框。

5. 在"匹配字体"找出的类似字体列表中，选择一种与图像中字体最接近的字体。最终的字体匹配结果可能与这里显示的不同。

6. 单击"确定"按钮。Photoshop 将选择单击选中的字体，让用户能够将新文本指定为这种字体。

7.9 复习题

1. Photoshop 如何处理文字？
2. 在 Photoshop 中，文字图层与其他图层之间有何异同？
3. 何为剪贴蒙版？如何从文字图层创建剪贴蒙版？

7.10 复习题答案

1. 在 Photoshop 中，文字由基于矢量的形状组成，这些形状描述了字体中的字母、数字和符号。在 Photoshop 中将文字加入图像中时，字符将出现在文字图层中，其分辨率与图像文件相同。只要文字图层还在，Photoshop 就会保留文字的轮廓，这样，当缩放文字、保存为 Photoshop PDF 文件、使用高分辨率打印机打印图像时，它们依然很清晰。
2. 添加到图像中的文字作为文字图层出现在图层面板中，可以像其他图层那样对其进行编辑和管理。可以添加和编辑文本、更改文字的朝向和应用消除锯齿，还可以移动和复制图像文字图层、调整其排列顺序，以及编辑图层选项。
3. 剪贴蒙版是一个或一组对象，它们遮住了其他元素，只有位于它们里面的区域才是可见的。要将任何文字图层中的字母转换为剪贴蒙版，可选择该文字图层，以及要透过字母显示出来的图层（并确保后者位于前者上面），再从图层面板菜单中选择"创建剪贴蒙版"（也可从"图层"菜单中或图层的上下文菜单中选择这个命令）。

矢量图绘制技巧

本课概览

- 区分位图和矢量图。
- 保存路径。
- 绘制自定形状。
- 使用钢笔工具绘制笔直和弯曲的路径。
- 绘制和编辑图层形状。
- 使用智能参考线。

学习本课大约需要 *1.5* 小时

　　不同于位图，矢量图无论怎么放大，其边缘都是清晰的。在 Photoshop 图像中，可绘制矢量形状和路径，还可添加矢量蒙版以控制哪些内容在图像中可见。

8.1 位图和矢量图

要使用矢量形状和矢量路径，必须了解两种主要的计算机图形——位图和矢量图之间的基本区别。在 Photoshop 中，可以处理这两种图形。事实上，在一个 Photoshop 图像文件中可以包含位图和矢量图数据。

从技术上说，位图被称为光栅图像，它是基于像素网格的。每个像素都有特定的位置和颜色值。处理位图时，编辑的是像素组而不是对象或形状。位图可以表示颜色和颜色深浅的细微变化，因此适用于表示连续调图像，如照片或在绘画软件中创建的作品。位图的缺点是，它们包含的像素数是固定的，因此在屏幕上放大或以低于创建时的分辨率打印时，可能丢失细节或出现锯齿。

矢量图由直线和曲线组成，而直线和曲线是由被称为矢量的数学对象定义的。无论被移动、调整大小还是修改颜色，矢量图都将保持其犀利性。矢量图适用于插图、文字，以及诸如徽标等可能被缩放到不同尺寸的图形。图 8.1 说明了矢量图和位图之间的差别。

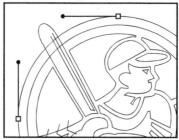

矢量图 Logo

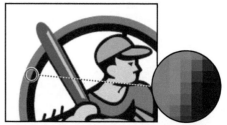

栅格化为位图的 Logo

图 8.1

8.2 路径和钢笔工具

在 Photoshop 中，矢量形状的轮廓被称为路径。路径是使用钢笔工具、自由钢笔工具、弯度钢笔工具或形状工具绘制的曲线或直线。使用钢笔工具绘制路径的准确度最高；使用自由钢笔工具绘制路径时，就像使用铅笔在纸张上绘画一样；形状工具用于绘制矩形、椭圆和其他形状。

来自 Photoshop 官方培训师的提示——快速选择工具

工具面板中的任何工具都可以使用只包含一个字母的快捷键来选择，按字母将选择相应的工具，按 Shift 和快捷键将遍历一组工具。例如，按 P 将选择钢笔工具，按组合键 Shift + P 可在钢笔工具和自由钢笔工具之间切换，如图 8.2 所示。

图 8.2

路径可以是闭合或非闭合的。非闭合路径（如波形线）有两个端点；闭合路径（如圆）是连续的。路径类型决定了如何选择和调整它。

打印图稿时，没有填充或描边的路径不会被打印。这是因为不同于使用铅笔工具和其他绘画工具绘制的位图形状，路径是不包含像素的矢量对象。要让路径包含填充或描边，可以形状的方式创建它。形状是基于矢量对象（而不是像素）的图层，但不同于路径，可将颜色和效果应用于形状图层。

8.3 概述

在本课中，将制作一张明信片，帮助一家柑橘种植园推销产品。这家种植园提供了一幅橘子图像，但想说明他们并非只种植橘子，因此要求给其中一个橘子着色，让它看起来像柠檬。要给对象着色，必须根据其轮廓创建一个蒙版，以便将对象隔离。创建对象整洁轮廓的快捷方式是，使用钢笔工具绘制一条矢量路径。

首先，来看一下要创建的图像。

① 启动 Adobe Photoshop 并立刻按"Ctrl + Alt + Shift"（Windows）或"Command + Option + Shift"（macOS）组合键以恢复默认首选项（参见前言中的"恢复默认首选项"）。

② 出现提示对话框时，单击"是"按钮，确认并删除 Adobe Photoshop 设置文件。

③ 选择菜单"文件">"在 Bridge 中浏览"。

> ♀注意 如果没有安装 Bridge，在选择菜单"文件">"在 Bridge 中浏览"时，将启动桌面应用程序 Adobe Creative Cloud，而它将下载并安装 Bridge。安装完成后，便可启动 Bridge。更详细的信息请参阅"前言"。

④ 在收藏夹面板中单击文件夹 Lessons，再双击内容面板中的文件夹 Lesson08。

⑤ 选择文件 08End.psd，按空格键在全屏模式下查看它。

为创建这张明信片，将绕一个橘子绘制路径，并根据这条路径创建一个矢量蒙版，以便修改橘子的颜色。下面先来练习使用钢笔工具创建路径和选区。

⑥ 查看 08End.psd 后，再次按空格键。然后，双击文件 08Practice_Start.psd，在 Photoshop 中打开它。

⑦ 选择菜单"文件">"存储为"，将文件重命名为 08Practice_Working.psd，并单击"保存"按钮。在"Photoshop 格式选项"对话框中，单击"确定"按钮。

> ♡ 注意　如果 Photoshop 显示一个对话框，指出保存到云文档和保存到计算机之间的差别，则单击"保存到云文档"按钮。此外，还可选择"不再显示"复选框，但当重置 Photoshop 首选项后，将取消选择这个设置。

8.4　使用钢笔工具绘制形状

在计算机上创建矢量图时，钢笔工具是最常用的工具之一。在很多软件中，都有钢笔工具，比如 Adobe Illustrator（它在 1987 年引入了钢笔工具）、Adobe Photoshop 和 Adobe InDesign。另外，诸如 Adobe Premiere Pro 和 Adobe After Effects 等视频软件也包含钢笔工具，因为它们让用户能够非常精确地绘制众多类型的线条，从形状到蒙版再到运动路径。钢笔工具虽然学起来不那么容易，但绝对值得花时间和精力去掌握，原因是，在很多创意数字领域，这都是一项很有市场的技能。

相比于画笔和铅笔工具，钢笔工具的工作原理稍有不同。先前创建了一个练习文件（见图 8.3），供读者用来学习如何使用钢笔工具绘制笔直路径、简单曲线和 S 曲线。

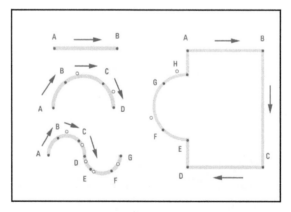

图 8.3

> ♡ 提示　绘制精准的矢量路径时，使用弯度钢笔工具可能比使用钢笔工具更容易。如果发现钢笔工具使用起来很难，应考虑学习使用弯度钢笔工具。这里之所以介绍钢笔工具，是因为它是绘制精准路径和形状的传统标准方式。

使用钢笔工具创建路径

可以使用钢笔工具来创建由直线或曲线组成的闭合或非闭合路径。如果不熟悉钢笔工具，刚开始使用时可能有点困难。了解路径的组成元素，以及如何使用钢笔工具来创建路径后，绘制路径将容易得多。

要创建由线段组成的路径，可单击鼠标。首次单击时，将设置第一个锚点。随后每次单击时，都将在前一个锚点和当前锚点之间绘制一条线段，如图 8.4 所示。要绘制由线段组成的复杂路径，只需通过不断单击来添加线段即可。

要创建由曲线组成的路径，单击鼠标以放置一个锚点，再拖曳鼠标为该锚点创建一条方向线，然后通过单击放置下一个锚点。每条方向线有两个方向点，方向线和方向点的位置决定了曲线段的长度和形状。通过移动方向线和方向点可以调整路径中曲线的形状。如图 8.5 所示。

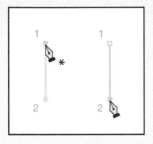

创建直线

图 8.4

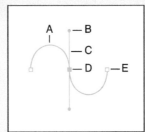

A. 曲线段
B. 方向点
C. 方向线
D. 选定的锚点
E. 未选定的锚点

图 8.5

光滑曲线由被称为平滑点的锚点连接；急转弯的曲线路径由角点连接。移动平滑点上的方向直线时，该点两边的曲线段将同时调整，但移动角点上的方向线时，只有与方向线位于同一边的曲线段被调整。

可单独或成组地移动路径段和锚点。路径包含多个路径段时，可通过拖曳锚点来调整相应的路径段，也可选中路径中所有的锚点以编辑整条路径。可使用直接选择工具来选择并调整锚点、路径段或整条路径。

创建闭合路径和非闭合路径之间的差别在于结束路径的绘制。要结束非闭合路径的绘制，可按 Enter 键；要创建闭合路径，将鼠标指针指向路径起点并单击，如图 8.6 所示。路径闭合后，将自动结束路径的绘制，同时鼠标指针将包含一个 *，这表明下次单击将开始绘制新路径。

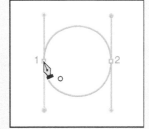

创建闭合路径

图 8.6

绘制路径时，它将作为临时对象（工作路径）出现在路径面板中。对于以后要使用的工作路径，务必将其保存起来，尤其是要在同一个文档中使用多条路径时。要保存工作路径，可在路径面板中双击它，再在打开的"存储路径"对话框中输入名称，并单击"确定"按钮。它将作为一条新的具名路径添加到路径面板中，且依然被选中。如果工作路径未被保存，则一旦取消选择它并重新开始绘制时，它就会丢失。以形状的方式绘制路径时，不必保存它，因为形状将放在具名图层中。

首先，配置钢笔工具选项和工作区。

① 在工具面板中选择钢笔工具（ ✐ ）。

② 在选项栏中选择或核实以下设置（见图 8.7）。

· 从"工具模式"下拉列表中选择"形状"。

· 在"路径选项"下拉列表中，确保没有选中"橡皮带"复选框。

· 确保选中了"自动添加 / 删除"复选框。

· 从"填充"下拉列表中选择"无颜色"。

· 从"描边"下拉列表中选择一种绿色，这里使用的是预设组 CMYK 中的绿色。

· 将描边宽度设置为 4 像素。

· 在"描边选项"窗口中，从"对齐"下拉列表中选择"居中"（第二个选项）。

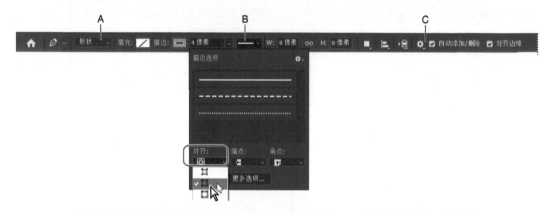

A."工具模式"下拉列表　B."描边选项"下拉列表　C."路径选项"下拉列表

图 8.7

8.4.1　绘制直线

下面绘制一条直线。锚点指出了路径段的端点，将绘制的直线是单个路径段，有两个锚点。

① 单击"路径"标签并将该面板拖出图层面板组，以便能够同时看到路径面板和图层面板。此外，也可将路径面板停放到其他面板组中。

路径面板显示绘制路径的缩览图，当前它是空的，因为还没有开始绘制。

② 如果必要，放大视图以便能够看到形状模板上用字母标记的点和红圈。确保能够在图像窗口中看到整个模板，并在放大视图后重新选择钢笔工具。

③ 单击第一个形状的 A 点并松开鼠标，这就创建了第一个锚点，如图 8.8（a）所示。

> 💡注意　如果弹出了有关弯度钢笔工具的教程，不用理会，因为现在不用阅读这些内容。它可能会自动关闭，如果没有，就手工关闭它。

④ 单击 B 点，这就使用两个锚点创建了一条线段，如图 8.8（b）所示。

⑤ 按 Enter 键结束绘制，如果如图 8.8（c）所示。

看到绘制的路径出现在路径面板中，同时图层面板中出现了一个新图层，如图 8.9 所示。

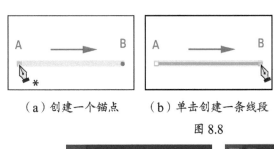

（a）创建一个锚点　　（b）单击创建一条线段　　（c）结束路径的绘制

图 8.8

图 8.9

> 💡**注意** 新绘制的路径同时出现在了路径面板和图层面板中，只是因为在选项栏中，从"工具模式"下拉列表中选择了"形状"。如果从"工具模式"下拉列表中选择了"路径"，新绘制的路径将只出现在路径面板中。

8.4.2 绘制曲线

选择曲线段上的锚点时，将显示一条或两条方向线，具体多少条取决于相邻路径段的形状。要调整曲线段的形状，可拖曳方向线末端的方向点；要调整曲线的形状，可拖曳方向线。接下来，将使用平滑点来创建曲线。

① 单击半圆上的 A 点并松开鼠标以创建第一个锚点，如图 8.10（a）所示。

② 单击 B 点并拖曳到它右边的红圈，再松开鼠标，如图 8.10（b）和图 8.10（c）所示。这将创建一条弯曲的路径段和一个平滑的锚点。

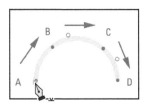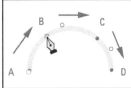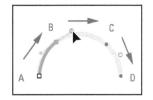

（a）创建第一个锚点　　（b）单击 B 点并按住鼠标　（c）拖曳以创建弯曲的路径段

图 8.10

> 💡**提示** 红圈指出了要获得所需的曲线形状，应将锚点的方向点拖曳到什么地方。如果将方向点拖曳到不同的地方，曲线的形状将不同。

平滑的锚点有两条方向线，移动其中一条方向线将同时调整锚点两边的弯曲路径段。

③ 单击 C 点并拖曳到它下面的红圈，再松开鼠标，如图 8.11（a）和图 8.11（b）所示。这将创建第二条弯曲的路径段和另一个平滑点。

④ 单击 D 点并松开鼠标，这将创建最后一个锚点。按 Enter 键结束路径绘制，如图 8.11（c）所示。

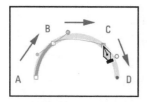 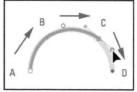 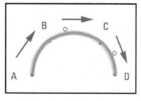

（a）单击 C 点创建一个锚点　　（b）通过拖曳让路径段弯曲　　（c）单击 D 点结束半圆的绘制

图 8.11

> 💡提示　为何要使用锚点和手柄来绘制路径，而不像现实中使用钢笔或铅笔那样手工绘制呢？因为对大多数人来说，要绘制出完美的曲线或直线很难，而锚点和手柄能够绘制出绝对完美的曲线和直线。如果喜欢手工绘制，可使用自由钢笔工具。

使用钢笔工具绘制自由路径时，应使用尽可能少的锚点来创建所需的形状。使用的锚点越少，曲线越平滑，修改文件的效率也越高。

下面使用同样的方法绘制一条 S 曲线。

① 单击 A 点，再单击 B 点并拖曳到第一个红圈。

② 继续单击 C、D、E 和 F 点，并在每次单击后都拖曳到相应的红圈。

③ 单击 G 点创建最后一个锚点，再按 Enter 键结束路径的绘制，如图 8.12 所示。

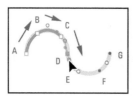 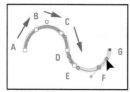 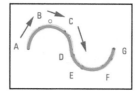

图 8.12

在图层面板中，这三个形状位于不同的图层中，但在路径面板中，只有一条路径，这是因为路径面板只显示在图层面板中选定的图层中的形状路径。

可以看到与手工绘制的曲线相比，使用钢笔工具绘制的曲线更平滑，也更容易精准地控制。

8.4.3　绘制更复杂的形状

知道钢笔工具的用法后，下面来绘制一个更复杂的形状，如图 8.13 所示。

① 单击形状上的 A 点以设置第一个锚点。

② 按住 Shift 键并单击 B 点。按住 Shift 键可确保绘制的线的角度为 45 度的整数倍，这里是确保绘制的线为水平线。

③ 按住 Shift 键并依次单击 C、D 和 E 点，以创建笔直的路径段。

④ 单击 F 点并拖曳到相应的红圈再松开鼠标，以创建一条弯曲的路径段。

⑤ 单击 G 点并拖曳到相应的红圈再松开鼠标，以创建另一条弯曲的路径段。

> 💡提示　如果在拖曳方向点时才发现当前锚点与模板中相应的红点不完全重叠，可调整其位置，而不必重新开始。为此，可在不松开鼠标的情况下，按住空格键并拖曳，等锚点位于正确的位置后松开空格键，以便继续拖曳该锚点的方向线。

⑥ 单击 H 点创建一个角点。

移动角点的方向线时，将只调整一条相应的曲线段，这能够在两个路径段之间进行急转弯。

⑦ 单击 A 点绘制最后一条路径段并闭合这条路径，如图 8.13 所示。闭合路径将自动结束绘制，因此无须再按 Enter 键。

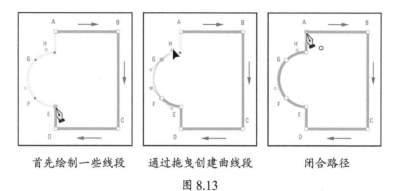

首先绘制一些线段　　　通过拖曳创建曲线段　　　闭合路径

图 8.13

⑧ 将这个文件关闭，且不保存所做的修改。至此，使用钢笔工具成功地绘制了曲线和直线。

8.5　绘制环绕照片中物体的路径

现在可以绘制环绕真实物体的路径了。将使用前面练习的技巧来绘制一条路径，使其环绕几个橘子中的一个。后面将把绘制的这条路径转换为图层蒙版，以便能够修改这个橘子的颜色。这个橘子的有些部分被周围的橘子遮住了，因此将绘制由直线和曲线段组成的路径，与前面练习绘制的形状类似。修改橘子的颜色后，将添加文本和形状图层，以创建一张明信片，帮助一家种植园促销其产品。

① 在 Photoshop 或 Bridge 中，打开文件 08Start.psd。

这幅图像包含两个图层：背景图层和模板图层 Path Guide，其中后者是为绘制路径而提供的，如图 8.14 所示。

② 选择菜单"文件">"存储为"，将文件重命名为 08Working.psd，并单击"保存"按钮。如果出现"Photoshop 格式选项"对话框，单击"确定"按钮。

图 8.14

③ 选择钢笔工具，再在选项栏中从"工具模式"下拉列表中选择"路径"，如图 8.15 所示。

图 8.15

由于在选项栏中选择了"路径"而不是"形状"，因此绘制时看到的情况将与前面练习时的不同。由于绘制的是路径而不是形状，且绘制的路径将作为临时工作路径出现在路径面板中，但不会创建形状图层。

为何选择"路径"呢？因为对于即将绘制的路径，并不需要打印或导出；相反，将根据它来创建一个蒙版，因此它不是最终文档的可见部分。有关"工具模式"中"形状"和"路径"的详细信息，请参阅下面的旁注"形状、路径和像素之比较"。

形状、路径和像素之比较

选择了钢笔工具（或与它位于同一组的其他工具）或矩形工具（或与它位于同一组的其他工具）时，选项栏中将有一个下拉列表，让用户选择要使用当前工具创建形状、路径还是像素，如图 8.16 所示。

图 8.16

这个决策很重要，因为每个选项都有不同的优点。

- 形状：形状是矢量对象，在图层面板中，位于独立的图层。用户可像像素图层一样，对形状图层应用图层效果、蒙版和其他属性。区别在于，对于作为矢量路径的形状，可使用钢笔工具和直接选择工具等路径编辑工具进行编辑，但不能使用画笔等基于像素的工具来编辑它们。

由于形状是图层，因此只要它所在的图层是可见的，它就是可见的，而且会被打印或导出。在图层面板中选择了形状图层后，可设置和修改其填充色和描边颜色。

在图层面板中选择了形状图层时，路径面板中将显示其路径，如图 8.17 所示。

图 8.17

- 路径：路径是不会显示、打印或导出的矢量对象，因此不会出现在图层面板中，而只出现在路径面板中。但路径很有用，因为可根据路径来创建选区、剪贴路径及沿路径放置文字，它还可充当其他"后台"角色。

由于路径不是图层，因此只有在路径面板中选择了它时，才能在文档窗口中看到它，而且路径不能有描边和填充色。如果路径看不清，可单击选项栏中的"路径选项"下拉列表（⚙），并调整其粗细和颜色。

由于路径在打印或导出的图像中不可见，因此只有在 Photoshop 中绘画时，这些选项才会影响路径的可见性。

- 像素：有些工具（如矩形工具，以及与它属于同一组的其他工具）还提供了选项"像素"。选择了选项"像素"时，将在当前选定的图层中创建像素，而不会创建矢量路径或形状图层。

由于选项"像素"创建像素图层而不是矢量路径或形状，因此不能使用路径工具来编辑生成的图层。要编辑这种图层，必须使用基于像素的工具，如画笔、橡皮擦和选取工具。

④ 单击 A 点，路径面板中将出现临时的"工作路径"，如图 8.18（a）和图 8.18（b）所示。

⑤ 单击 B 点并拖曳到它右边的空心圆，以创建第一段曲线，如图 8.18（c）所示。

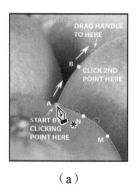
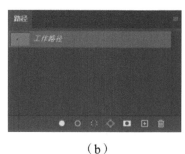
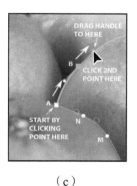

（a）　　　　　　　　　（b）　　　　　　　　　（c）

图 8.18

⑥ 单击 C 点并拖曳到它右边的空心圆。

⑦ 继续沿这个橘子的边缘前行，依次单击 D~F 点并拖曳到相应的空心圆。

⑧ 单击 G 点（但不要拖曳），在这里创建一个角点。

⑨ 依次单击 H 点和 I 点并拖曳到相应的空心圆，以创建相应的曲线段，如图 8.19 所示。

💡提示　跟踪定义良好的边缘时，并非只能使用钢笔工具。对于有些形状和边缘，使用套索工具、对象选择工具或快速选择工具进行跟踪可能更容易。

⑩ 单击 J 点以创建一个角点。

⑪ 按住 Shift 键并单击 K 点以创建一条水平线，如图 8.20 所示。

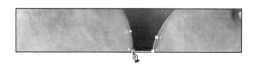

图 8.19　　　　　　　　　　　　　　　图 8.20

⑫ 依次单击 L 点、M 点和 N 点并拖曳到相应的空心圆，以创建相应的曲线段。

⑬ 将鼠标指针指向 A 点，等鼠标指针旁边出现一个小圆圈后单击以闭合路径，如图 8.21 所示。小圆圈表明当前位置离起点足够近，单击可闭合路径。

⑭ 对绘制的路径进行评估，如果要调整其中的路径段，请执行第 15 步，否则直接跳到第 16 步。

⑮ 选择与路径选择工具（▶）位于同一组的直接选择工具（▷），再按 Esc 键（也可在路径外面的文档窗口中单击）以取消选择所有的锚点，同时确保依然能够看到路径。然后，根据需要使用直接选择工具执行下面的操作。

图 8.21

· 要调整锚点或直线段的位置，拖曳即可。

- 要调整两个锚点之间的曲线段的形状，拖曳该曲线段（不是锚点）。
- 要调整从锚点向外延伸的曲线段的形状，拖曳方向点以调整方向线的角度。

💡提示　要移动整个路径，可使用与直接选择工具位于同一组的路径选择工具。

⑯ 创建好路径后，不要取消选择，但要将所做的工作存盘。

8.6　将路径转换为选区和图层蒙版

使用钢笔工具可轻松地创建图像中央橘子的精确轮廓，但当下的目标是，通过使用图层蒙版修改这个橘子的颜色，同时不修改其他橘子的颜色。要创建图层蒙版，需要建立选区，所幸将路径转换为选区很容易。

前面创建的路径是工作路径，它是临时性的，如果接着创建另一条路径，它将取代这条路径。可根据工作路径创建选区，且最好将以后可能重用的路径保存起来。

❶ 在路径面板中，双击"工作路径"；在"存储路径"对话框中，将名称设置为 Lemon 并单击"确定"按钮，如图 8.22（a）所示。

❷ 在路径面板中，确保选择了路径 Lemon，再单击路径面板底部的"将路径作为选区载入"按钮（⚬），如图 8.22（b）所示。

（a）　　　　　　　　　（b）

图 8.22

💡提示　如果要创建可作为路径进行编辑的蒙版，可创建一个矢量蒙版。为此，可跳过第 2 步，并在第 4 步添加"色相/饱和度"调整图层时，确保在路径面板中选择了路径 Lemon。

💡提示　将选区转换为路径也很容易。为此，只需在选区处于活动状态的情况下，单击路径面板底部的"从选区生成工作路径"按钮，它位于"将路径作为选区载入"按钮的右边。

下面将选定橘子的颜色改为柠檬黄，为此将使用一个"色相/饱和度"调整图层，以及一个覆盖这个橘子的图层蒙版。当前，覆盖这个橘子的选区处于活动状态，这能够快速而轻松地创建图层蒙版，因为添加调整图层时，当前活动选区将自动转换为图层蒙版。

❸ 在图层面板中，隐藏图层 Path Guide（因为不再需要它），再选择图层 Background。

❹ 在调整面板中，单击图 8.23（a）所示的"色相/饱和度"按钮（▦），这将在图层面板中新增一个色相/饱和度调整图层，它自动包含一个从当前活动选区创建的图层蒙版，如图 8.23（b）所示。

❺ 在属性面板中，修改"色相"设置，让中央那个橘子的颜色变成柠檬黄，如图 8.24 所示，这里设置的"色相"值为 +17。

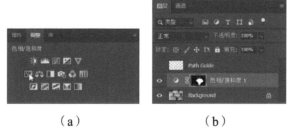

（a）　　　　　　　（b）

图 8.23

图 8.24

⑥ 将文档存盘。

💡 提示　修改中间那个橘子的颜色后，可能发现图层蒙版边缘存在细微的误差，此时可编辑蒙版：在图层面板中，单击图层蒙版缩览图以选择它，再选择画笔工具，在让调整图层应用的颜色可见的地方用白色绘画，在让背景图层可见的地方用黑色绘画（如果是矢量蒙版，可使用直接选择工具和钢笔工具来编辑它）。

使用钢笔工具快速而精确地绘制了一条环绕图像中对象（现在看起来像柠檬的橘子）的路径，将这条路径转换为选区，并在应用调整图层时，使用这个选区创建了一个图层蒙版来隔离主体。

8.7　使用文本和自定形状创建 Logo

下面使用文本和形状图层创建一个 Logo，将它覆盖在图像上面。

① 如果看不到标尺，选择菜单"视图">"标尺"，显示标尺。

② 如果当前的标尺单位为像素，在标尺上单击鼠标右键（Windows）或按住 Control 键并单击（macOS），再选择"英寸"。这个文档是一张要印刷的明信片，而对印刷品来说，合适的度量单位为英寸。

③ 在图层面板中，确保选择了色相 / 饱和度调整图层，这样，接下来创建的图层将位于它上面。

④ 选择横排文字工具，并在选项栏中做以下设置，如图 8.25 所示。

· 从"字体系列"下拉列表中选择一种粗体，这里使用的是 Arial Bold。

· 将字体大小设置为 55 点。

· 单击"右对齐文本"按钮，因为稍后要在文本左边添加图形元素。

· 单击色板并将文本颜色设置为白色。

图 8.25

⑤ 通过拖曳鼠标在图像文档底部创建一个文字图层，它离两边和下边缘的距离都大约为 0.5 英寸。这里创建的图层宽约 9 英寸、高约 1 英寸。

⑥ 输入"Citrus Lane Farms"以替代占位文本，再单击选项栏中的提交按钮，结果如图 8.26 所示。在图层面板中，不要取消选择这个文字图层。

⑦ 字距较小时，这种字体看起来更漂亮，因此选择这些文字，并在字符面板或属性面板中将字距设置为负数，这里使用的是 -25。

⑧ 在属性面板的"文字选项"部分，选择"全部大写字母"按钮（ TT ），如图 8.27 所示。如果没有看到这个选项，请在属性面板中向下滚动。

⑨ 如果需要，使用移动工具调整这个文字图层的位置，使其相对于下边缘和右边缘的距离更合适，并在左边留下一定的空间，用于放置接下来要添加的图形，如图 8.28 所示。

图 8.26　　　　　　　图 8.27　　　　　　　图 8.28

添加预设形状

需要添加诸如符号或物体等形状时，可以通过形状面板添加。形状面板中包含各种预定义的图形，在文档中添加形状时，它将是一个形状图层。

形状是使用路径绘制的矢量对象，具有两个优点：可像编辑本课前面绘制的路径那样编辑它们；与文字图层一样，路径在文档分辨率允许的情况下，总是平滑而清晰的。

用户可在形状面板中查找形状。这个面板易于使用，因为其工作原理类似于 Photoshop 中其他包含预设的面板（如色板面板、渐变面板和画笔面板），比如将看到小型的预设预览，可将预设编组（文件夹），还可创建自己的预设。

① 选择菜单"窗口">"形状"，显示形状面板。形状面板包含成组的形状预设。

② 展开预设编组"花卉"，如图 8.29 所示。

图 8.29

💡提示　除预设列表默认显示的预设编组外，Photoshop 还提供了其他预设编组，要加载其他的预设编组（包括 Photoshop 旧版本中的预设），可从面板菜单中选择"旧版形状及其他"。

使用 Creative Cloud 库共享链接的智能对象

通过使用 Creative Cloud 库来组织和分享设计素材，可让用户和其团队成员能够在众多 Creative Cloud 桌面和移动应用中使用这些内容。下面就来看一看。

1. 打开文件 08End.psd。如果没有打开库面板，选择菜单"窗口">"库"，打开它。

2. 在库面板菜单中，选择"新建库"，将库命名为 Citrus Lane Farms，并单击"创建"按钮。

3. 在图层面板中，选择图层 Flower，再按住 Shift 键并单击文字图层 Citrus Lane Farms，以同时选择这两个图层。

4. 将这两个图层从图层面板拖曳到 Citrus Lane Farms 库中。

这个徽标被库面板同步到 Creative Cloud 后（见图 8.30），就可在所有 Creative Cloud 应用程序，以及使用 Creative Cloud 库的移动应用中使用它。

通过对文字图层 Citrus Lane Farms 的外观进行调整，使其位于橘子图像上面时很清晰。放在其他背景上时，应检查它是否清晰，并在必要时进行编辑。库项目是链接到 Creative Cloud 的智能对象，因此可在 Photoshop 中双击它，以便对其进行编辑。保存所做的修改时，将更新所有使用它的文档。

将颜色加入库中

可在库中存储颜色，供各种 Adobe 软件使用。

1. 选择吸管工具，再单击文档窗口中的花朵，让工具面板中的前景色变成花朵的颜色。

2. 单击库面板底部的"添加内容"按钮（ ）并选择"前景色"，将前景色加入当前库中，如图 8.31 所示。

图 8.30

图 8.31

协作

通过共享 Creative Cloud 库，可让团队始终有素材的最新版本。在库面板菜单中选择"邀请人员"，再在 Web 浏览器打开的"邀请"屏幕中填写（见图 8.32），协作者将在其 Creative Cloud 应用程序中看到分享的库（要使用这种功能，必须有 Creative Cloud 账户并登录）。

图 8.32

使用 Adobe 移动应用在库中添加素材

使用诸如 Adobe Capture 等 Adobe 移动应用可记录实际使用的颜色主题、形状和画笔，并将它们添加到 Creative Cloud 库中。使用移动应用添加的库素材将自动同步到 Creative Cloud 账户，因此在计算机中打开 Creative Cloud 应用程序时，就能在库面板中看到这些新增的素材。

③ 将最后一个形状预设拖曳到文本 Citrus Lane Farms 的左边，如图 8.33 所示。

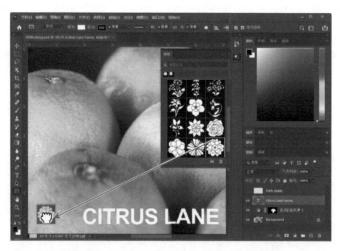

图 8.33

这个花卉形状将出现在图层面板中。在文档窗口中，这个形状周围有变换定界框，以便做些调整再提交。

> 💡 **提示** 如果要保存自己的形状预设，可绘制路径或形状，使用路径选择工具选择它，再选择菜单"编辑">"定义自定形状"，给形状命名，并单击"确定"按钮。它将添加到形状面板中，如果当前选择了某个形状编组，形状将添加到这个编组中。

④ 拖曳这个形状的任何一个手柄，将其高度调整到 1.5 英寸左右。

> 💡 **提示** 如果智能参考线妨碍做精确调整，可在拖曳时按住 Ctrl 键。

⑤ 拖曳这个花卉形状，将其放在文档窗口左边缘和文本 Citrus Lane Farms 之间。

⑥ 单击选项栏中的"提交变换"按钮或按 Enter 键，变换定界框将消失。

这就添加了一个形状，它使用当前的填充和描边设置——这些设置是前面练习绘制形状时指定的。这里要用黄色填充这个花卉形状。在定界框处于活动状态的情况下，无法修改填充色，但现在已提交变换，因此可以修改颜色。

⑦ 在图层面板中，确保依然选择了花卉形状。

⑧ 在图层面板中，双击这个形状图层，输入"Flower"并按 Enter 键，以重命名这个图层。

⑨ 选择任何形状工具，如矩形工具或与它位于同一组的其他任何工具，选项栏中将显示形状的设置。

> ♀ 提示　如果想让预设形状稍微不同，由于所有的形状都是路径，因此将其添加到文档中后，就可使用钢笔工具、与钢笔工具属于同一组的任何工具或直接选择工具编辑它们。

⑩ 在选项栏中，单击填色色板，在下拉列表中，展开色板预设组 RGB，并单击其中的黄色色板；单击描边色板并选择"无颜色"，再按 Enter 键折叠这个下拉列表。如图 8.34 所示。

⑪ 选择菜单"选择"＞"取消选择图层"，以便在不突出其路径的情况下查看花卉形状。

⑫ 如果需要，使用移动工具调整花卉和文本的位置，让它们看起来是一个 Logo，同时调整整个 Logo 与文档边缘的距离，如图 8.35 所示。

图 8.34　　　　　　　　　　　　　　　　　图 8.35

⑬ 将文件存盘。

至此，合并了一幅图像、一个将手工绘制的路径作为蒙版的颜色调整图层、一个预定义的形状，以及一个文字图层。这张明信片就做好了！

使用预设快速添加颜色和效果

可使用预设快速改善 Logo 中花卉和文本的外观，方法类似于使用形状面板添加花卉形状并使用色板面板修改其颜色。

1. 如果没有打开的情况下，打开文件 08Working.psd，并将其存储为 08StylePresets.psd。

2. 先来将一种预设应用于花卉形状。选择菜单"窗口"＞"样式"，打开样式面板，并展开预设组"基础"。

3. 将"基础"组中的第二个预设拖曳到文档窗口中的花卉上（见图 8.36），该样式将应用于形状图层 Flower。然后，将这个样式拖曳到文本上。

要应用预设，可将其拖曳到图层上，也可在选择了图层的情况下单击预设。这两种方式都可行。

这里使用的基础样式应用了简单的描边和投影效果（见图 8.37），但可能性比这要多得多。要探索各种设计选项，可编辑样式、渐变、图案和色板面板中的预设，并将其应用于图层，直到得到所需的结果。此外，还可在这些面板中添加自己的预设。

图 8.36   图 8.37

在图层面板中，可查看预设应用的效果，还可以不同的方式微调这些效果。

- 单击图层效果的眼睛图标，以禁用 / 启用它们。
- 双击图层效果名打开"图层样式"对话框，并在其中编辑图层效果。
- 应用样式时，如果图层看起来没有变化，可能需要先删除已应用的效果。为此，可在图层面板中，将"效果"拖曳到图层面板底部的删除图标（🗑）上。请注意，预设也可能修改图层的不透明度和填充不透明度设置，因此可能也要将这些设置恢复到默认值 100%。
- 应用样式后，如果没有在图层名下方看到任何效果，可能是因为这个预设是作为填充或描边而不是图层效果应用的。要编辑它，可双击形状图层的缩览图（而不是图层名）。
- 将预设应用于形状后，如果选择了诸如矩形工具等形状工具，选项栏中将显示形状选项。此时，单击填色色板或描边色板可编辑这个预设。

使用智能参考线确保对齐及间距相同

接下来，让这个设计更上一层楼。可使用 Citrus Lane Farms 徽标来创建重复的装饰图案，以便用于包装上或作为其他标志。智能参考线可让徽标均匀分布。

1. 打开文件 08End.psd，并将其存储为 08SmartGuides.psd。打开选择菜单"视图" > "显示"，并确认其中的"智能参考线"命令旁边有一个对勾，这表明启用了智能参考线。如果"智能参考线"命令旁边没有对勾，就选择它以启用智能参考线。

2. 选择图层 Flower，再选择移动工具，按住 Alt 键（Windows）或 Option 键（macOS）并拖曳，将拷贝的图层 Flower 往上拖曳大约 4.5 英寸，并利用智能参考线确保其与原件对齐，再松开鼠标。如果没有智能参考线，就必须按住 Shift 键来确保拷贝与原件对齐。拖曳时按住 Alt 键或 Option 键将复制选定的图层。

3. 在图层面板中，将图层"Flower 拷贝"的不透明度设置为 50%。

4. 确保依然选择了移动工具和图层"Flower 拷贝"。按住 Alt 键（Windows）或 Option 键（macOS）并向右拖曳图层"Flower 拷贝"的拷贝，等洋红色的值指出两个图层的距离大约为 1 英寸且是对齐的时，松开鼠标。

5. 在依然选择了图层"Flower 拷贝 2"的情况下，按住 Alt 键或 Option 键并向右拖曳图层"Flower 拷贝 2"，等三个花卉图层之间出现两个变换值框后松开鼠标，这些变换值框表明三个花卉图层之间的距离是相等的，如图 8.38 所示。拖曳图层时，使用智能参考线可快速而轻松地确保它们的分布是均匀的。

6. 重复第 4 步，以便有四朵分布均匀的花卉，如图 8.39 所示。

图 8.38

图 8.39

8.8 复习题

1. 位图和矢量图之间有何不同?
2. 使用钢笔工具添加锚点时,如何确保接下来的路径段是弯曲的?
3. 如何在文档中添加预设形状?
4. 可以使用哪些工具来移动路径和形状,以及调整它们的大小?
5. 有哪些调整弯曲路径段形状的方式?

8.9 复习题答案

1. 位图(光栅图像)是基于像素网格的,适用于连续调图像,如照片或使用绘画软件创建的作品。矢量图由基于数学表达式的形状组成,适用于插图、文字,以及要求清晰、平滑线条的图形。
2. 使用钢笔工具拖曳下一个锚点。
3. 要添加预设形状,可打开形状面板,找到所需的形状,再将其拖曳到文档窗口中。
4. 可使用路径选择工具和直接选择工具来移动和编辑形状及调整其大小。另外,还可通过选择菜单"编辑">"自由变换",来修改和缩放选定的形状和路径。
5. 要调整弯曲路径段的形状,可使用直接选择工具拖曳其任何一个锚点、任何一个锚点的方向点或弯曲路径段本身。

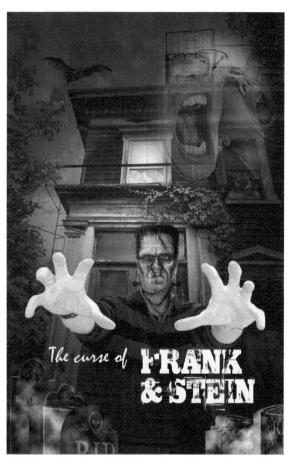

第9课

高级合成技术

本课概览

- 应用和编辑智能滤镜。
- 对选定的图像区域应用颜色效果。
- 使用历史记录面板来恢复到以前的状态。
- 使用液化滤镜来扭曲图像。
- 应用滤镜以创建各种效果。
- 提高图像的分辨率以便用于高分辨率印刷。

学习本课需要大约 1 小时

使用滤镜可将普通图像转换成出色的数字作品。对于使用智能滤镜所做的变换，可随时进行编辑。Photoshop 提供了丰富的功能，满足用户各种各样的创意。

9.1 概述

在本课中，将把一些图像合成起来制作成电影海报，并探索 Photoshop 滤镜的使用。首先，来查看最终的文件，以了解需要完成的工作。

① 启动 Photoshop，并立刻按"Ctrl + Alt + Shift"（Windows）或"Command + Option + Shift"（macOS）组合键，以恢复默认首选项（参见前言中的"恢复默认首选项"）。

② 出现提示对话框时，单击"是"按钮，确认并删除 Adobe Photoshop 设置文件。

③ 选择菜单"文件">"在 Bridge 中浏览"。

> 💡 **注意** 如果没有安装 Bridge，在选择菜单"文件">"在 Bridge 中浏览"时，将启动桌面应用程序 Adobe Creative Cloud，而它将下载并安装 Bridge。安装完成后，便可启动 Bridge。

④ 在收藏夹面板中单击文件夹 Lessons，再双击内容面板中的文件夹 Lesson09。

⑤ 查看文件 09End.psd 的缩览图，如图 9.1 所示。如果希望看到图像的更多细节，将 Bridge 窗口底部的缩览图滑块向右移。

这是一张电影海报，由背景、怪人图像和其他几幅图像组成，且对其中每幅图像都应用了一种或多种滤镜或效果。

怪人是使用完全正常但稍微有点吓人的人像和几幅有些恐怖的图像合成的。这种怪异效果由 Russell Brown 根据 John Connell 绘制的插图制作而成。

⑥ 在 Brige 中，切换到文件夹 Lesson09\Monster_Makeup，并打开这个文件夹，如图 9.2 所示。

图 9.1

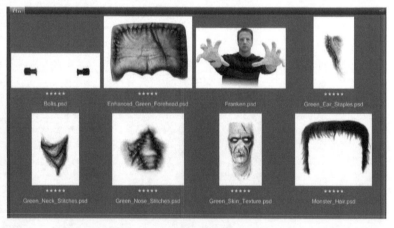

图 9.2

⑦ 按住 Shift 键，并单击文件夹 Monster_Makeup 中的第一个和最后一个文件，以选择这个文件夹中的所有文件，再选择菜单"工具">"Photoshop">"将文件载入 Photoshop 图层"，结果如图 9.3 所示。

新建一个 Photoshop 文件，并将所有选定文件作为不同的图层导入其中。对于怪物的组成部分，设计师使用了红色来标识它们所属的图层。

⑧ 在 Photoshop 中，选择菜单"文件">"存储为"。将存储格式设置为 Photoshop，将文件名指定为 09Working.psd，并将其存储到文件夹 Lesson09 中。在"Photoshop 格式选项"对话框中，单击"确定"按钮。

图 9.3

> **注意** 如果 Photoshop 显示一个对话框，指出保存到云文档和保存到计算机之间的差别，则单击"保存在您的计算机上"按钮。此外，还可选择"不再显示"复选框，但当重置 Photoshop 首选项后，将取消选择这个设置。

9.2 排列图层

这个图像文件包含八个图层，它们是按字母顺序排列的。以这样的顺序排列时，组成的图像并不是很像怪物。下面来重新排列图层，并调整图层内容的尺寸，以构成怪物雏形。

① 缩小或滚动，以便能够看到文档中所有的图层。

② 在图层面板中，将图层 Monster_Hair 拖曳到图层栈顶部。

③ 将图层 Franken 拖曳到图层栈底部。

④ 选择移动工具（ ），并将图层 Franken（人像）移到图像底部，如图 9.4 所示。

图 9.4

⑤ 在图层面板中，通过按住 Shift 键并单击选择除 Franken 外的其他所有图层，再选择菜单"编辑">"自由变换"，如图 9.5 所示。

图 9.5

⑥ 向右下方拖曳左上角，将所有选定图层缩小到原来的 50% 左右，如图 9.6（a）和图 9.6（b）所示（注意观看选项栏中的宽度和高度百分比）。

⑦ 在依然显示了自由变换定界框的情况下，将这些图层拖曳到人像的头部上面，如图 9.6（c）所示，再按 Enter 键提交变换。

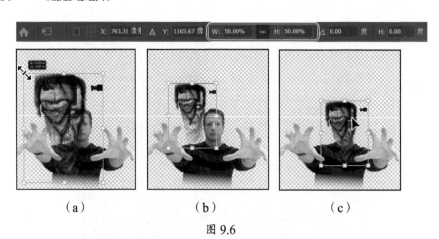

（a）　　　　　　（b）　　　　　　（c）

图 9.6

⑧ 放大到能够看清人像的头部区域。

⑨ 隐藏除图层 Green_Skin_Texture 和 Franken 外的其他所有图层。选择图层 Green_Skin_Texture，并使用移动工具将该图层与人像脸部居中对齐，如图 9.7 所示。

图 9.7

> **💡提示** 如果拖曳时出现智能参考线，导致难以调整图层 Green_Skin_Texture 的位置，可按住 Control 键（macOS）暂时禁用对齐到智能参考线。此外，也可打开菜单"视图">"显示"，并取消选择"智能参考线"命令，这将永久性禁用对齐到智能参考线。

⑩ 再次选择菜单"编辑">"自由变换"，以调整图层 Green_Skin_Texture 的大小，使其与人像的脸部匹配。可拖曳定界框上的手柄来调整图层 Green_Skin_Texture 的大小，使用方向键微调该图层的位置，确保眼睛和嘴巴都是对齐的（要在调整时保持宽高比不变，可在拖曳手柄时按住 Shift 键）。调整好这个图层的大小和位置后，按 Enter 键提交变换。如图 9.8 所示。

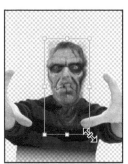

图 9.8

> **💡提示** 要更精确地调整纹理，使其与人像的脸部匹配，可选择菜单"编辑">"变换">"变形"，并拖曳变换网格或手柄；调整好后再按 Enter 键提交变换。

⑪ 将文件存盘。

9.3 使用智能滤镜

常规滤镜永久性地修改图像，而智能滤镜是非破坏性的：它们是可以调整、开启/关闭和删除的。然而，智能滤镜只能应用于智能对象。

9.3.1 应用液化滤镜

下面使用液化滤镜来缩小怪人的眼睛，并修改其脸部的形状。鉴于希望以后能够调整应用的液化滤镜设置，因此将以智能滤镜的方式使用它。为此，首先需要将图层 Green_Skin_Texture 转换为智能对象。

① 在图层面板中确保选择了图层 Green_Skin_Texture（见图 9.9），再选择菜单"滤镜">"转换为智能滤镜"，这将把选定图层转换为智能对象。如果出现对话框，询问是否要转换为智能对象，单击"确定"按钮。

图 9.9

> 💡 **提示** 在图层面板中，如果图层 Green_Skin_Texture 的缩览图右下角有个徽标，表明它是一个智能对象。

② 选择菜单"滤镜">"液化"。

Photoshop 将在"液化"对话框中显示这个图层。

③ 在"液化"对话框中，单击"人脸识别液化"旁边的三角形，将这组选项折叠起来。

人脸识别液化在第 5 课使用过，这虽然是一种快速而强大的脸部特征修改工具，但使用这些选项修改脸部的方式有限。在这里，将尝试一些手工液化方法。在需要创建表情更丰富的脸部时，可以使用这种方法。通过将人脸识别液化选项隐藏起来，可以专注于"液化"对话框中的其他选项。

④ 选择"显示背景"复选框，再从"模式"下拉列表中选择"背后"。将"不透明度"设置为 75，如图 9.10 所示。

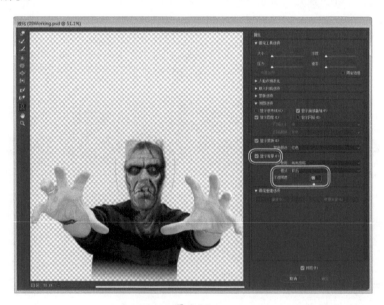

图 9.10

> 💡 **注意** 第 4 步并没有修改文档，只是改变了在"液化"对话框中调整选定图层时，可看到的其他图层内容的多少。

⑤ 从对话框左边的工具面板中选择缩放工具（🔍），再放大眼睛区域。

⑥ 选择向前变形工具（ 💧，第一个工具）。

拖曳时，向前变形工具将像素往前推。

⑦ 在"画笔工具选项"部分，将大小设置为 150，将压力设置为 75，如图 9.11（b）所示。

⑧ 使用向前变形工具将右眼往下推以缩小眼睛，再从右眼下方往上推，如图 9.11（a）所示。

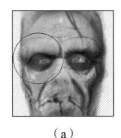 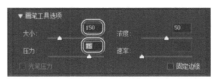

（a） （b）

图 9.11

⑨ 对左眼重复第 8 步。此外，可以使用向前变形工具以不同的方式处理两个眼睛，让脸部看起来更恐怖。

⑩ 消除眼睛周围的空白后，单击"确定"按钮。

由于是以智能滤镜的方式应用的"液化"滤镜，因此以后可回过头来进一步修改脸部，而不会降低图像的质量；修改时，只需在图层面板中双击这个智能对象。

9.3.2 调整其他图层的位置

处理好皮肤纹理后，下面来调整其他图层的位置——从图层面板的底部开始往上处理。

① 在图层面板中，让图层 Green_Nose_Stiches 可见并选择它，如图 9.12 所示。

图 9.12

② 选择菜单"编辑">"自由变换"，再将这个图层移到鼻子上，并在必要时调整其大小。按Enter 键提交变换，如图 9.13 所示。

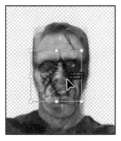 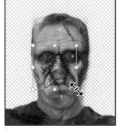 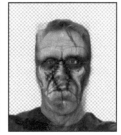

图 9.13

💡 **提示** 要在调整大小时保持中心位置不变，可在拖曳定界框手柄时按住 Alt 键（Windows）或 Option 键（macOS）。

💡 **提示** 如果只想调整图层的位置，只需使用移动工具拖曳即可。在这些步骤中，通过选择菜单"编辑">"自由变换"，既能调整图层的位置，又能调整其大小。

下面重复上述过程，将其他图层放置到正确的位置。

③ 让图层 Green_Neck_Stiches 可见并选择它，将这个图层移到脖子上。如果需要调整其大小，可选择菜单"编辑">"自由变换"，再调整其大小并按 Enter 键，如图 9.14 所示。

④ 让图层 Green_Ear_Staples 可见并选择它，将这些针痕移到右耳上。选择菜单"编辑">"自由变换"，调整这些针痕的大小和位置，再按 Enter 键，如图 9.15 所示。

图 9.14   图 9.15

⑤ 让图层 Enhanced_Green_Forehead 可见并选择它，将这个图层移到前额上。选择菜单"编辑">"自由变换"，调整这个图层的大小使其与前额匹配，再按 Enter 键，如图 9.16 所示。

💡 **提示** 要调整选定图层的位置和大小，可使用移动工具、选择菜单"编辑">"自由变换"或按方向键。可根据需要完成的任务，选择合适的工具。

⑥ 让图层 Bolts 可见并选择它，拖曳这些螺钉，使它们分别位于脖子两边。选择菜单"编辑">"自由变换"，并调整这个图层的大小，让螺钉贴在脖子上。调整好螺钉的位置后，按 Enter 键提交变换，如图 9.17 所示。

  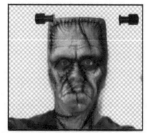 

图 9.16   图 9.17

⑦ 最后，让图层 Monster_Hair 可见并选择它，将这个图层移到前额上方。选择菜单"编辑">"自由变换"，并调整这个图层的大小，让头发与前额匹配，再按 Enter 键提交变换，如图 9.18 所示。

图 9.18

⑧ 保存所做的全部工作。

9.3.3 编辑智能滤镜

调整好所有图层的位置和大小后，可进一步调整眼睛的大小，并尝试让眉毛更粗。

① 在图层面板中，双击图层 Green_Skin_Texture 中智能滤镜下方的"液化"。

Photoshop 将再次打开"液化"对话框。这次所有图层都是可见的，因此选择了"显示背景"复选框时，将看到所有这些图层。有时候，在没有背景分散注意力的情况下进行修改更容易；而在其他时候，在有背景的情况下查看编辑结果很有用。

② 放大图像让眼睛更清晰。

③ 选择工具面板中的褶皱工具（ ），并在两个眼睛的外眼角上单击，如图 9.19 所示。

单击或拖曳时，褶皱工具将像素往画笔中央移动，形成褶皱效果。

④ 选择膨胀工具（ ），并单击一条眉毛的外边缘将眉毛加粗，再对另一条眉毛做同样的处理，结果如图 9.20 所示。

图 9.19

图 9.20

单击或拖曳时，膨胀工具将像素从画笔中央向外移。

> 💡提示 相比于人脸识别液化选项，"液化"对话框左边的褶皱、膨胀等工具能够更好地控制液化扭曲，而且它们可用于图像的任何部分，但人脸识别液化更容易对脸部特征进行快速而细微的调整。

⑤ 尝试使用褶皱工具、膨胀工具和液化滤镜中的其他工具调整怪人的脸部。可修改画笔大小和其他设置，还可以选择菜单"编辑">"还原"撤销各个步骤。如果菜单"编辑"不可用，可使用"还原"命令的快捷键"Ctrl + Z"（Windows）或"Command + Z"（macOS）。如果想放弃所有的修改并重新开始，可以直接单击"取消"按钮，再重新打开"液化"对话框。

⑥ 对怪人的脸部满意后，单击"确定"按钮，保存所做的工作。

9.4 在图层上绘画

在 Photoshop 中，在图层和对象上绘画的方式很多，其中最简单的方式是使用"颜色"混合模式和画笔工具。下面就使用这种方法将怪人暴露的皮肤变成绿色。

① 在图层面板中选择图层 Franken。

② 单击图层面板底部的"新建图层"按钮（🖻）。

Photoshop 将新建一个名为"图层 1"的图层。

③ 在选择了"图层 1"的情况下，从图层面板顶部的"混合模式"下拉列表中选择"颜色"，如图 9.21 所示。

> 💡提示　千万不要将图层的混合模式（在图层面板中设置）和工具的混合模式（在选项栏中设置）混为
> 一谈。有关混合模式的详细信息（包括各种混合模式的描述），请参阅 Photoshop 帮助文档中的"混合
> 模式"。

混合模式"颜色"组合基色（图层上既有颜色）的明度及应用颜色的色相和饱和度非常适用于给单色图像着色或给彩色图像染色。

④ 在工具面板中，选择画笔工具（🖌）。在选项栏中，将画笔大小设置为 60 像素，并将硬度设置为 0，如图 9.22（a）所示。

⑤ 按住 Alt 键或 Option 键暂时切换到吸管工具，并从前额采集绿色，如图 9.22（b）所示。再松开 Alt 键或 Option 键返回到画笔工具。

图 9.21

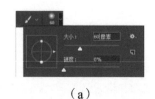

（a）

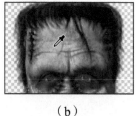

（b）

图 9.22

⑥ 按住 Ctrl 键（Windows）或 Command 键（macOS）并单击图层 Franken 的缩览图，以选择其内容，注意到在文档窗口中，出现了一个覆盖该图层内容的选框，如图 9.23 所示。

通常，在图层面板中选择整个图层。这样做时，选择的图层将处于活动状态，但并没有处于活动状态的选区。当按住 Ctrl 键或 Command 键并单击图层的缩览图时，Photoshop 将选择图层的内容，因此有一个处于活动状态的选区。这是一种选择图层所有内容的快捷方式，但它只选择指定图层的内容（不包括该图层的透明区域）。

图 9.23

❼ 确保在图层面板中依然选择了"图层 1"，再使用画笔在手和胳膊上绘画，如图 9.24 所示。对于位于透明区域的手掌，可快速绘画，因为即便绘制到了选区外面，也不会有任何影响。然而，衬衫也位于选区内，因此在衬衫附近的皮肤上绘画时，要注意只在皮肤上绘画，而不在衬衫上绘画。

图 9.24

💡 **提示** 要在绘画时调整画笔的大小，可按方括号键。按左方括号键（[）可缩小画笔，按右方括号键（]）可增大画笔。

❽ 在脸和脖子部分，对透过图层 Green_Skin_Texture 显露出来了的原来的皮肤颜色区域，也进行绘画。

❾ 对绿色皮肤感到满意后，选择菜单"选择">"取消选择"，再保存所做的工作，结果如图 9.25 所示。

图 9.25

9.5 添加背景

怪人制作完成，现在开始制作其所处的环境背景。为轻松地将怪人加入背景中，首先需要拼合图层。

❶ 确保所有的图层都可见，再从图层面板菜单中选择"合并可见图层"，如图 9.26 所示。

💡 **提示** 合并或拼合图层将永久性地将它们合并成一个图层，这还将缩小 Photoshop 文档的文件规模。如果希望以后能够分别编辑各个图层，在第 1 步中选择"从图层新建组"而不是"合并可见图层"。然后，在第 6 步中，将这个图层组从图层面板中拖曳到文档 Backdrop.psd 中。

Photoshop 将把所有图层合并成一个图层，并将其命名为"图层 1"，因为合并时选定的是图层"图层 1"。

② 将"图层 1"重命名为 Monster，如图 9.27 所示。

图 9.26

9.27

③ 选择菜单"文件">"打开"，并打开文件夹 Lesson09 中的文件 Backdrop.psd。

④ 选择菜单"窗口">"排列">"双联垂直"，以同时显示怪人图像和背景图像。

⑤ 单击文件 09Working.psd，使其处于活动状态。

⑥ 选择移动工具（✛），将图层 Monster 拖曳到文件 Backdrop.psd 中；再调整怪人的位置，使其双手位于电影名的上方，如图 9.28 所示。

图 9.28

⑦ 关闭文件 09Working.psd，并在 Photoshop 询问时保存所做的修改。

从现在开始，将处理电影海报的文件。

⑧ 选择菜单"文件">"存储为"，使用名称 Movie-Poster.psd 存储文件。在"Photoshop 格式选项"对话框中，单击"确定"按钮。

9.6　使用历史记录面板撤销编辑

之前使用过"编辑">"还原"命令来撤销最后一次修改；还可使用"编辑">"重做"命令来重新应用刚撤销的修改。通过不断使用这两个命令，可撤销或重做多个步骤。

要撤销或重做最后一次修改，可选择菜单"编辑">"切换最终状态"。要快速比较最后一次修改前后的情况，可按这个菜单命令的快捷键："Ctrl + Alt + Z"（Windows）或"Command + Option + Z"（macOS）。

另一种遍历修改的方式是使用历史记录面板，要显示这个面板，可选择菜单"窗口">"历史记录"。历史记录面板包含修改清单，要返回到特定的状态（如第 4 步前），只需在历史记录面板中选择它，再从这个地方开始继续往下做。

9.6.1　应用滤镜和效果

下面在这张电影海报中添加一块墓碑。可以尝试使用不同的滤镜和效果，看看哪些可行；在尝试过程中，如果必要，使用历史记录面板来撤销操作。

① 在 Photoshop 中，选择菜单"文件">"打开"。

② 切换到文件夹 Lesson09，再双击文件 T1.psd，打开它。

这幅墓碑图像平淡无奇，下面给它加上纹理并着色。

③ 在工具面板中，单击"默认前景色和背景色"按钮（❏），将前景色恢复为黑色。

> ♡ 提示　一种快速完成第 3 步的方式是按 D 键（将背景色和前景色分别设置为默认的黑色和白色快捷键）。

下面来赋予墓碑一点感染力。

④ 选择菜单"滤镜">"渲染">"分层云彩"，效果如图 9.29 所示。

> ♡ 注意　添加"分层云彩"后的效果可能与这里显示的不同，因为每次应用滤镜"分层云彩"时，结果都是独特的。

下面使用光圈模糊让墓碑上半部分依然清晰，同时模糊其他部分。使用默认的模糊设置就可以。

⑤ 选择菜单"滤镜">"模糊画廊">"光圈模糊"，Photoshop 将切换到"模糊画廊"任务空间，只显示与某些模糊效果相关的工具。

⑥ 在文档窗口中，将光圈模糊椭圆往上拖，让墓碑上半部分清晰，而其他部分模糊（见图 9.30），再单击"确定"按钮。

原来平淡无奇　云彩增添了戏剧效果　　光圈模糊椭圆默认居中　将焦点稍微上移

图 9.29 　　　　　　　　　　　　　　　图 9.30

> 💡 提示　要调整模糊效果的形状和覆盖的区域，可拖曳手柄。要调整模糊量，除在"模糊画廊"任务空间右边的"光圈模糊"部分调整设置"模糊"外，还可在文档窗口中拖曳光圈模糊椭圆中央附近的圆圈。

下面使用调整图层来加暗这幅图像并修改其颜色。

⑦ 在调整面板中，单击"亮度/对比度"图标，再在属性面板中将"亮度"滑块移到 70 处，如图 9.31 所示。

图 9.31

⑧ 在调整面板中单击"通道混合器"图标，如图 9.32（a）所示。

⑨ 在属性面板中，从"输出通道"下拉列表中选择"绿"，再将"绿色"值改为 +37，将"蓝色"值改为 +108，如图 9.32（b）所示。

这会让墓碑泛绿，如图 9.32（c）所示。

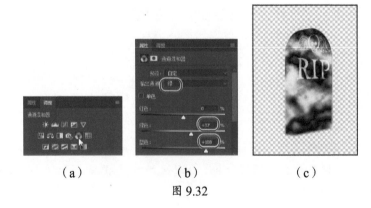

（a）　　　　　　（b）　　　　　　（c）

图 9.32

由于输出通道被设置为绿色通道，因此这些调整将绿色通道增强 37%，并将蓝色通道的 108% 添加到绿色通道中。

校正色彩平衡时，"通道混合器"很有用，但设置的值通常比这里使用的小得多。通道混合器还可用于替代黑白调整，以控制如何将颜色转换为灰度值，以及实现染色效果。这里使用"通道混合器"纯粹是为了对图像进行创意颜色调整。

⑩ 在调整面板中，单击"曝光度"图标。在属性面板中，将"曝光度"滑块移到 +0.90 处，让较亮的图像区域更亮些，如图 9.33 所示。

图 9.33

曝光度调整主要用于校正 HDR 图像，但这里使用它实现了一种创意效果。

9.6.2 撤销多个步骤

这块墓碑无疑与调整前大相径庭，但与海报中既有的墓碑不太一样。下面使用历史记录面板来查看之前的各个状态。

❶ 如果没有打开历史记录面板，选择菜单"窗口">"历史记录"打开它。向下拖曳这个面板的底部将其增大，以便能够看到所有的状态。

历史记录面板记录了最近对图像执行的操作，其中选择的是当前状态。

❷ 在历史记录面板中，单击"模糊画廊"状态，如图 9.34 所示。

选定状态下面的状态呈灰色，图像也发生了变化：颜色没了，亮度 / 对比度调整也没了。当前，只应用了"分层云彩"滤镜和光圈模糊，其他的调整都删除了。在图层面板中，没有列出任何调整图层。

❸ 在历史记录面板中，单击"修改通道混合器图层"状态。

可以看到，很多状态又恢复了。颜色回来了，亮度和对比度调整也回来了，而图层面板中列出了两个调整图层。然而，选择的状态下面的状态依然呈灰色，图层面板中也没有曝光度调整图层。

下面恢复到对墓碑应用各种效果前的状态。

❹ 在历史记录面板中，单击"分层云彩"状态，如图 9.35 所示。

这个状态下面的所有状态都呈灰色。

❺ 选择菜单"滤镜">"杂色">"添加杂色"。

通过添加杂色，可给墓碑添加石头纹理。

⑥ 在"添加杂色"对话框中，将数量设置为 3%，选择单选按钮"高斯分布"和"单色"复选框，再单击"确定"按钮。

图 9.34   图 9.35

💡 提示   在"添加杂色"对话框中，如果难以在预览中看清"添加杂色"调整带来的影响，可单击放大镜图标。

在历史记录面板中，原来位于选定状态（"分层云彩"）下面且呈灰色的状态不见了，它们被刚才执行的任务（"添加杂色"）替换掉了，如图 9.36 所示。可单击任何状态恢复到该状态，但一旦执行新任务，Photoshop 就会将所有呈灰色的状态替换掉。

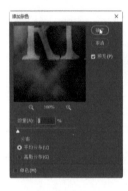

图 9.36

⑦ 选择菜单"滤镜">"渲染">"光照效果"。

💡 注意   如果在"首选项"对话框的"性能"部分没有选择"使用图形处理器"，"光照效果"滤镜将不可用。因此，如果计算机的图形硬件不支持"使用图形处理器"选项，请跳过第 7~12 步。

⑧ 在选项栏中，从"预设"下拉列表中选择"手电筒"。

⑨ 在属性面板中，单击"颜色"色板，选择一种淡蓝色，再单击"确定"按钮。

⑩ 在图像窗口中，将光源拖曳到墓碑的三分之一处，并与字母 RIP 居中对齐。

⑪ 在属性面板中，将"环境"设置为 46。

第 8~11 步的设置如图 9.37 所示。

⑫ 单击选项栏中的"确定"按钮，应用这些"光照效果"设置。

现在可以将墓碑加入电影海报中了。

⑬ 选择菜单"窗口">"排列">"全部垂直拼贴"。

⑭ 使用移动工具将刚才创建的墓碑拖曳到文件 Movie-Poster.psd 中。如果出现颜色管理警告，单击"确定"按钮。

> **♀ 注意** 在颜色配置文件不同的文档之间拖曳图层时，可能出现"粘贴配置文件不匹配"对话框。就本课而言，单击"确定"按钮就可以了，因为这将对图层颜色进行转换，使其与目标文档匹配。

⑮ 将墓碑拖曳到左下角，并使其只露出上面三分之一，如图 9.38 所示。

图 9.37

图 9.38

⑯ 选择菜单"文件">"存储"，保存文件 Movie-Poster.psd，再关闭文件 T1.psd，但不保存它。

前面尝试了一些新的滤镜和效果，还使用了历史记录面板来撤销操作。默认情况下，历史记录面板只保留最后的 50 个状态，但可对这种设置进行修改，方法是选择菜单"编辑">"首选项">"性能"（Windows）或"Photoshop">"首选项">"性能"（macOS），再在文本框"历史记录状态"中输入所需的值。

9.7 增大图像

对网页和社交媒体来说，可以使用低分辨率的图像，但如果需要放大这种图像，它们包含的信息可能不够，无法用于高品质印刷。为增大图像，Photoshop 需要重新采样，即需要创建新像素，并计算它们的大致值。在 Photoshop 中增大低分辨率图像时，算法"保留细节（扩大）"提供的结果是最好的。

在这里的电影海报中，想使用一幅社交媒体网站发布的低分辨率图像。为此，需要调整这幅图像的大小，以免影响印刷出来的海报的质量。

❶ 选择菜单"文件">"打开"，并打开文件夹 Lesson09 中的文件 Faces.jpg。

❷ 放大到至少 300%，以便能够看清其中的像素。

❸ 选择菜单"图像">"图像大小"。

❹ 确保选择了"重新采样"复选框。

❺ 将宽度和高度度量方式都改为百分比，再将它们的值都设置为 400%。

宽度和高度默认被链接，以确保调整图像的大小时其宽高比不变。如果需要分别修改图像的宽度和高度，可单击链接图标以解除链接。

⑥ 通过拖曳平移预览图像，以便能够看到眼镜。

⑦ 在"重新采样"下拉列表中，选择"两次立方（较平滑）"，图像看起来不再像原来那样粗糙。

"重新采样"下拉列表中的选项指定了如何调整图像以便扩大或缩小它。默认设置为"自动"，它根据要扩大还是缩小图像选择合适的重新采样方法，但根据图像的具体情况，可能发现其他选项的效果更好。

⑧ 在依然选择了"重新采样"复选框的情况下，从"重新采样"下拉列表中选择"保留细节（扩大）"。

> 💡 注意　在安装的 Photoshop 版本中，"重新采样"下拉列表中可能还包含选项"保留细节 2.0"。这是"保留细节"选项的升级版，作为技术预览与选项"保留细节"一起提供。用户可根据要扩大的图像选择结果最佳的选项。

相比于"两次立方（较平滑）"，选项"保留细节"生成的扩大图像更清晰，但会导致图像中的杂色更显眼。

⑨ 将"减少杂色"滑块移到 50% 以平滑图像，如图 9.39 所示。

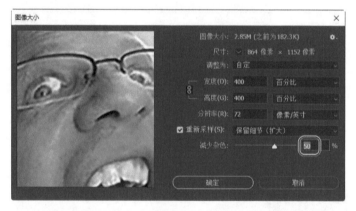

图 9.39

⑩ 在预览窗口中单击并按住鼠标以显示原始图像，这能够将原始图像与当前图像进行比较。此外，还可将当前图像与使用选项"两次立方（较平滑）"生成的图像进行比较，方法是通过"重新采样"下拉列表在这两个选项之间切换。扩大或缩小图像时，请选择能够在保留细节和消除像素锯齿之间取得最佳平衡的重新采样方法，再使用"减少杂色"来消除遗留的杂色。如果"减少杂色"消除了太多的细节，请降低其设置。

⑪ 单击"确定"按钮。

下面将这幅图像粘贴到海报中的一个羽化选区中。

⑫ 选择菜单"选择">"全部"，再选择菜单"编辑">"拷贝"。

⑬ 单击标签 Movie-Poster.psd，将这幅图像移到前面，再选择隐藏在矩形选框工具（▢）后面的椭圆选框工具（◯）。

⑭ 在选项栏中，将"羽化"设置为 50 像素，以柔化粘贴的图像的边缘。

⑮ 在海报的右上角（怪人的上方）绘制一个椭圆。这个椭圆应与窗户和安全出口重叠。

⑯ 确保选择了"图层 1"，再选择菜单"编辑" > "选择性粘贴" > "贴入"。如果出现"粘贴配置文件不匹配"对话框，单击"确定"按钮。

⑰ 选择移动工具，将粘贴的图像移到羽化区域的中央。

⑱ 在图层面板中，从"混合模式"下拉列表中选择"明度"，再将"不透明度"滑块移到 50% 处，结果如图 9.40 所示。

图 9.40

⑲ 至此，海报制作完成。关闭文档 Movie-Poster.psd，并保存所做的修改；再关闭文件 Faces.jpg，但不保存它。

9.8 复习题

1. 给图像添加效果时，使用智能滤镜和使用常规滤镜之间有何差别？
2. 液化滤镜中的膨胀工具和褶皱工具有何用途？
3. 历史记录面板有何用途？
4. "还原"和"重做"命令与历史记录面板是什么关系？

9.9 复习题答案

1. 智能滤镜是非破坏性的，可随时调整、启用 / 停用和删除它们，而不会修改图层的像素；常规滤镜永久性修改图像，应用后便不能撤销。智能滤镜只能应用于智能对象图层。
2. 膨胀工具将像素向远离画笔中央的方向移动，而褶皱工具将像素向画笔中央移动。
3. 历史记录面板记录在 Photoshop 中最近执行的步骤。利用它可恢复到以前的状态，只需在历史记录面板中选择该状态即可。
4. "还原"和"重做"命令分别沿历史记录面板中的步骤后退和前进。

第 10 课

使用混合器画笔绘画

本课概览

- · 定制画笔设置。
- · 混合颜色。
- · 使用湿画笔和干画笔混合颜色。
- · 清理画笔。
- · 创建自定画笔预设。

学习本课需要大约 **_1_** **小时**

混合器画笔工具的功能提供了像在实际画布上绘画那样的灵活性。

10.1　混合器画笔简介

在前面的课程中，使用 Photoshop 中的画笔执行了各种任务。混合器画笔不同于其他画笔，它能够混合颜色。用户可以修改画笔的湿度、画笔颜色和画布上现有颜色的混合方式来绘画。

有些类型的 Photoshop 画笔模拟了逼真的硬毛刷，让用户能够添加类似于实际绘画中的纹理。这是一项很不错的功能，在使用混合器画笔时尤其明显。通过结合使用不同的硬毛刷设置、画笔笔尖、湿度、载入量、混合设置，可准确地创建所需的效果。

10.2　概述

在本课中，将熟悉 Photoshop 中的混合器画笔，以及笔尖和硬毛刷选项。下面先来看看最终的图像。

❶ 启动 Photoshop 并立刻按"Ctrl + Alt + Shift"（Windows）或"Command + Option + Shift"（macOS）组合键，以恢复默认首选项（参见前言中的"恢复默认首选项"）。

❷ 出现提示对话框时，单击"是"按钮，确认并删除 Adobe Photoshop 设置文件。

❸ 选择菜单"文件">"在 Bridge 中浏览"，以启动 Adobe Bridge。

> ♀注意　如果没有安装 Bridge，在选择菜单"文件">"在 Bridge 中浏览"时，将启动桌面应用程序 Adobe Creative Cloud，而它将下载并安装 Bridge。安装完成后，便可启动 Bridge。

❹ 在 Bridge 中，单击收藏夹面板中的文件夹 Lessons，再双击内容面板中的文件夹 Lesson10。

❺ 预览第 10 课的最终文件。本课将使用调色板图像来探索画笔选项并学习如何混合颜色，然后应用学到的知识将一张风景照变成画作。

❻ 双击文件 10Palette_start.psd，在 Photoshop 中打开它，如图 10.1 所示。

❼ 选择菜单"文件">"存储为"，将文件重命名为 10Palette_Working.psd。如果出现"Photoshop 格式选项"对话框，单击"确定"按钮。

> ♀注意　如果 Photoshop 显示一个对话框，指出保存到云文档和保存到计算机之间的差别，则单击"保存在您的计算机上"按钮。此外，还可选择"不再显示"复选框，但当重置 Photoshop 首选项后，将取消选择这个设置。

> ♀注意　如果打算在 Photoshop 中进行数字绘画，可以考虑使用带压敏光笔的绘图板。如果光笔能够传递压力、角度和旋转等信息，Photoshop 将把这些数据应用于画笔。

❽ 单击 Photoshop 窗口右上角的"选择工作区"图标，并选择"绘画"命令，如图 10.2 所示。

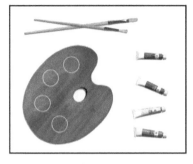

图 10.1   图 10.2

10.3   选择画笔设置

这幅图像包含一个调色板和四罐颜料，将从中采集要使用的颜色。使用不同颜色绘画时，将修改设置，探索画笔笔尖设置和潮湿选项。

❶ 选择缩放工具（ ）并放大图像，以便能够看清颜料罐。

❷ 选择吸管工具（ ）并单击红色颜料罐，从中采集颜色。

前景色将变成红色，如图 10.3（a）和图 10.3（b）所示。

> **♀注意**　选择吸管工具后，在图像中按住鼠标时，Photoshop 将显示一个取样环，能够预览将采集的颜色。只有当 Photoshop 能够使用计算机中的图形处理器时，才会出现取样环（请参阅 Photoshop "首选项"对话框的"性能"部分）。

❸ 在工具面板中，选择混合器画笔工具（ ）（如果当前处于其他工作区，混合器画笔工具可能隐藏在画笔工具（ ）后面），如图 10.3（c）所示。

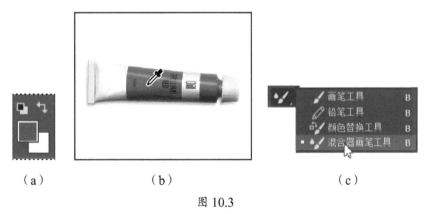

（a）   （b）   （c）

图 10.3

❹ 选择菜单"窗口" > "画笔设置"，打开画笔设置面板，并选择第一种画笔。

画笔设置面板包含画笔预设，以及多个定制画笔的选项，如图 10.4 所示。

> **♀提示**　要在画笔设置面板中查找特定的画笔，可将鼠标指针指向画笔缩览图，以显示包含画笔名称的工具提示。

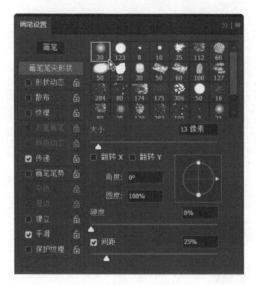

图 10.4

尝试画笔潮湿选项

画笔的效果取决于选项栏中的潮湿、载入和混合设置。其中，潮湿决定了画笔笔尖从画布采集的颜料量；载入决定了开始绘画时，画笔储存的颜料量（与实际画笔一样，不断绘画时，储存的颜料将不断减少）；混合决定了来自画布和来自画笔的颜料量的比例。

可以分别修改这些设置，但更快捷的方式是从下拉列表中选择一种标准组合。

❶ 在选项栏中，从"画笔混合组合"下拉列表中选择"干燥"，如图 10.5（a）所示。

选择"干燥"时，"潮湿"为 0%，"载入"为 50%，而"混合"不适用。在这种预设下，绘制的颜色是不透明的，因为在干画布上不能混合颜色。

❷ 在红色颜料罐上方绘画。开始出现的是纯红色，随着在不松开鼠标的情况下不断绘画，颜色将逐渐变淡，最终因储存的颜料耗尽而变成无色，如图 10.5（b）所示。

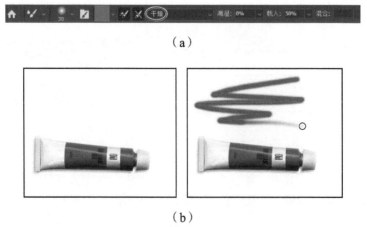

（a）

（b）

图 10.5

❸ 使用吸管工具从蓝色颜料罐上采集蓝色。

❹ 选择混合器画笔。为使用蓝色颜料绘画，在画笔设置面板中选择画笔"圆形素描圆珠笔"（第二行的第一支），并从选项栏的下拉列表中选择"潮湿"，如图 10.6（a）所示。

如果选择的画笔与这里所说的不一致，请调整画笔设置面板的尺寸，使其每行显示六个画笔缩览图。

❺ 在蓝色颜料罐上方绘画，颜料将与白色背景混合，如图 10.6（b）所示。

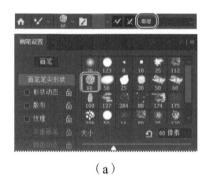
（a）

（b）

图 10.6

❻ 从选项栏的下拉列表中选择"干燥"，并再次在蓝色颜料罐上方绘画，出现的蓝色更暗、更不透明且不与白色背景混合。

❼ 从黄色颜料罐上采集黄色，再选择混合器画笔工具。为使用黄色颜料进行绘画，在画笔设置面板中，选择画笔"铅笔 KTW 1"（第二行的第四支）。从选项栏的下拉列表中选择"干燥"，再在黄色颜料罐上方绘画，如图 10.7 所示。

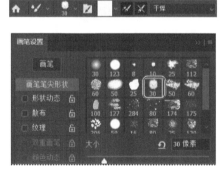

图 10.7

⑧ 从选项栏的下拉列表中选择"非常潮湿"，再进行绘画。注意到黄色与白色背景混合在了一起。

⑨ 从绿色颜料罐上采集绿色，再选择混合器画笔工具。为使用绿色颜料进行绘画，在画笔设置面板中选择画笔"尖角 30"（第五行的第六支）。在选项栏的下拉列表中选择"干燥"。

⑩ 在绿色颜料罐上方绘制折线。

10.4 混合颜色

前面使用了湿画笔和干画笔，修改了画笔设置，并混合了颜料与背景色。下面将注意力转向在调色板中添加颜料以混合颜色。

> 💡 **注意**　根据项目的复杂程度和计算机性能，可能需要用户多些耐心，因为混合颜色耗费时间相对较长。

❶ 缩小图像，以便能够同时看到调色板和颜料罐。

❷ 在图层面板中选择图层 Paint mix，如图 10.8（a）所示，以免绘画的颜色与图层 Background 中的棕色调色板混合。

除非选择了选项栏中的"对所有图层取样"复选框，否则混合器画笔将只在活动图层中混合颜色。

❸ 使用吸管工具从红色颜料罐上采集红色，如图 10.8（b）所示。再选择混合器画笔工具，并在画笔设置面板中选择画笔"柔角 30"（第一行的第一支）。从选项栏的下拉列表中选择"潮湿"，并在调色板中最上面的圆圈内绘画，如图 10.8（c）所示。

❹ 单击选项栏中的"每次描边后清理画笔"按钮（🗙）以取消选择它，如图 10.8（d）所示。

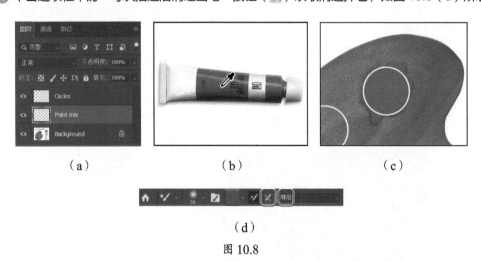

（a）　　　　　　　（b）　　　　　　　（c）

（d）

图 10.8

> 💡 **提示**　如果颜料罐被画笔设置面板遮住了，可随便调整工作区以腾出空间，例如，将不使用的面板折叠或关闭，但务必确保依然能够看到图层面板。

❺ 使用吸管工具从蓝色颜料罐上采集蓝色，如图 10.9（a）所示，再使用混合器画笔工具在同一个圆圈内绘画，蓝色将与红色混合得到紫色，如图 10.9（b）所示。

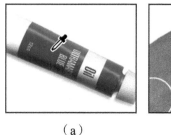
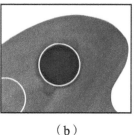

（a） （b）

图 10.9

💡 提示 即便没有选择颜色所在的图层，也可使用吸管工具来采集它。

⑥ 使用吸管工具从刚绘制的圆圈内采集紫色，再在下一个圆圈内绘画，如图 10.10 所示。

💡 提示 因为这种颜色位于另一个图层中，所以使用吸管工具来采集。

⑦ 在选项栏中，从"当前画笔载入"下拉列表中选择"清理画笔"，如图 10.11 所示。预览将变为透明，这表明画笔没有载入颜色。

图 10.10 图 10.11

要消除载入的颜料，可从选项栏中选择"清理画笔"；要替换载入的颜料，可采集其他颜色。

如果想让 Photoshop 在每次描边后清理画笔，可按下选项栏中的"每次描边后清理画笔"按钮（ ✕ ）。要在每次描边后载入前景色，可按下选项栏中的"每次描边后载入画笔"按钮（ ✓ ）。默认情况下，这两个按钮都被按下。

⑧ 使用吸管工具从蓝色颜料罐中采集蓝色，再使用混合器画笔工具在下一个圆圈的右半部分绘画，如图 10.12（a）所示。

⑨ 从黄色颜料罐上采集黄色，并使用湿画笔在蓝色上绘画，这将混合这两种颜色，如图 10.12（b）所示。

⑩ 使用黄色和红色颜料在最后一个圆圈中绘画，使用湿画笔混合这两种颜色生成橘色，如图 10.13 所示。

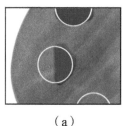
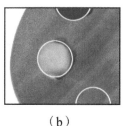

（a） （b）

图 10.12 图 10.13

⓫ 在图层面板中，隐藏图层 Circles，以删除调色板上的圆圈，如图 10.14 所示。有关如何在数字调色板上混合颜料就介绍到这里。

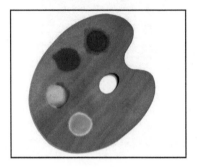

图 10.14

⓬ 选择菜单"文件">"存储"，再关闭这个文档。

来自 Photoshop 官方培训师的提示——混合器画笔快捷键

默认情况下，混合器画笔工具没有快捷键，但可以自己定义。

要创建自定义键盘快捷键，可按以下步骤做。

1. 选择菜单"编辑">"键盘快捷键"。

2. 从"快捷键用于"下拉列表中选择"工具"。

3. 向下滚动到列表末尾。

4. 选择一个命令，再输入自定义快捷键。可为下述与混合器画笔相关的命令定义快捷键。

- 载入混合器画笔。
- 清理混合器画笔。
- 切换混合器画笔自动载入。
- 切换混合器画笔自动清理。
- 切换混合器画笔对所有图层取样。
- 锐化侵蚀笔尖。

10.5　混合颜色和照片

设计出画笔后，可能想保存其所有设置，以便能够在以后的项目中使用该画笔。Photoshop 提供了工具预设功能，能够保存工具的设置，但画笔包含的选项比大多数工具都多。因此，Photoshop 提供了画笔预设，能够保存有关画笔的设置。

💡 提示　如果使用过旧版本的 Photoshop，将发现在 Adobe Photoshop CC 2018 和更高的版本的 Photoshop 中，画笔预设比以前更简单，但功能却更强大。

在本课前面，混合了颜色和白色背景，还混合了多种颜色。下面将通过添加和混合颜色，以及将添加的颜色与背景色混合，把一张风景照变成画作。

① 选择菜单"文件">"打开"，双击文件 10Landscape_Strat.jpg，打开它，如图 10.15 所示。

② 选择菜单"文件">"存储为"，将文件重命名为 10Landscape_Working.jpg，并单击"保存"按钮。在出现的"JPEG 选项"对话框中，单击"确定"按钮。

Photoshop 提供了很多画笔预设，使用起来很方便。但如果项目需要不同的画笔，可创建自定义预设或下载他人创建并分享到网上的画笔预设，这样能够简化工作。在下面的练习中，将下载、编辑和保存自定义画笔预设。

图 10.15

10.5.1 加载自定义画笔预设

画笔面板显示了使用各种画笔创建的描边的样式。如果知道要使用的画笔的名称，按名称来显示画笔可简化工作。下面就来这样做，以便能够找到接下来的练习中要使用的预设。

① 在画笔面板中（如果这个面板没有打开，选择菜单"窗口">"画笔"打开它），并展开其中一个画笔预设编组，看看画笔是如何组织的，如图 10.16 所示。

> 💡 提示 　如果使用的显示器很大，可加高、加宽画笔面板，这样可同时看到更多画笔。

下面来加载这个练习中将使用的画笔预设。要使用下载或购买的画笔预设，必须先加载它。

② 单击画笔面板菜单并选择"导入画笔"。

③ 切换到文件夹 Lesson10，选择文件 CIB Landscape Brushes.abr，再单击"打开"或"载入"按钮。

> 💡 提示 　要分享或备份自定义画笔，可选择画笔或画笔编组，再从画笔面板菜单中选择"导出选中的画笔"。

④ 通过单击画笔编组 CIB Landscape Brushes，以显示其中的画笔，如图 10.17 所示。

有些预设不仅包含描边预览和名称，还包含色板，这是因为画笔预设也可能包含颜色。

图 10.16

图 10.17

10.5.2　创建自定义画笔预设

为完成接下来的练习，将刚导入的画笔编组 CIB Landscape Brushes 中的画笔预设进行修改。

❶ 选择混合器画笔，再在画笔面板中选择画笔编组 CIB Landscape Brushes 中的画笔预设 Round Fan Brush。接下来，将以这种画笔预设为基础创建一种新的画笔预设。

❷ 在画笔设置面板中，选择以下设置（见图 10.18）。

- 大小为 36 像素。
- 形状为圆扇形。
- 硬毛刷为 35%。
- 长度为 32%。
- 粗细为 2%。
- 硬度为 75%。
- 角度为 0。
- 间距为 2%。

> 💡 提示　在画笔设置面板中，"画笔笔尖形状"部分包含"角度"设置，用于模拟握住画笔时的旋转角度。有些绘图板配置的光笔，能够在绘画时通过旋转光笔来旋转画笔笔尖。如果没有这样的光笔，可在绘画时按向左箭头键或向右箭头键将画笔笔尖旋转 1 度；还可同时按住 Shift 键，这样每按一次向左箭头键或向右箭头键，画笔笔尖都将再旋转 15 度。

❸ 单击工具面板中的前景色色板，选择一种较淡的蓝色（这里使用的 RGB 值分别为 86、201、252），再单击"确定"按钮，如图 10.19（a）所示。

❹ 从选项栏的下拉列表中选择"干燥"，如图 10.19（b）所示。

图 10.18

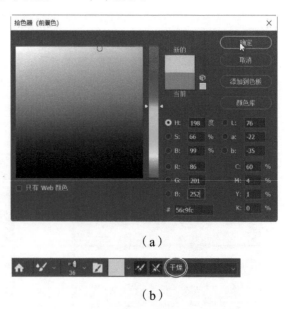

（a）

（b）

图 10.19

下面将这些设置保存为画笔预设。

❶ 从画笔设置面板菜单中选择"新建画笔预设"。

② 在"新建画笔"对话框中，将画笔命名为 Sky Brush，选择所有的复选框，再单击"确定"按钮，如图 10.20 所示。

图 10.20

> 💡提示　"新建画笔"对话框中的复选框能够在预设中保存画笔大小、工具设置和画笔颜色。

这个新画笔存储在编组 CIB Landscape Brushes 中，因为它是基于该编组中的一个画笔预设创建的。要想重新组织画笔预设，可在画笔面板中将画笔预设拖曳到其他不同的画笔预设编组中。要创建画笔预设编组，可单击画笔面板底部的"创建新组"按钮（▢）；还可调整画笔面板列表的顺序，以及将画笔预设编组作为子编组。

10.5.3　使用画笔预设绘画和混合颜色

下面使用刚创建的画笔预设在天空中绘画。

① 在画笔面板中，选择画笔 Sky Brush。

预设存储在系统中，在处理其他任何图像时都可使用。

② 在天空中绘画，并接近树木。由于使用的是干画笔，蓝色颜料不会与原有颜色混合，如图 10.21 所示。

③ 选择画笔 Clouds Brush。使用这种画笔沿对角线方向画到天空区域的右上角，将两种颜色与背景色混合，如图 10.22 所示。

图 10.21　　　　　　　　　　　　　　图 10.22

对天空满意后，对树木和草地进行绘画。

④ 选择画笔 Green Grass Highlight Brush，再在较暗的绿草上绘制较短的垂直描边，让它们变成淡绿色，如图 10.23 所示。

图 10.23

⑤ 选择画笔 Foreground Tree Brush，并在较暗的树木区域绘画；选择画笔 Background Trees Brush，并在画作右边两棵较小的树上绘画；选择画笔 Select the Tree Highlights Brush，并在较亮的树木区域绘画。这些都是湿画笔，因此能够混合颜色，结果如图 10.24 所示。

> 💡 提示　使用混合器画笔绘画（如在树木边缘附近绘画）时，要减少描边抖动，可在选项栏中尝试增大"设置描边平滑度"值。

到目前为止，只有棕色草地上面还没有绘画。

⑥ 选择画笔 Brown Grass Brush，并使用垂直描边在棕色草地上绘画，以营造草地效果；另外，使用该画笔在树干上绘画。

⑦ 选择画笔 Foreground Grass Brush，并沿对角线方向绘画以混合草地的颜色，结果如图 10.25 所示。

图 10.24

图 10.25

> 💡 提示　为获得不同的效果，请沿不同的方向绘画，或者定制画笔大小或其他设置。使用混合器画笔工具时，可充分发挥用户的艺术才能。

⑧ 选择菜单"文件"＞"存储"，再将文档关闭。

至此，使用颜料和画笔创作出了一幅杰作，且没有需要清理的地方。

Kyle T. Webster 设计的画笔

2017 年，画笔设计师 Kyle T. Webster 加入 Adobe，同时 Adobe 收购了 KyleBrush.com 深受欢迎的画笔集。Kyle T. Webster 是一位插画师，获得过国际大奖，还是数字画笔设计领域的领头羊。他为《纽约客》《时代》《纽约时报》《华尔街日报》《大西洋月刊》《娱乐周刊》、学者出版社、耐克、IDEO，以及众多其他杰出的文艺、广告、出版和公共机构客户绘制过插画，其插画作品得到了插画家协会、传媒艺术协议和美国插画协会的认可。

要在 Photoshop 中添加 Kyle T. Webster 设计的画笔，可打开画笔面板（选择菜单"窗口">"画笔"），再从画笔面板菜单中选择"获取更多画笔"。下载画笔包后，在启动了 Photoshop 的情况下，双击下载的 ABR 文件，就可将其中的画笔添加到画笔面板中的一个新编组中。

对称绘画

在采用了对称设计的作品上绘画时，可尝试使用画笔选项"对称绘画"。在选择的画笔支持对称绘画时，选项栏中将有一个对称绘画图标（🦋）。单击这个图标并选择想要的对称轴类型，它将作为引导对象出现在文档中，而用户可根据需要移动、缩放或旋转该引导对象，再按 Enter 键。这样，当绘画时，画笔描边将沿设置的轴重复，如图 10.26 所示。

图 10.26

对于简单的镜像对称，可使用单条轴，但也可使用多条以不同方式排列的轴。例如，设计平铺图案时，可使用垂直轴和水平轴；设计曼陀罗图案时，可使用径向轴。这些轴实际上是路径，可在路径面板中看到和编辑它们。此外，可以创建自定义轴，为此可使用钢笔工具、弯度钢笔工具或自定形状工具在路径模式（而不是形状模式）下绘制路径。在路径面板中选择它，再从路径面板菜单中选择"建立对称路径"。

画廊

绘画工具和画笔笔尖能够创建各种绘画效果。

下面是使用 Photoshop 绘画工具和画笔笔尖创作的一些艺术作品，如图 10.27 所示。

图 10.27

10.6 复习题

1. 混合器画笔具备哪些其他画笔没有的功能？
2. 如何给混合器画笔载入颜料？
3. 如何清理混合器画笔？
4. 用来管理画笔预设的面板叫什么？

10.7 复习题答案

1. 混合器画笔混合画笔的颜色和画布上的颜色。
2. 可通过采集颜色给混合器画笔载入颜色。为此，可使用吸管工具或键盘快捷键（按住 Alt 键或 Option 键并单击），还可从选项栏中的下拉列表中选择"载入画笔"将画笔的颜色指定为前景色。
3. 要清理画笔，可从选项栏中的下拉列表中选择"清理画笔"。
4. 可在画笔面板中管理画笔预设。

第 11 课

编辑视频

本课概览

- 在 Photoshop 中创建视频时间轴。
- 给静态图像添加动感。
- 在视频剪辑之间添加过渡效果。
- 渲染视频。

- 在时间轴面板中给视频组添加媒体。
- 使用关键帧制作文字和效果动画。
- 在视频中添加音频。

学习本课需要大约 **1.5** 小时

　　在 Photoshop 中，可使用编辑图像文件时使用的众多效果编辑视频文件。用户可使用视频文件、静态图像、智能对象、音频文件和文字图层来创建影视作品，可应用过渡效果，还可使用关键帧制作效果动画。

11.1　概述

在本课中，将编辑一段使用智能手机拍摄的视频。将创建视频时间轴、导入剪辑、添加过渡效果和其他视频效果，并渲染最终的视频。首先，来看看将创建的最终视频。

① 启动 Photoshop 并立刻按 "Ctrl + Alt + Shift" (Windows) 或 "Command + Option + Shift" (macOS) 组合键，以恢复默认首选项 (参见前言中的 "恢复默认首选项")。

② 出现提示对话框时，单击 "是" 按钮，确认并删除 Adobe Photoshop 设置文件。

③ 选择菜单 "文件" > "在 Bridge 中浏览。

> ♀ 注意　如果没有安装 Bridge，在选择菜单 "文件" > "在 Bridge 中浏览" 时，将启动桌面应用程序 Adobe Creative Cloud，而它将下载并安装 Bridge。安装完成后，便可启动 Bridge。

④ 在 Bridge 中，选择收藏夹面板中的 Lessons，再双击内容面板中的文件夹 Lesson11。

⑤ 双击文件 11End.mp4，在系统默认的视频播放器，如 Movies & TV (Windows) 或 QuickTime Player (macOS) 中打开它。

⑥ 单击 "播放" 按钮观看最终的视频，如图 11.1 所示。

图 11.1

这个简短的视频是一次海滩活动的剪辑，包含过渡效果、图层效果、文字动画和音乐。

⑦ 关闭视频播放器，返回到 Bridge。

⑧ 双击文件 11End.psd，在 Photoshop 中打开它。

11.2　时间轴面板简介

如果使用过 Adobe Premiere Pro 或 Adobe After Effects 等视频软件，可能熟悉时间轴面板。使用时间轴面板来合成和排列视频剪辑、图像及音频文件，以创建电影文件。用户无须离开 Photoshop，就可编辑每个视频的时长、应用滤镜和效果，创建基于位置和不透明度等属性的动画，让音频变成静音，添加过渡，以及执行其他标准的视频编辑任务。

① 选择菜单"窗口">"时间轴"，打开时间轴面板，如图 11.2 所示。

在时间轴面板中，项目中的每个视频剪辑或图像都用一个矩形表示，而在图层面板中，它们都是一个图层。在时间轴面板中，视频剪辑的背景色为蓝色，而图像文件的背景色为紫色。在时间轴的底部是音轨。

时间轴面板的内容如图 11.2 所示。如果看不到内容标题和预览，可向右拖曳缩放比例滑块，以便能够看到更多细节。

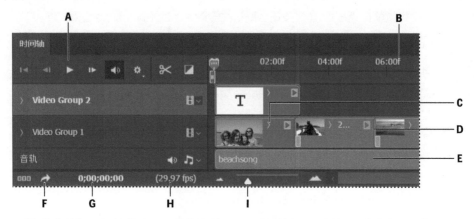

A."播放"按钮　B. 播放头　C. 图像文件　D. 视频剪辑　E. 音轨　F."渲染视频"按钮
G. 当前时间　H. 帧速　I. 时间轴缩放比例控制滑块

图 11.2

> **提示**　如果时间轴面板太矮，无法同时实现两个视频组和音轨，可向上拖曳上边缘，增大时间轴面板的高度。

② 单击时间轴面板中的"播放"按钮来欣赏这个视频。

播放头将沿时间标尺移动，逐步显示视频中的每一帧。

③ 按空格键暂停播放。

④ 将播放头拖曳到时间标尺上的其他位置。

播放头的位置决定了出现在文档窗口中的内容。

处理视频时，Photoshop 会在文档窗口中显示参考线。为最大限度地降低内容因位于边缘而被剪切掉的风险，请将重要的内容放在这些参考线标注的中央区域内。

⑤ 查看完这个最终文件后，将其关闭，但不要关闭 Photoshop，也不要保存可能做了的修改。

11.3　新建视频项目

在 Photoshop 中处理视频时，方式与处理静态图像稍微不同。最简单的方式可能是，先创建项目，再导入要使用的素材。但创建本课的项目时，将选择视频预设，再添加九个视频和图像文件。

11.3.1　新建文件

Photoshop 提供了多种胶片和视频预设，下面新建一个文件并选择合适的预设。

① 在主页中，单击"新建"按钮，或者选择菜单"文件">"新建"。

② 将文件命名为 11Working.psd。

③ 单击对话框顶部的文档类型栏中的"胶片和视频"。

④ 在"空白文档预设"部分，选择"HDV/HDTV 720p"。

> ♀ **注意** 本课使用的视频是使用苹果手机拍摄的，因此使用 HDV 预设较为合适，而预设 720P 提供的品质良好，同时包含的数据不太多，方便在线播放。

⑤ 接受其他默认设置，再单击"创建"按钮，如图 11.3 所示。

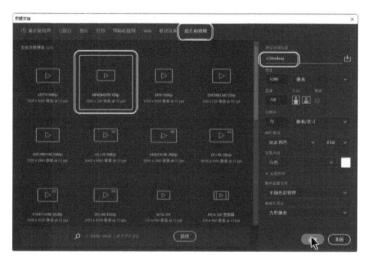

图 11.3

⑥ 选择菜单"文件">"存储为"，如果出现的对话框名为"云文档"，单击该对话框底部的"保存在您的计算机上"，将文件保存到文件夹 Lesson11。

> ♀ **注意** 如果 Photoshop 显示一个对话框，指出保存到云文档和保存到计算机之间的差别，则单击"保存在您的计算机上"按钮。此外，还可选择"不再显示"复选框，但重置 Photoshop 首选项后，将取消选择这个设置。

11.3.2 导入素材

Photoshop 提供了专门用于处理视频的工具，如时间轴面板。这里的时间轴面板可能已打开，因为前面预览了最终文件。为确保能够访问所需的资源，将选择工作区"动感"，并对面板进行组织，再导入创建电影所需的视频剪辑、图像和音频文件。

① 选择菜单"窗口">"工作区">"动感"。

② 向上拖曳时间轴面板的上边缘，让该面板占据工作区下面的三分之一。

③ 选择缩放工具，再单击选项栏中的"适合屏幕"按钮，以便在屏幕上半部分能够看到整个画布。

④ 在时间轴面板中，单击"创建视频时间轴"按钮（见图 11.4），Photoshop 将新建一个视频时间轴，其中包含两个默认轨道："图层 0"和"音轨"。

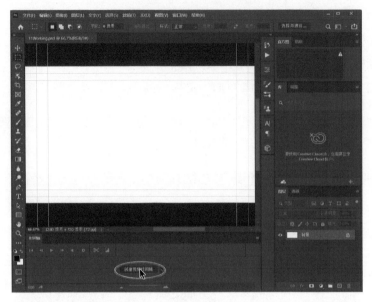

图 11.4

⑤ 单击轨道"图层 0"的"视频"下拉列表，并选择"添加媒体"，如图 11.5 所示。

图 11.5

⑥ 切换到文件夹 Lesson11。

⑦ 按住 Shift 键并选择编号为 1~6 的视频和照片素材，再单击"打开"按钮，结果如图 11.6 所示。

> 提示　如果媒体的排列顺序与这里显示的相反，选择菜单"编辑">"还原"，再重新添加媒体，并确保先选择 1_Family.jpg，再按住 Shift 键并选择 6_Sunset.jpg。另外，通过按住 Shift 键并单击来选择媒体时，如果文件是按名称排序的，选择起来将更容易。在图层面板中，这些媒体的排列顺序与时间轴面板中相反，这是正常的，因为最下面的图层被认为是第一个媒体。

图 11.6

Photoshop 将选择的六个素材全部导入一个轨道中，在时间轴面板中，该轨道现在名为"视频组 1"。其中，静态图像以紫色背景显示，而视频剪辑以蓝色背景显示。在图层面板中，这些素材位于不同的图层中，但这些图层都包含在图层组"视频组 1"中。因为不再需要图层"图层 0"，下面将其删除。

⑧ 在图层面板中，选择图层"图层 0"，再单击图层面板底部的"删除图层"按钮，如图 11.7 所

示。Photoshop 确认是否要删除时，单击"是"按钮。

图 11.7

⑨ 选择菜单"文件">"存储"，在"Photoshop 格式选项"对话框中，单击"确定"按钮。

11.3.3　在时间轴中修改剪辑的长度

剪辑的长度各异，这意味着它们播放的时间各不相同。就这段视频而言，希望所有剪辑的长度相同，因此下面将每段剪辑都缩短为 3 秒。剪辑的长度用秒和帧表示：03:00 表示 3 秒，而 02:25 表示 2 秒 25 帧。

① 向右拖曳时间轴面板底部的"控制时间轴显示比例"滑块，以放大时间轴。这是因为希望每个剪辑在时间标尺中都足够清晰，能够准确地调整剪辑的长度。

> ♀ 提示　如果"控制时间轴显示比例"滑块不好控制，可单击它两边的图标来提高 / 降低显示比例。

② 将第一个剪辑（1_Family）的右边缘拖曳到 03:00 处，如图 11.8 所示。拖曳时，Photoshop 会显示结束时间和持续时间，以便找到合适的位置。

> ♀ 注意　这里缩短所有剪辑，使其长度相同，但在不同的视频中，可根据项目的具体情况让剪辑的长度各不相同。

③ 拖曳第二个剪辑（2_BoatRide）的右边缘，将该剪辑的持续时间设置为 03:00。

图 11.8

缩短视频剪辑并不会改变其速度，而是将一部分删除。在这里，使用的是每个剪辑的前 3 秒。如果要使用视频剪辑的其他部分，需要通过调整两端来缩短剪辑。当拖曳视频剪辑的右边缘时，Photoshop 会显示预览，以便知道如果此时松开鼠标，剪辑最后一帧的内容是什么样的。

> ♀ 提示　要快速修改视频剪辑的持续时间，可单击右上角的箭头，再输入新的持续时间，但这种方法对静态图像来说不适用。

④ 对余下的每个剪辑重复第 3 步，让它们的持续时间都为 3 秒，结果如图 11.9 所示。

图 11.9

至此，所有剪辑的持续时间都设置完，但相对于画布而言，有些图像的大小不合适。下面调整第一幅图像的大小。

⑤ 确保播放头位于时间轴开头，再在图层面板中选择图层 1_Family。在时间轴面板中，也将选择这个剪辑。

⑥ 在时间轴面板中，单击剪辑 1_Family 右上角的三角形，将打开"动感"对话框。

> **提示** 单击剪辑左边（剪辑缩览图右边）的箭头将显示一些属性，基于这些属性，可使用关键帧来制作动画。单击剪辑右边的箭头可打开"动感"对话框。

⑦ 从下拉列表中选择"平移和缩放"，并确保选中了"调整大小以填充画布"复选框，如图 11.10 所示。然后单击时间轴面板的空白区域，以关闭"动感"对话框。

图 11.10

该图像将调整大小以填充画布。然而，应用这种效果只是想快速调整图像大小，而不想平移和缩放，因此下面来删除这种效果，删除这种效果并不会导致图像恢复到原来的尺寸。

⑧ 再次打开剪辑 1_Family 的"动感"对话框，并从下拉列表中选择"无运动"。单击时间轴面板的空白区域，以关闭"感动"对话框。

⑨ 保存所做的工作。

11.4 使用关键帧制作文字动画

关键帧能够控制动画、效果，以及其他随时间发生的变化。关键帧标识了一个时点，能够指定该时点的值，如位置、大小和样式。要实现随时间发生的变化，至少需要两个关键帧，一个表示变化前的状态，另一个表示变化后的状态。Photoshop 在这两个关键帧之间插入值，确保在指定时间内平滑地完成变化。下面使用关键帧来制作视频标题（Beach Day）动画，让它从图像左边移到右边。

① 单击轨道"视频组 1"的"视频"下拉列表，并选择"新建视频组"，Photoshop 将在时间轴面板中添加轨道"视频组 2"，如图 11.11 所示。

图 11.11

同一个视频组的内容将依次播放。为何要在第 1 步新建一个视频组呢？旨在让接下来要添加的图层与其他图层同时播放。例如，对于在整个视频播放期间始终出现在左上角的 Logo，必须将其放在与剪辑序列不同的视频组中。

② 选择横排文字工具，再单击图像左边缘的中央。

Photoshop 将在轨道"视频组 2"中新建一个图层——"图层 1"，这个图层最初包含占位文本 Lorem Ipsum。

③ 在选项栏中，选择一种无衬线字体（如 Myriad Pro），将字体大小设置为 600 点，并将文字颜色设置为白色，如图 11.12（a）所示。

④ 输入"BEACH DAY"以替换选定的占位文本，再单击选项栏中的对勾将新文本提交给图层。如图 11.12（b）所示，看到文本超出了图像，因此，可以让文本以动画方式掠过图像。

⑤ 在图层面板中，将图层 BEACH DAY 的不透明度改为 25%，如图 11.12（c）所示。

（a）

（b）　　　　　　（c）

图 11.12

⑥ 在时间轴面板中，将该文字图层的终点拖曳到 03:00 处，使其持续时间与图层 1_Family 相同。

⑦ 单击剪辑标题 BEACH DAY 左边的箭头，以显示该剪辑的属性，如图 11.13（a）所示。

⑧ 确保播放头位于时间标尺开头。

⑨ 单击属性"变换"旁边的秒表图标，给图层设置一个起始关键帧。在时间轴中，关键帧用黄色菱形表示，如图 11.13（b）所示。

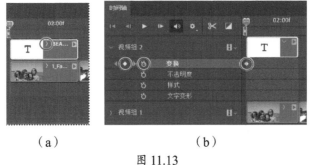

（a）　　　　　　（b）

图 11.13

⑩ 选择移动工具，再向上拖曳文字图层，使字母的上边缘被裁剪掉一点点。按住 Shift 键并向右拖曳文字，使得只有字母 B 的左边缘可见。在第 9 步设置的关键帧确保视频开始时，文字位于刚才指定的位置。

⑪ 将播放头拖曳到第一个剪辑的最后一帧处（02:29）。

💡 提示　Photoshop 在时间轴面板的左下角显示了播放头的当前位置。

⑫ 按住 Shift 键，并向左拖曳文字图层，使得只有字母 Y 的右边缘可见。按住 Shift 键可确保拖曳时文字的垂直位置不变。

由于改变了位置，Photoshop 将新建一个关键帧，如图 11.14 所示。

图 11.14

⑬ 移动播放头，使其跨越时间标尺的前 3 秒，以预览动画：标题不断移动，以横跨图像。

⑭ 单击文本剪辑标题 BEACH DAY 左边的三角形，将该剪辑的属性隐藏起来，再选择菜单"文件">"存储"，保存所做的工作。

11.5 创建效果

在 Photoshop 中处理视频的优点之一是，可使用调整图层、样式和简单变换来创建效果。

11.5.1 给视频剪辑添加调整图层

在本书前面，一直在使用调整图层处理静态图像，但它们也适用于视频剪辑。在视频组中添加调整图层时，Photoshop 只将其应用于它下面那个图层。

❶ 在图层面板中，选择图层 3_DogAtBeach。

❷ 在时间轴面板中，将播放头移到图层 3_DogAtBeach 的开头，以便能够看到应用调整图层后的效果。

💡 提示　要快速而准确地将播放头放到剪辑的第一帧处，可在拖曳时按住 Shift 键。

❸ 在调整面板中，单击"黑白"按钮，如图 11.15（b）所示。

❹ 在属性面板中，保留默认设置，但选中"色调"复选框，如图 11.15（c）所示。默认的色调颜色营造出怀旧效果，非常适合这个剪辑，如图 11.15（a）所示。可根据自己的喜好，调整滑块和色调颜色，以修改黑白效果。

❺ 在时间轴面板中，移动播放头以跨越剪辑 3_DogAtBeach，从而预览应用的效果。

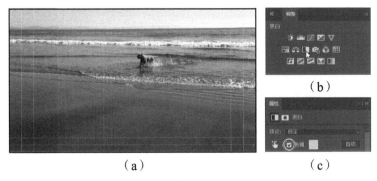

（b）

（a）

（c）

图 11.15

11.5.2　制作缩放效果动画

即便是简单的变换，也可将其制作成动画，以实现有趣的效果。下面在剪辑 4_Dogs 中实现缩放效果动画。

1 在时间轴面板中，将播放头移到剪辑 4_Dogs 开头（09:00）。

2 单击剪辑 4_Dogs 右上角的箭头，以显示"动感"对话框。

3 从下拉列表中选择"缩放"，再从"缩放"下拉列表中选择"放大"，如图 11.16 所示。在"缩放起点"网格中选择左上角，以指定从这个地方开始放大。确保选中了"调整大小以填充画布"复选框，再单击时间轴面板的空白区域，以关闭"动感"对话框。

4 拖曳播放头跨越该剪辑，以预览效果。

下面放大最后一个关键帧，让缩放效果更剧烈。

图 11.16

5 单击剪辑 4_Dogs 标题左边的箭头，以显示该剪辑的属性。

有两个关键帧（它们显示在剪辑下方，以黄色菱形表示）：一个表示放大效果的起点，另一个表示放大效果的终点。

6 在时间轴面板左边的"视频组 1"部分，单击属性"变换"旁边的三角形，将播放头移到最后一个关键帧，再选择菜单"编辑"＞"自由变换"；在选项栏中，将宽度和高度都设置为 120%，再单击"提交变换"按钮提交变换。如图 11.17 所示。

图 11.17

提示 在时间轴面板中，要移到下一个关键帧，可单击属性（这里是"变换"）旁边的右箭头；要移到前一个关键帧，可单击左箭头。

⑦ 拖曳播放头跨越剪辑 4_Dogs，以再次预览动画。

⑧ 选择菜单"文件">"存储"。

11.5.3 移动图像以创建运动效果

下面使用另一种变换来制作动画，以创建移动效果。这里希望画面从显示潜水者的双脚开始，逐渐变换到显示潜水者的双手。

① 将播放头移到剪辑 5_jumping 的末尾（14:29），此时显示的是潜水者的最终位置。

② 单击该剪辑标题左边的箭头以显示其属性，并单击"位置"属性的秒表图标，在该剪辑下方添加一个关键帧（黄色菱形图标）。

③ 将播放头移到这个剪辑的开头（12:00）。按住 Shift 键，并使用移动工具向上移动图像，让潜水者的双脚位于画布底部。

Photoshop 将在该剪辑下方再添加一个关键帧，如图 11.18 所示。

图 11.18

④ 移动播放头以预览动画。

综上所述，可用任何顺序指定动画关键帧。在有些情况下，从后往前指定关键帧更容易，这里就是这样的。

⑤ 隐藏这个剪辑的属性，再选择菜单"文件">"存储"，保存所做的工作。

11.5.4 添加平移和缩放效果

下面给落日剪辑添加类似于纪录片中的平移和缩放效果，让视频以戏剧性效果结束。

① 将播放头移到剪辑 6_Sunset 开头。

② 单击该剪辑右上角的箭头，以显示其"动感"面板。从下拉列表中选择"平移和缩放"，再从"缩放"下拉列表中选择"缩小"，并确保选中了"调整大小以填充画布"复选框，如图 11.19 所示。然后，单击时间轴面板的空白区域，以关闭"动感"对话框。

③ 移动播放头以跨越这个剪辑，从而预览效果。

图 11.19

11.6 添加过渡效果

在 Photoshop 中，只需通过拖曳就可添加过渡效果，如淡出一个剪辑，并淡入下一个剪辑。

❶ 单击时间轴面板左上角的"转到第一帧"按钮（ ），将播放头移到时间标尺开头。

❷ 单击时间轴面板左上角的"过渡效果"按钮（ ），选择"交叉渐隐"，将持续时间设置为 0.25 秒。
将过渡效果拖曳到剪辑 1_Family 和 2_BoatRide 之间，如图 11.20（a）所示。

Photoshop 将调整这两个剪辑的端点，以便应用过渡效果，并在第二个剪辑的左下角添加一个白色小图标，如图 11.20（b）所示。

> **注意** 缩放比例较低时，过渡图标可能折叠为小矩形。为更好地查看和控制过渡效果，可使用缩放比例滑块增大缩放比例。

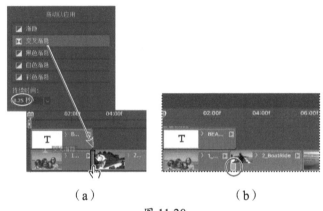

（a）　　　　　　　　　　（b）

图 11.20

❸ 在其他任何两个相邻剪辑之间都添加过渡效果"交叉渐隐"。

❹ 在最后一个剪辑末尾添加"黑色渐隐"，如图 11.21 所示。

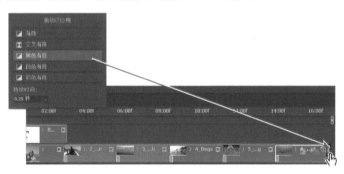

图 11.21

> **注意** 注意到，添加过渡会导致整个序列的持续时间稍微缩短。这是因为添加 0.25 秒的交叉渐隐时，意味着它两边的剪辑必须有 0.25 秒是重叠的，这样才能实现过渡。因此，第二个剪辑的开始播放时间提前，提前程度与过渡的持续时间相同，这缩短了整个序列的持续时间。

❺ 为让过渡效果更平滑，向左拖曳过渡效果"黑色渐隐"的左边缘，让过渡效果的长度为最后一个剪辑的三分之一，如图 11.22 所示。

图 11.22

⑥ 播放整个序列，再选择菜单"文件">"存储"。

11.7　添加音频

在 Photoshop 中，可在视频文件中添加独立的音轨。事实上，时间轴面板默认包含一个空音轨。下面添加一个 MP3 文件，将其作为这个简短视频的配乐。

① 单击时间轴面板底部的音轨图标，并从下拉列表中选择"添加音频"，如图 11.23 所示。

图 11.23

💡 提示　此外，也可这样添加音频，在时间轴面板中，单击音轨最右端的加号按钮。

② 选择文件夹 Lesson11 中的文件 beachsong.mp3，再单击"打开"按钮。

该音频文件被加入时间轴，但比视频长得多。下面使用在播放头处拆分工具将其缩短。

③ 在时间轴面板中，将播放头移到剪辑 6_Sunset 末尾，再单击在播放头处拆分工具的按钮，在播放头处将音频文件拆分为两段，如图 11.24 所示。

④ 选择第二段音频文件——始于剪辑 6_Sunset 末尾的那段，按 Delete 键将这段音频剪辑删除。

至此，音频剪辑与视频一样长。下面添加淡出效果让音频平滑地结束。

⑤ 单击音频剪辑右边缘的箭头，打开"音频"对话框，将"淡入"设置为 3 秒，将"淡出"设置为 5 秒，如图 11.25 所示。

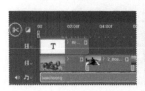 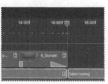　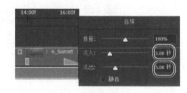

图 11.24　　　　　　　　　　　　　　图 11.25

⑥ 单击时间轴面板的空白区域将音频面板关闭，再保存所做的工作。

11.8　让不想要的音频变成静音

在本课前面，都是通过移动播放头来预览视频的一部分，下面使用时间轴面板中的"播放"按钮来预览整个视频，再将视频剪辑中多余的音频都变成静音。

① 单击时间轴面板左上角的"播放"按钮（ ▶ ），以预览整个视频。

有几个视频剪辑存在一些背景噪音。下面将这些背景噪音变成静音。

② 单击剪辑 2_BoatRide 右端的箭头。

③ 单击"音频"标签以显示音频选项，再选择"静音"复选框，如图 11.26 所示。单击时间轴
面板的空白区域，将该对话框关闭。

④ 单击剪辑 3_DogAtBeach 右边的箭头。

⑤ 单击"音频"标签以显示音频选项，再选择"静音"复选框。单
击时间轴面板的空白区域，将该对话框关闭。

⑥ 播放时间轴以检查音频修改效果，再保存所做的工作。

图 11.26

11.9 渲染视频

现在可以将项目渲染为视频了。Photoshop 提供了多种渲染预设，这里将选择适合流式视频的预
设，以便在 YouTube 网站分享。有关其他渲染预设的信息，请参阅 Photoshop 帮助。

① 选择菜单"文件">"导出">"渲染视频"，也可单击时间轴面板左下角的"渲染视频"按钮
（ ➜ ）。

② 将文件命名为 11Final.mp4。

③ 单击"选择文件夹"按钮，切换到文件夹 Lesson11，再单击"确定"或"选择"按钮。

④ 从"预设"下拉列表中选择"YouTube HD 720p 29.97"。

> ♀ 注意 "预设"下拉列表包含的选项取决于"格式"设置。只有从"格式"下拉列表中选择了 H.264 时，
> "预设"下拉列表才会包含 YouTube 选项。

⑤ 单击"渲染"按钮，如图 11.27 所示。

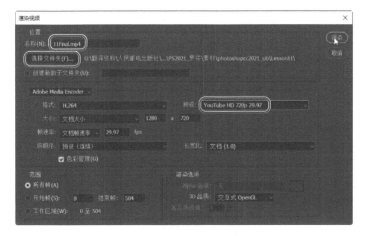

图 11.27

Photoshop 将导出视频，并显示一个进度条。最终的渲染过程可能需要几分钟。

⑥ 保存所做的工作。

⑦ 在 Bridge 中，找到文件夹 Lesson11 中的文件 11Final.mp4。双击它，以观看使用 Photoshop 制作的视频，如图 11.28 所示。

图 11.28

> ♀ 提示　在 Bridge 中选择视频后，按空格键将在 Bridge 预览面板中播放，而双击视频将在系统默认的
> 视频播放器中播放。

11.10 复习题

1. 何为关键帧？如何使用关键帧来创建动画？
2. 如何在剪辑之间添加过渡效果？
3. 如何渲染视频？

11.11 复习题答案

1. 关键帧标识了一个时点，能够指定该时点的值，如位置、大小和样式。要实现随时间发生的变化，至少需要两个关键帧，一个表示变化前的状态，另一个表示变化后的状态。要创建初始关键帧，可单击要基于它来制作动画的属性旁边的秒表图标；每当修改该属性的值时，Photoshop 都将添加额外的关键帧。

2. 要添加过渡效果，可单击时间轴面板左上角附近的"过渡效果"按钮，再将过渡效果拖曳到剪辑上。

3. 要渲染视频，选择菜单"文件" > "导出" > "渲染视频"或单击时间轴面板左下角的"渲染视频"按钮，再根据所需的输出选择合适的视频设置。

第 12 课

使用 Camera Raw

本课概览

- 在 Camera Raw 中打开相机原始数据图像。
- 在 Camera Raw 中锐化图像。
- 在 Photoshop 中将相机原始图像作为智能对象打开。

- 调整原始数据图像的色调和颜色。
- 同步多幅图像的设置。
- 在 Photoshop 中将 Camera Raw 用作滤镜。

学习本课大约需要 *1* **小时**

相比于 JPEG 文件，相机原始数据文件提供了更大的灵活性，在设置颜色和色调方面尤其如此。Camera Raw 能够充分挖掘这方面的潜力，这款应用程序被集成到了 Photoshop 和 Bridge 中。

12.1 概述

在本课中，将通过 Photoshop 或 Bridge 来使用 Camera Raw 处理多幅数字图像。将使用很多方法来修饰和校正数码照片。首先，在 Bridge 中查看处理前和处理后的图像。

① 启动 Photoshop 并立刻按"Ctrl + Alt + Shift"（Windows）或"Command + Option + Shift"（macOS）组合键，以恢复默认首选项（参见前言中的"恢复默认首选项"）。

② 出现提示对话框时，单击"是"按钮，确认并删除 Adobe Photoshop 设置文件。

③ 选择菜单"文件" > "在 Bridge 中浏览"，启动 Adobe Bridge。

> 💡 注意　如果没有安装 Bridge，在选择菜单"文件" > "在 Bridge 中浏览"时，将启动桌面应用程序 Adobe Creative Cloud，而它将下载并安装 Bridge。安装完成后，便可启动 Bridge。

④ 在 Bridge 的收藏夹面板中，单击文件夹 Lessons，再双击内容面板中的文件夹 Lesson12 打开它。

⑤ 如果必要，调整缩览图滑块以便能够清楚地查看缩览图，再找到文件 12A_Start.crw 和 12A_End.psd，如图 12.1 所示。

图 12.1

> 💡 注意　这里使用的 Camera Raw 是本书出版时的最新版本——Adobe Camera Raw 13。Adobe 更新 Camera Raw 的频率很高，如果使用的是更新的版本，有些步骤可能与这里说的不同。另外，如果使用的是 Camera Raw 12.3 后的版本，可以发现用户界面发生了很大的变化。

原始照片是一个西班牙风格的教堂，它是一个相机原始数据文件，因此文件扩展名不像本书前面那样为 .psd 或 .jpg。这幅照片是使用 Canon SLR 相机拍摄的，扩展名为佳能专用的原始文件扩展名 .crw。接下来，将对这幅相机原始数据图像进行处理，使其更亮、更锐利、更清晰，再将其存储为 JPEG 文件和 PSD 文件，其中，前者是用于 Web 的，而后者能够在 Photoshop 中做进一步处理。

⑥ 再比较 12B_Start.nef 和 12B_End.psd 的缩览图，如图 12.2 所示。

图 12.2

这里的起始文件是使用尼康相机拍摄的，它是一幅原始数据图像，扩展名为 .nef。接下来，将在 Camera Raw 和 Photoshop 中执行颜色校正和图像改进，以获得最终的结果。

12.2　相机原始数据文件

很多数码相机都能够使用相机原始数据格式存储图像文件。相机原始数据文件包含数码相机图像传感器中未经处理的图片数据，有点像未冲印的胶片。原始传感器数据未被转换为标准的多通道彩色图像文件，它只有一个未经处理的通道，其中包含传感器数据，而这种形式的数据不能作为图像使用。有人可能会问，在相机和计算机上，如何在不打开的情况下查看原始数据文件（如本课提供的素材）呢？答案是相机通常会随原始数据文件存储一个内嵌的预览图像，它是相机对原始数据的解读结果。

原始数据处理应用程序（如 Camera Raw）对未处理的原始数据进行解读，生成多个可使用 Photoshop 等照片编辑软件进行编辑的颜色通道（如 RGB 通道）。相机原始数据文件能够对原始图像数据进行解读，因此与相机根据自己对数据解读生成的 JPEG 文件相比，这种文件提供的编辑空间更大。因此，相比于将原始图像转换成标准 RGB 的情形，用户可使用 Camera Raw 更深入、更广泛地调整白平衡、色调范围、对比度、色彩饱和度、杂色和锐化度。用户可随时重新处理原始数据文件，而不会降低原始图像数据的质量。

要创建相机原始数据文件，需要设置数码相机，使其使用原始数据文件格式（而不是 JPEG 格式）存储文件，相机原始数据文件的扩展名为 .nef（尼康）或 .crw（佳能）等。在 Bridge 或 Photoshop 中，可处理来自支持的数码相机（佳能、富士、莱卡、尼康及其他厂商的相机）的相机原始数据文件，再将专用的相机原始数据文件以文件格式 DNG、JPEG、TIFF 或 PSD 导出。

在任何情况下，都应使用相机原始数据格式而不是 JPEG 格式拍摄吗？如果想最大限度地提高编辑灵活性，答案就是肯定的。然而，相机原始数据图像占据的存储空间更大，编辑时需要的处理能力更多。如果拍摄的照片不需要做太多的编辑，可考虑使用 JPEG 格式拍摄。

12.3　在 Camera Raw 中处理文件

在 Camera Raw 中调整图像（如拉直或裁剪）时，Photoshop 和 Bridge 将以独立于原始文件的方式存储编辑，这能够根据需要对图像进行编辑并导出编辑后的图像，同时保留原件供以后进行不同的调整。

12.3.1　在 Camera Raw 中打开图像

在 Bridge 和 Photoshop 中都可打开 Camera Raw；在 Camera Raw 中，可编辑多幅图像，还可将相同的编辑应用于多个文件。如果处理的图像都是在相同的环境中拍摄的，这很有用，因为需要对这些图像做类似的调整。

Camera Raw 提供了大量的控件，让用户能够调整白平衡、曝光、对比度、锐化程度、色调曲线等。在这里，将编辑一幅图像，再将设置应用于其他相似的图像。

❶ 在 Bridge 中，切换到文件夹 Lessons\Lesson12\Mission，其中包含三幅在前面预览过的西班牙教堂的照片。

❷ 按住 Shift 键并单击这些图像以选择它们：Mission01.crw、Mission02.crw 和 Mission03.crw，再选择菜单"文件">"在 Camera Raw 中打开"，如图 12.3 所示。

❸ 如果出现"欢迎使用 Camera Raw 13.1"屏幕，请单击"立即开始"按钮，如图 12.3 所示。这将启动 Camera Raw 13.1，如图 12.4 所示。

图 12.3

④ 只有在首次启动（或重置 Camera Raw 首选项后首次启动）Camera Raw 13.1 时，才会出现"欢迎使用 Camera Raw 13.1"屏幕。Camera Raw 首选项与 Photoshop 首选项是分开的。

A. 胶片分隔条（拖曳它可调整胶片区域的大小） B. 胶片 C."缩放级别"下拉列表

D. 可折叠的调整面板（该面板为在编辑模式下，在其他模式下将显示其他选项） E. 直方图

F. 存储选定的图像 G. Camera Raw首选项设置 H. 切换到全屏模式 I. 编辑（图像调整）

J. 裁剪与旋转 K. 污点去除 L. 局部调整工具：调整画笔、渐变滤镜和径向滤镜

M. 消除红眼 N. 快照和预设 O. Camera Raw选项菜单 P. 抓手工具 Q. 切换取样器叠加

R. 切换网格覆盖层 S. 单击隐藏胶片（单击并按住鼠标将打开胶片菜单）

T. 工作流程首选项设置 U. 评级及添加删除标记

V. 单击在不同的"原图/效果图"视图之间切换（单击并按住鼠标显示菜单）

W. 切换到默认设置 X. 退出且不保存所做的修改 Y. 退出且保存所做的修改

Z. 退出、保存所做的修改并在 Photoshop中打开

图 12.4

> ♀ 注意 在 Camera Raw 中打开原始数据格式图像时，其外观可能发生变化，这是因为相机创建的预览图像将被替换为根据 Camera Raw 中的当前设置渲染的图像。

⑤ 如果胶片出现在 Camera Raw 窗口左边，请单击并按住胶片菜单按钮（▦），再从出现的菜单中选择"水平"，如图 12.5 所示。这样，布局才会与本课显示得一致。如果喜欢胶片出现在左边，也可在自己处理照片时这样设置。

Camera Raw 对话框显示了选定图像的预览，而胶片中显示了所有已打开图像的缩览图。右上角的直方图显示了选定图像的色调范围，对话框底部的工作流程选项链接显示了选定图像的色彩空间、位深、大小和分辨率，可通过单击该链接来修改这些设置。对话框的右边是一系列的工具，能够缩放、平移、裁剪和修齐图像，以及对图像进行其他调整。

在默认模式（编辑模式）下，直方图下方是一系列可折叠的面板。可展开各个面板，以精确地编辑选定图像的颜色、色调和细节（锐化和减少杂色），以及校正镜头扭曲等。此外，还可将设置存储为预设，以便将它们应用于其他图像。

对话框右边的选项卡式面板提供了其他用于调整图像的选项，用户可校正白平衡、调整色调、锐化图像、删除杂色、调整颜色，以及进行其他调整。

使用 Camera Raw 时，为获得最佳效果，通常按从上到下的顺序调整选项，但完全可以按任何顺序调整选项，且并非一定要调整所有的选项。

下面通过编辑第一幅图像来探索这些控件。

❻ 为便于编辑图像，最好显示文件名，单击并按住胶片菜单按钮（ ），再选择"显示文件名"，如图 12.6 所示。

图 12.5

图 12.6

💡 注意　如果胶片消失，那是因为单击了胶片菜单按钮，而不是单击并按住鼠标。要重新显示胶片，可再次单击胶片菜单按钮。

❼ 在编辑图像前，单击胶片中的每个缩览图以预览所有图像，也可按左 / 右箭头键来查看各幅图像。查看所有图像后，再次选择图像 Mission01.crw，如图 12.7 所示。

图 12.7

12.3.2 选择 Adobe Raw 配置文件

Adobe Raw 配置文件，以及所做的调整决定了图像的整体颜色渲染，且可随时选择别的配置文件。

① 如果直方图下面没有显示"配置文件"下拉列表，请单击"编辑"按钮（ ✎ ）。"配置文件"下拉列表位于最上面，如果没有看到它，可能是因为向下滚动太多了，因此向上滚动，直到看到"配置文件"下拉列表。

② 从"配置文件"下拉列表中选择"Adobe 风景"，如图 12.8 所示。

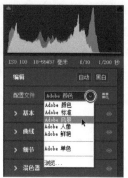

图 12.8

> 💡 **提示** 如果要让图像更接近于相机生成的预览，可单击"配置文件"下拉列表右边的"浏览配置文件"并向下滚动，然后将看到一系列配置文件类别，可从类别 Camera Matching 选择一个配置文件。

> 💡 **注意** Camera Raw 中的配置文件与显示器和打印机使用的 ICC 颜色配置文件是两码事，它只会影响将相机原始文件转换和处理为常规图像的方式。

> 💡 **提示** 可使用 Creative 配置文件对图像应用视觉样式，为此，可单击"配置文件"下拉列表右边的"浏览配置文件"图标（ ▦ ）再向下滚动，将看到一系列配置文件类别（如黑白、老式、现代、艺术效果），从中选择一个，再单击"完成"按钮。

默认的配置文件为"Adobe 颜色"，它是一个通用的配置文件；"Adobe 风景"突出自然颜色，如树木和天空的颜色，非常适用于这幅图像；"Adobe 人像"旨在自然地呈现皮肤颜色；"Adobe 鲜艳"会极大地提高颜色对比度；"Adobe 单色"用于实现高品质的黑白转换。

配置文件对图像做大面积的修改，而接下来将介绍的控件对图像做小面积的精确修改。选择配置文件是为后面的编辑打基础，因此是至关重要的一步。选择配置文件后，可接着做更具体的编辑。

12.3.3 调整白平衡

图像的白平衡反映了照片拍摄时的光照状况。数码相机在曝光时记录白平衡，在 Camera Raw 对话框中刚打开图像时，显示的就是这种白平衡。

白平衡有两个组成部分。第一个部分是色温，单位为开尔文，它决定了图像的"冷暖"程度，即是冷色调的蓝和绿还是暖色调的黄和红。第二个部分是色调，它补偿洋红或绿色色偏。

根据相机使用的设置和拍摄环境（如使用的是人工光源还是混合光源），可能需要调整图像的白平衡。如果要修改图像，请首先修改白平衡，因为它影响对图像所做的其他编辑。

默认情况下，"白平衡"下拉列表中选择的是"原照设置"，它应用曝光时相机使用的白平衡设置。如果觉得需要调整，可尝试 Camera Raw 提供的其他白平衡预设。

① 如果在"配置文件"下拉列表下方没有看到"白平衡"下拉列表，请单击面板标签"基本"，将这个面板展开。

② 从"白平衡"下拉列表中选择"阴天"，如图 12.9 所示。

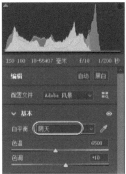

图 12.9

> **提示** 只有一个光源时，白平衡调整起来最容易。使用了多个颜色特征不同的光源时，可能需要手工调整白平衡设置，并进行局部颜色校正。

Camera Raw 将相应地调整色温和色调。有时候，使用一种预设就可以，但在这里图像依然存在蓝色色偏，因此将手工调整白平衡。

③ 选择"白平衡"下拉列表右边的白平衡工具（✏），如图 12.10（a）所示。

要设置精确的白平衡，选择原本为白色或灰色的对象。Camera Raw 将把单击的地方视为中性白，并相应地调整图像的颜色。

④ 单击图像中的白云，图像的色彩平衡将改变，如图 12.10（b）所示。

⑤ 单击另一块云彩，图像的色彩平衡将随之改变，因为这块云彩的色彩值稍有不同。

要快速、轻松地找到最佳的色彩平衡，可使用白平衡工具单击应为中性色调的区域。云彩的色调并非总是中性的，这取决于照片是在一天的什么时间拍摄的。在 Camera Raw 中，在不同的位置单击可修改色彩平衡而不会修改原始图像文件，因此可随便尝试。

（a）

（b）　　　　　　　　（c）

图 12.10

⑥ 单击教堂前面指示牌的白色区域，将消除大部分色偏，如图 12.11 所示。

💡提示　通过单击中性区域（如第 6 步的指示牌）可设置合适的白平衡值，从而消除色偏。然后，可随便使用白平衡等选项来调整图像，如提高色温设置，让照片看起来像是日落时分拍摄的或营造更温暖的氛围。

⑦ 为查看修改带来的影响，单击并按住窗口底部的"原图 / 效果图视图"按钮（■），再从弹出的菜单中选择"原图 / 效果图 左 / 右"（如果只是单击而没有按住鼠标，将切换到下一个视图），如图 12.12 所示。

图 12.11　　　　　　　　　　　　　　　　　图 12.12

💡提示　要全屏显示 Camera Raw 窗口，可单击右上角附近的"切换全屏模式"按钮（⤢）或按 F。

Camera Raw 将在左边显示原图，并在右边显示效果图，进而能够比较它们，如图 12.13 所示。

⑧ 如果只想显示效果图，可单击并按住"原图 / 效果图视图"按钮，再选择"单一视图"。如果愿意，也可继续同时显示原图和效果图，以便后面继续调整设置时能够看到图像的变化情况。

图 12.13

12.3.4　在 Camera Raw 中调整色调

基本面板中央的那组滑块（从"曝光"开始的滑块）影响图像中色调的明暗。除"对比度"外，向右移动滑块将加亮受影响的图像区域，而向左移动将让这些区域变暗。"曝光"决定了整幅图像的亮度。"高光"和"阴影"滑块分别调高光和阴影区域的细节。"白色"滑块定义了白场，即图像中最亮的色调（比它更亮的色调都将变成白色）；而"黑色"滑块设置图像中的黑场，即图像中最暗的色调（比它更暗的色调都将变成黑色）。

向右拖曳"对比度"滑块将导致较暗和较亮的中间调与中间调相差更大，而向左移将导致它们更接近中间调。要更细致地调整对比度，可使用"清晰度"滑块，该滑块通过增加局部对比度（尤其是中间调）来增大图像的景深。

> ♀提示　为获得最佳的效果，可提高"透明"值，在边缘细节旁边看到晕轮时再稍微降低该设置，直到晕轮不那么明显。

"饱和度"滑块均匀地调整图像中所有颜色的饱和度。"自然饱和度"滑块通常更有用，因为它对不饱和颜色的影响更强烈。例如，它可让图像更鲜艳，而不会让皮肤色调过度饱和。

可使用"自动"选项让 Camera Raw 自动校正图像的色调，也可选择自己的设置。

❶ 在编辑模式下，单击顶部的"自动"选项，如图 12.14 所示。

> ♀提示　再次单击"自动"选项，可从自动设置切换到默认设置。

Camera Raw 修改了基本面板中的多项设置，图像得到了极大的改善。"自动"通常能生成很有用的图像，因为其校正是基于 Adobe Sensei 高级机器学习技术的。这让"自动"提供了一种快速调整图像的途径，还让用户能够快速地研究各种调整设置。但在这个练习中，请恢复到默认设置并手工调整它们。

❷ 单击"切换到默认设置"按钮（▯），所有设置都恢复到了 Camera Raw 默认值。

由于"切换到默认设置"按钮在当前设置和默认设置之前切换，因此可使用它来对比图像的当前状态和原始状态。单击这个按钮将切换到默认设置，再次单击将切换到当前设置。然而，切换到默认设置后，如果做了修改，修改后的结果将成为新的当前设置。

③ 按以下设置调整滑块（有些选项没变）。

- "曝光"：+0.50。

- "对比度"：+0。

- "高光"：–20。

- "阴影"：+70。

- "白色"：+20。

- "黑色"：–10。

- "清晰度"：+20。

- "自然饱和度"：+20。

这些设置加亮了图像（尤其是阴影区域），让颜色更鲜艳又不过于饱和，如图 12.15 所示。

图 12.14   图 12.15

在 Camera Raw 中调整颜色

随着功能的更新，Camera Raw 包含大量的特性，让用户能够使用多种方法来精确地编辑颜色。这是因为很多摄影师倾向于尽可能编辑相机原始数据图像，再在 Photoshop 中打开它们，以充分利用 Camera Raw 在保留图像品质方面的灵活性和潜质。对于很多图像来说，只需指定合适的配置文件和白平衡设置即可，而有些图像可能还需像本课介绍的那样，调整自然饱和度或饱和度。需要解决更复杂的颜色问题时，可尝试使用 Camera Raw 中更精确的颜色工具。

- 局部调整工具：要将不同的颜色或色调设置应用于图像的特定区域时，可添加渐变滤镜或径向滤镜，或者使用调整画笔绘画，再调整颜色设置。这些工具位于 Camera Raw 窗口的右边。

- 曲线面板：与 Photoshop 中的曲线调整图层一样，在 Camera Raw 中，可使用曲线面板来分别编辑各个颜色通道，从而调整颜色通道的数量（从黑到白）。对于高光、中间调和阴影部分存在不同色偏的图像，这是一种消除色偏的不错方式。

- 混色器面板：混色器面板能够以色相、饱和度和明亮度的方式调整特定的颜色范围。在编辑模式下，单击面板栈顶部的"黑白"按钮后，可使用混色器面板来给转换得到的黑白图像着色，就像在第 2 课使用 Photoshop 给黑白图像着色一样。

- 颜色分级面板：在颜色分级面板中，可使用色轮分别调整中间调、阴影和高光的色相、饱和度和明亮度。这个工具很有用，有点类似于视频编辑器。虽然可使用它来校正颜色，但传统的颜色分级通常是在校正颜色后执行的步骤，旨在给图像创建表现力丰富的调色板或实现色调分离效果。

- 自定义配置文件：可使用 Photoshop 来创建自定义的颜色查找表（CLUT），再以此为基础生成自定义配置文件，以便在 Camera Raw 中通过单击鼠标来应用它。

- 校准面板：校准面板对相机原始数据格式的基本颜色转换进行调整，这意味着它将可能影响调整范围。当前，校准面板用得不多，因为就修改这种转换方式而言，使用配置文件是一种更方便的方式。

这些工具都不在本书的讨论范围内，要更深入地了解它们，可进入 Photoshop 并打开发现面板（选择菜单"编辑">"搜索"），其中包含教程和帮助文档。

相机原始数据直方图

Camera Raw 对话框右上角的直方图同时显示了当前图像的红色、绿色和蓝色通道（见图12.16），用户调整设置时它将相应地更新。另外，用户选择任何工具并在预览图像上移动时，直方图上方将显示鼠标所处位置的 RGB 值。通过选择直方图左上角和右上角的方块，将在效果图中显示被修剪掉的阴影和高光，即这些地方的细节将丢失。

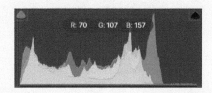

图 12.16

⟡ 提示 有阴影或高光被修剪掉并不一定意味着对图像校正过度。例如，修剪掉镜面高光（如太阳反光或摄影室光源在金属表面的反光）是可以接受的，因为镜面高光没有细节可丢失。

12.3.5 应用锐化

Photoshop 提供了一些锐化滤镜，但如果图像为原始数据格式，使用 Camera Raw 提供的锐化控件来锐化更合适。锐化控件在细节面板中。要在预览面板中查看锐化效果，必须以 100% 或更高的比例查看图像。

① 单击"缩放级别"下拉列表并选择 100%，再选择抓手工具（🖐）并移动图像，以查看教堂顶部的十字架，效果如图 12.17（a）所示。

② 确保当前处于编辑模式下，再在直方图下方的面板栈中向下滚动，看到细节面板后单击字样"细节"将该面板展开，如图 12.17（b）所示。

"锐化"滑块决定了 Camera Raw 应用的锐化量。一般而言，应先将"锐化"值设置得非常大，以便更容易看清其他锐化选项的效果。等设置好其他锐化选项后，再调整"锐化"值。

③ 将"锐化"滑块移到 100 处。

④ 单击"锐化"滑块右边的三角形以显示更多的选项，如图 12.18 所示。

（a）　　　　　　　　（b）

图 12.17　　　　　　　　　　　　　　　　　　图 12.18

很多 Camera Raw 特性都有高级选项，这些选项被隐藏起来以节省空间。看到右边有三角形后，就知道还有其他选项，可在需要时设置它们。

⑤ 将"半径"滑块移至 0.9 处。

半径决定了锐化的范围。对于对焦准确且没有运动模糊的图像，先将"半径"设置为 1。对于细节清晰的图像，可能应该降低"半径"值，而对于细节模糊的图像，可增大"半径"值以锐化这些细节。

⑥ 如果"细节"值不是 25，请将其设置为 25。

"细节"选项用于在锐化边缘和避免出现纹理之间取得平衡。"细节"设置较低时，将只锐化边缘，让宽阔的区域更平滑；"细节"设置较高时，将导致宽阔区域出现纹理。

⑦ 将"蒙版"滑块移至 61 处。

"蒙版"滑块与"细节"滑块类似，也将锐化限定在内容边缘处，但用处更大，因为它并非只作用于细节。"蒙版"设置较高时，可增大"锐化"设置，而不会导致应该平滑的宽阔区域（如脸或天空）中的杂色和纹理被过度锐化；要通过锐化突出宽阔区域（如织物）的细节时，可降低"蒙版"设置。

💡提示 移动"蒙版"滑块时可按住 Alt 键（Windows）或 Option 键（macOS），以查看将被锐化的区域（Camera Raw 使用白色指出了这些区域）。

调整"半径""细节"和"蒙版"滑块后，便可将"锐化"值降低到更合理的值了。

⑧ 将"锐化"滑块移至 70 处。如图 12.19 所示。

图 12.19

💡提示 如果难以看出锐化效果，请将缩放比例至少设置为 100%。

在 Camera Raw 中所做的编辑保存在 XMP 格式的附属文件中，这个文件存储在图像文件所在的文件夹中，文件名与图像文件相同，但文件扩展名为 .XMP。将在 Camera Raw 中编辑过的图像移到其他计算机或存储介质时，务必同时移动相应的 XMP 文件。Camera Raw 不会将所做的修改存储到原始图像文件中，因为这些文件是只读的。导出为开放的 Adobe DNG 原始数据格式时，Camera Raw 可将所做的编辑与原始图像存储在一个文件中。

12.3.6 同步多幅图像的设置

如果三幅教堂图像都是在相同的时间和光照条件下拍摄的，将第一幅教堂图像调整好后，可以自动将相同的设置应用于其他两幅教堂图像，为此可使用"同步"按钮。

① 单击并按住胶片菜单按钮（🖼），再选择"全选"，以选中胶片中的所有图像，如图 12.20 所示。

② 再次单击并按住胶片菜单按钮，再选择"同步设置"，如图 12.21 所示。

将出现"同步"对话框，其中列出了可应用于图像的所有设置。默认情况下，除"几何""裁剪""污点去除"和"局部调整"外，所有复选框都被选中。

图 12.20 图 12.21

❸ 按图 12.22 进行设置，然后单击"同步"对话框中的"确定"按钮。

图 12.22

在选择的所有相机原始图像中同步设置后，缩览图将相应地更新以反映所做的修改。要预览图像，可单击胶片缩览图窗口中的每个缩览图。

💡 注意 Camera Raw 在图像中同步设置时，预览图或缩览图中可能暂时出现黄色警告三角形。预览图或缩览图更新后，这种黄色三角形将消失。

12.3.7 保存对相机原始数据的修改

针对不同的用途，可用不同的方式存储修改。首先，将把调整后的图像存储为低分辨率的 JPEG 图像（可在 Web 上共享）；然后，将图像 Mission01 存储为 Photoshop 文件，以便作为智能对象在 Photoshop 中打开。将图像作为智能对象在 Photoshop 中打开时，可随时回到 Camera Raw 做进一步调整。

❶ 在 Camera Raw 对话框中，单击并按住胶片菜单按钮，再选择"全选"以选择全部三幅图像。

❷ 单击 Camera Raw 窗口右上角附近的"存储选定图像"按钮（ ⛄ ）。

❸ 在"存储选项"对话框中做以下设置。

• 从"目标"下拉列表中选择"在相同位置存储"。

• 在"文件命名"部分，保留第一个文本框中的"文档名称（首字母大写）"。

• 从"格式"下拉列表中选择"JPEG"，并从"品质"下拉列表中选择"高（8-9）"。

• 在"色彩空间"部分，从"色彩空间"下拉列表中选择"sRGB IEC61966-2.1"。

• 在"调整图像大小"部分，选择"调整大小以适合"复选框，再从下拉列表中选择"长边"。

• 输入"800"。这将把图像的长边设置为 800 像素，而不管图像是纵向还是横向的。指定长边的尺寸后，将根据原来的宽高比自动地调整短边的尺寸。

• 将分辨率设置为 72。

> 💡提示 如果图像包含有涉及隐私的元数据，可在存储图像的拷贝时指定只包含哪些元数据。例如，如果图像包含相机信息、人员姓名等关键字、版权说明，以及在 Bridge 中输入的其他元数据，可从"元数据"下拉列表中选择"仅版权"，这样图像拷贝中将只包含版权信息。

这些设置将校正后的图像存储为更小的 JPEG 格式，可在 Web 上与他人共享。调整大小后让大多数查看者直接就能看到整幅图像。这些文件将被命名为 Mission01.jpg、Mission02.jpg 和 Mission03.jpg。

❹ 单击"存储"按钮，如图 12.23 所示。

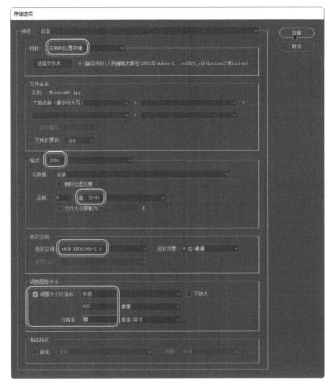

图 12.23

这将返回到 Camera Raw 对话框，而该对话框将在左下角显示处理了多少幅图像，直到保存好所有图像为止。CRW 缩览图仍出现在 Camera Raw 对话框中，但在 Bridge 中，仍然拥有这些图像的 JPEG 版本和 CRW 原件，可继续对原件进行编辑，也可以之后再编辑。

下面在 Photoshop 中打开图像 Mission01 的一个拷贝。

⑤ 在 Camera Raw 对话框的胶片区域选中 Mission01.crw，再单击"打开"按钮右边的箭头并选择"以对象形式打开"，如图 12.24 所示。

图 12.24

> **注意** 如果出现一个消息框，询问"是否跳过载入可选的和第三方增效工具"，单击"否"按钮（Photoshop 启动时，如果按住了 Shift 键，将出现这种消息框。）。

这将把该图像作为智能对象在 Photoshop 中打开（见图 12.25），而不是将相机原始数据文件转换为 Photoshop 格式，从而在 Photoshop 文档中保留相机原始数据格式。这让用户能够随时使用 Camera Raw 对其进行调整，方法是，在图层面板中双击智能对象缩览图在 Camera Raw 中打开它。

如果在前面单击的是"打开"按钮，图像将转换为 Photoshop 常规图层，便无法再使用 Camera Raw 对其进行编辑。

图 12.25

> **提示** 要让"打开"按钮变成"打开对象"按钮，可单击 Camera Raw 对话框底部的工作流程选项链接，在出现的"工作流程选项"对话框中选中"在 Photoshop 中打开为智能对象"复选框，再单击"确定"按钮。

⑥ 在 Photoshop 中，选择菜单"文件">"存储为"。在"存储为"对话框中，将格式设置为 Photoshop，将文件重命名为 Mission_Final.psd，切换到文件夹 Lesson12，并单击"保存"按钮。如果出现"Photoshop 格式选项"对话框，单击"确定"按钮，然后关闭这个文件。

专业摄影师的工作流程

Jay Graham 是一位有 25 年从业经验的摄影师。他从为家人拍摄照片开始职业生涯，当前的客户涵盖了广告、建筑、软文和旅游业等行业。

良好的习惯至关重要

合理的工作流程和良好的工作习惯可以保持对数码摄影的热情，让作品出类拔萃，并避免因从未备份而丢失作品。下面简要概述数码图像处理的基本工作流程，这是一位从业 25 年的专业摄影师的经验之谈。Jay Graham 阐述的指导原则涉及如何设置相机、设定基本颜色、校正工作流程、选择文件格式、管理图像和展示图像。

Graham 使用 Lightroom Classic 来组织数以千计的图像，如图 12.26 所示。

图 12.26

Graham 指出，最常见的问题便是丢失文件，因此正确命名至关重要。

正确设置相机首选项

如果相机支持相机原始数据文件格式，最好采用这种格式拍摄，因为这将记录所需的所有图像信息。Graham 指出，对于相机原始数据照片，可将其白平衡从日光转换为白炽灯，而不会降低质量。如果出于某些原因，以 JPEG 拍摄更合适，务必使用高分辨率，并将压缩设置为"精细"。

记录所有的数据

拍摄时记录所有的数据——采用合适的压缩方式和较高的分辨率，以免因设置不当影响拍摄效果。

组织文件

将图像导入 Lightroom 目录时修改名称。Graham 指出，如果使用相机指定的默认名称，最终会因相机重置而导致多个文件的名称相同。使用 Lightroom Classic 给要保存的照片重命名、评级，以及添加元数据，并将不打算保存的照片删除。

Graham 根据日期或主题给文件命名。他将 2017 年 10 月 18 日在 Stinson 海滩拍摄的所有照片存储在名为 171018_stinson 的文件夹中；在该文件夹中，文件的编号依次递增（例如，第一幅图像名为 171018_stinson_01），确保所有文件的名称各不相同，这样，在硬盘中查找它们将非常容易。为确保文件名适用于非 Macintosh 平台，应遵循 Windows 操作系统命名规则：最多包含 32 个字符，只使用数字、字母、下划线和连字符。

将相机原始数据图像转换为 DNG 格式

最好将相机原始数据图像转换为 DNG 格式。不同于众多相机的专用相机原始数据格式，这种格式的规范是公开的，因此软件开发人员和设备制造商更容易支持。

保留主控图像

将主控图像存储为 PSD、TIFF 或 DNG 格式，而不要存储为 JPEG 格式。每次编辑并保存 JPEG 图像时，图像质量都将因重新压缩而降低。

向客户和朋友展示

根据展示作品的方式选择合适的颜色配置文件，并将图像转换到该配置文件，而不要指定配置文件。如果图像要以电子方式查看或将其提供给在线打印服务商打印，颜色空间 sRGB 将是最佳的选择；对于将用于传统印刷品（如小册子）中的 RGB 图像，最佳的配置文件是 Adobe 1998 和 Colormatch；对于要使用喷墨打印机打印的图像，最佳的配置文件为 Adobe 1998 和 ProPhoto。对于将以电子方式查看的图像，将分辨率设置为 72ppi；对于要用于打印的图像，将分辨率设置为 180ppi 或更高。

备份图像

为保护图像免受破坏，最好将它们自动备份到多种介质，如外部存储器和云备份服务。Graham 指出，这样，当内置的硬盘出现问题时，图像也不会丢失。

在 Camera Raw 中存储文件

每种相机都使用独特的格式存储相机原始数据图像，但 Camera Raw 能够处理很多原始数据文件格式。Camera Raw 根据内置的相机配置文件和相机记录的 EXIF（可交换的图像文件格式）数据，使用相应的默认图像设置来处理相机原始数据文件。EXIF 数据可能包括曝光和镜头信息。

存储相机原始数据图像时，可使用 DNG（Camera Raw 默认使用的格式）、JPEG、TIFF 和 PSD。所有这些格式都可用于存储 RGB 和 CMYK 连续调位图；在 Photoshop"存储"和"存储为"对话框中，也可选择除 DNG 外的其他所有格式。

- DNG（Adobe 数字负片）格式包含来自数码相机的原始图像数据，以及定义图像数据含义的元数据。DNG 将成为相机原始图像数据的行业标准格式，可帮助摄影师管理各种专用相机原始数据格式，并提供了一种兼容的归档格式，但只能在 Camera Raw 中将图像存储为这种格式。

- JPEG（联合图像专家组）文件格式常用于在 Web 上显示的图像和其他连续调 RGB 图像。高分辨率的 JPEG 通过有选择地丢弃数据来缩小文件。压缩程度越高，图像质量越低。
- TIFF（标记图像文件格式）是一种灵活的格式，几乎所有的绘画、图像编辑和排版软件都支持。它可保存 Photoshop 图层。大多数控制图像捕获硬件（如扫描仪）的软件都能生成 TIFF 图像。
- PSD 格式是默认的文件格式。由于 Adobe 产品之间的紧密集成，其他 Adobe 软件（如 Adobe Illustrator、Adobe InDesign 和 Adobe GoLive）能够直接导入 PSD 文件，并保留众多的 Photoshop 特性。

在 Photoshop 中打开相机原始数据文件后，便可以使用多种不同的格式，如大型文档格式（PSB）、Photoshop PDF、GIF 或 PNG 保存它。还有一种 Photoshop Raw 格式（RAW），这是一种专用的技术文件格式，摄影师和设计人员很少用，不要将其与相机原始数据文件格式混为一谈。

有关 Camera Raw 和 Photoshop 中文件格式的详细信息，请参阅 Photoshop 帮助。

12.4 应用高级颜色校正

下面使用"色阶"、修复画笔工具和其他 Photoshop 功能改善图 12.2 所示的模特图像。

12.4.1 在 Camera Raw 中调整白平衡

这幅新娘图像存在轻微的色偏。接下来，将首先使用 Camera Raw 来校正颜色：设置白平衡并调整总体色调。

❶ 在 Bridge 中，切换到文件夹 Lesson12。选择文件 12B_Start.nef，再选择菜单"文件"＞"在 Camera Raw 中打开"。

❷ 在 Camera Raw 基本面板中，选择白平衡工具（ ），再单击婚纱上的白色区域，以消除绿色色偏，如图 12.27 所示。

> 💡提示　相比于单击阴影区域，单击被光源直接照射的白色服装区域的效果可能更佳。正对光源的中性区域的白平衡与光源的白平衡更接近，而对于阴影中的中性区域，其颜色可能因为附近的发射光而发生变化。

❸ 调整基本面板中的其他滑块，以便在 Camera Raw 中做尽可能多的调整，如图 12.28 所示。
- 将"曝光"增大到 +0.30。
- 将"对比度"增大到 +18。
- 将"清晰度"增大到 +8。

> 💡提示　对人像应用"清晰度"或"纹理"时要小心，如果设置过高，可能突出皮肤纹理和不光滑的地方（如雀斑和皱纹）。对于"清晰度"和"纹理"，最好使用局部调整工具来应用它们。

> 💡提示　此外，可尝试使用其他配置文件，看看效果是否更好。就这幅图像而言，"Adobe 颜色"和"Adobe 人像"的效果类似，但其他配置文件可能导致皮肤色调过于鲜艳或反差过于强烈。

图 12.27

图 12.28

④ 单击"打开"按钮右边的三角形,并选择"以对象形式打开"。

这幅图像将作为智能对象在 Photoshop 中打开。

12.4.2　调整色阶

色调范围决定了图像的对比度和细节量,而色调范围取决于像素分布情况:从最暗的像素(黑色)到最亮的像素(白色)。下面使用色阶调整图层来微调这幅图像的色调范围。

① 在 Photoshop 中,选择菜单"文件">"存储为",将文件命名为 Model_final.psd,并单击"保存"按钮。如果出现"Photoshop 格式选项"对话框,单击"确定"按钮。

② 单击调整面板中的"色阶"按钮,如图 12.29(a)所示。

Photoshop 将在图层面板中添加一个色阶调整图层,如图 12.29(b)所示。打开属性面板,其中包含与色阶调整相关的控件,以及一个直方图。直方图显示了图像中从最暗到最亮的值,其中左边的黑色三角形代表阴影,右边的白色三角形代表高光,而中间的灰色三角形代表灰度系数。除非是要获得特殊效果,否则理想的直方图应是这样的:黑场位于像素分布范围的起点,白场位于像素分布范围的终点,而直方图中间部分的峰谷分布均匀,这表示有足够多的像素为中间调。

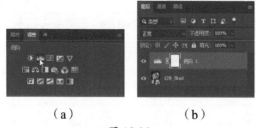

（a）　　　　　　（b）

图 12.29

③ 单击直方图左边的"计算更准确的直方图"按钮(▨▲),Photoshop 将更新直方图,如图 12.30 所示。

直方图的最右侧有一个白色三角形,它表示当前的白场,但在它左侧较远的地方才出现大量像素。所以,应设置白场,使其与大量像素开始出现的位置一致。

④ 将右边的白色三角形向左拖曳到开始有大量高光色调出现的地方，这里将它移到了 242 处。拖曳时，直方图下方的第三个输入色阶值将发生变化，图像本身也将相应地变化。

💡提示 向左拖曳这个白色三角形时，注意观看图像，确保高光细节没有丢失（千万不要裁剪掉皮肤色调）。要获悉图像中的哪些高光区域被修剪掉，可在拖曳这个三角形时按住 Alt 键（Windows）或 Option 键（macOS）。拖曳黑色三角形时，也可这样做，以获悉哪些阴影区域被修剪掉。

⑤ 将中间的灰色三角形稍微向右移，以稍微加暗中间调。这里将其值设置为 0.9，如图 12.31 所示。

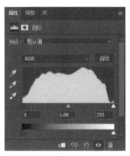

图 12.30 　　　　　　　　　　　　　　　图 12.31

12.4.3　在 Camera Raw 中调整饱和度

通过调整色阶，极大地改善了这幅图像，但新娘的晒斑还有点明显。下面在 Camera Raw 中调整饱和度，让皮肤色调更均匀。

① 双击图层 12B_Start 的缩览图，在 Camera Raw 中打开这个智能对象，如图 12.32 所示。

💡提示 这里在 Photoshop 中打开 Camera Raw，而前面是在 Bridge 中打开 Camera Raw，还可以同时在 Photoshop 和 Bridge 中打开 Camera Raw，并处理不同的原始数据图像。

② 在编辑模式下，展开混色器面板（从上往下数第 4 个）。

③ 单击"饱和度"标签。

④ 移动以下滑块让皮肤不那么红（见图 12.33）。

图 12.32 　　　　　　　　　　　　　　　图 12.33

- 将"红色"降低到 –2。
- 将"橙色"降低到 –10。
- 将"洋红色"降低到 –3。

⑤ 查看这些修改带来的影响，方法是单击混色器面板右上角的眼睛图标并按住鼠标，这将暂时禁用在这个面板中所做的修改，如图 12.34 所示；然后，松开鼠标以重新启用在这个面板中所做的修改。

图 12.34

⑥ 单击"确定"按钮，返回到 Photoshop。

12.4.4 使用修复画笔工具消除瑕疵

现在继续调整模特的脸。使用修复画笔和污点修复画笔消除瑕疵，让皮肤更光滑，消除眼睛中的血丝，以及消除鼻饰。

> ♀提示　Camera Raw 也有污点去除工具，其优点是所做的修改是随时可调整的，但在修复和修补图像方面，Photoshop 提供的工具多得多，这就是本课要使用 Photoshop 来消除瑕疵的原因。

① 在图层面板中，选择图层 12B_Start，再从图层面板菜单中选择"复制图层"，如图 12.35 所示。
② 将新图层命名为 Corrections 并单击"确定"按钮，如图 12.36 所示。

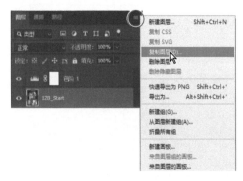  

图 12.35　　　　　　　　　　　　　　　　图 12.36

处理图层副本可保留原始像素供以后修改。使用修复画笔工具无法修改智能对象，因此首先需要将这个图层栅格化，将其变成普通的像素图层。

③ 选择菜单"图层">"智能对象">"栅格化"。
④ 放大模特的脸以便能够看清细节。
⑤ 选择污点修复画笔工具（ ）。
⑥ 在选项栏中做以下设置。

- 将"画笔大小"设置为 35 像素。
- 将"模式"设置为"正常"。

- 将"类型"设置为"内容识别"。

⑦ 使用污点修复画笔将鼻饰删除——可能单击一下就可以。

由于在选项栏中选择了"内容识别"，污点修复画笔工具将用类似于鼻钉周边的皮肤来替换鼻钉，如图 12.37 所示。

图 12.37

⑧ 在眼睛和嘴巴周围的细纹上绘画，还可消除模特脸部、脖子、胳膊和胸部的雀斑和痣。可以分别尝试单击、短距离涂绘或长距离涂绘。此外，还可尝试使用不同的设置，例如，消除嘴巴周围的皱纹时，在选项栏中选择"近似匹配"，并将混合模式设置为"变亮"。可以消除醒目或分散注意力的皱纹和瑕疵，但不要过度修饰，以免看起来不像本人。

对于较大的瑕疵，使用修复画笔工具来消除。因为使用修复画笔工具时，能更好地控制 Photoshop 将采集的像素。

⑨ 选择隐藏在污点修复画笔工具（✎）后面的修复画笔工具（✎），将画笔大小设置为 45 像素，将硬度设置为 100%。

⑩ 按住 Alt 键（Windows）或 Option 键（macOS）并单击脸颊下方，以指定采样源。

⑪ 在脸颊上的大痣上绘画，将其替换为采集的颜色，如图 12.38 所示。这里修改的是颜色，后面将消除纹理。

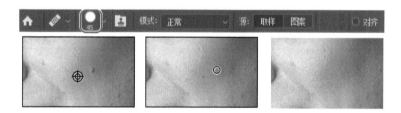

图 12.38

⑫ 使用修复画笔工具消除其他较大的瑕疵。

⑬ 选择菜单"文件">"存储"，保存所做的工作。

12.4.5　使用减淡和海绵工具改善图像

下面使用海绵和减淡工具加亮眼睛和嘴唇。

❶ 选择隐藏在减淡（✎）工具后面的海绵工具（✎）。在选项栏中，确保选择了"自然饱和度"复选框，并做以下设置。

- 将"画笔大小"设置为 35 像素。
- 将"硬度"设置为 0%。

- 将"模式"设置为"加色"。
- 将"流量"设置为50%。

② 在视网膜上拖曳以提高其颜色饱和度，如图12.39所示。

图 12.39

③ 将"画笔大小"改为70像素，将"流量"改为10%，再使用海绵工具在嘴唇上绘画以提高饱和度。

💡提示　降低工具的"流量"设置可拥有更大的控制权。通过降低工具的绘画速度，可通过反复绘画来逐渐获得所需的效果。

使用海绵工具还可去色。下面来减少眼角的红色。

④ 在选项栏中，将"画笔大小"改为45像素，将"流量"改为50%，再从"模式"下拉列表中选择"去色"。

⑤ 在眼角上绘画以减少红色。

⑥ 选择隐藏在海绵工具后面的减淡工具（🔍）。

⑦ 在选项栏中，将"画笔大小"设置为60像素，将"曝光度"设置为10%，并从"范围"下拉列表中选择"高光"。

⑧ 使用减淡工具在眼睛（眼白和视网膜）上绘画，将其加亮，如图12.40所示。

图 12.40

⑨ 在依然选择了减淡工具的情况下，在选项栏中从"范围"下拉列表中选择"阴影"。

⑩ 使用减淡工具加亮眼睛上方和视网膜周围，如图12.41所示。

图 12.41

12.4.6 调整皮色

在 Photoshop 中，可选择肤色所属的色彩范围，从而轻松地调整肤色，而不影响整幅图像。使用"肤色"选择颜色时，也将选择图像中具有类似颜色的区域，但由于只做细微的调整，因此这通常是可以接受的。

> ♀提示 Camera Raw 提供了简单的蒙版功能，其中包括局部调整工具中的范围蒙版，它可用于选择色彩或色调范围，但这里也使用了 Photoshop 来处理图像，以便能够使用它提供的根据颜色或色调创建选区的工具，因为这些工具更强大、更灵活。

❶ 选择菜单"选择">"色彩范围"。

❷ 在"色彩范围"对话框中，从"选择"下拉列表中选择"肤色"。

从预览可知，这选择了大部分图像。

❸ 选中"检测人脸"复选框。

从预览可知，选择的区域发生了变化。当前，选择了脸部、头发和婚纱上较亮的区域。

❹ 将"颜色容差"降低到 10，再单击"确定"按钮。

通过降低"颜色容差"设置，可缩小选区包含的色彩范围，从而缩小选区，让选区包含的头发和衣物部分更少。

以跳动的虚线（有时也被称为移动的蚂蚁）呈现出选定的图像区域，如图 12.42 所示。下面使用曲线调整图层减少皮色中的红色。

图 12.42

> ♀提示 要柔化选区（如使用"色彩范围"创建的选区）的边缘，可选择菜单"选择">"修改">"羽化"，也可等到图层蒙版创建后再模糊蒙版。

❺ 单击调整面板中的"曲线"图标，如图 12.43（a）所示。

Photoshop 在 Corrections 图层上面添加了一个曲线调整图层，并将前面创建的选区用作该调整图层的图层蒙版，如图 12.43（b）所示。

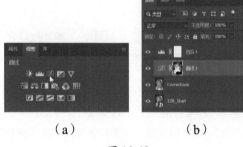

|（a）|（b）|

图 12.43

⑥ 在属性面板中，从"颜色通道"下拉列表中选择"红"，再单击曲线中央并稍微向下拖曳，选定的区域将不那么红，如图 12.44 所示。注意，向下不要拖曳太多，否则将出现绿色色偏。要查看调整前后有何不同，可在属性面板或图层面板中单击"切换图层可见性"按钮（◉）。

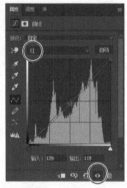

图 12.44

由于应用曲线调整图层前，选择了皮肤色调，因此皮肤颜色将发生变化，但背景不受影响。除皮肤外，这还稍微调整了图像的其他区域，但影响并不明显。

12.4.7 应用表面模糊

最后，将应用"表面模糊"滤镜，让模特的皮肤更光滑。"表面模糊"滤镜将模糊范围限定在不属于重要细节和边缘的区域。

❶ 选择图层 Corrections，再选择菜单"图层">"复制图层"。在"复制图层"对话框中，将图层命名为 Surface Blur，并单击"确定"按钮。

❷ 在选择了图层 Surface Blur 的情况下，选择菜单"滤镜">"模糊">"表面模糊"。

❸ 在"表面模糊"对话框中，保留"半径"设置为 5 像素，将"阈值"滑块移到 10 处，再单击"确定"按钮，如图 12.45 所示。"阈值"设置得很高时，周边必须差别很大才会被模糊。

"表面模糊"滤镜让模特的皮肤看起来太光滑了。下面降低图层的不透明度，以减弱这种效果。

❹ 在仍选择了图层 Surface Blur 的情况下，在图层面板中将不透明度改为 40%，如图 12.46 所示。

现在模特虽然看起来更真实，但还可使用橡皮擦工具实现更精确的表面模糊。

❺ 选择橡皮擦工具（✐）。在选项栏中，将画笔大小设置为 10~50 像素，硬度设置为 10%，并将不透明度设置为 90%，如图 12.47 所示。

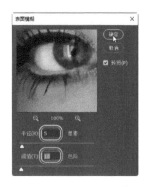

图 12.45 图 12.46

图 12.47

⑥ 在眼睛、眉毛、鼻子轮廓线和婚纱的细节上绘画。这将删除模糊后图层的相应部分，让下面更清晰图层的相应部分显示出来，如图 12.48 所示。

图 12.48

⑦ 缩小图像，以便能够看到整幅图像。

⑧ 将文件存盘。

⑨ 选择菜单"图层">"拼合图像"将图层拼合，以缩小图像文件。

♡ 注意 将相机原始数据图像存储为 Photoshop 或 TIFF 格式时，文件增大很多是很正常的。相机原始数据图像只有一个传感器数据通道，但处理后有多个通道（转换为 RGB 时有三个通道，转换为 CMYK 时有四个通道）。如果 Photoshop 或 TIFF 文件使用的位深更高（如每通道 16 位），还新增了图层和蒙版，文件将更大。

⑩ 再次将图像存盘，再关闭它。

通过使用 Photoshop 和 Camera Raw 的功能，让这位新娘状态更好，而且，在改善图像期间，可在 Photoshop 和 Camera Raw 之间切换，以执行不同的任务。

Camera Raw 的 HDR 和全景图功能

在 Camera Raw 中选择了多幅图像时，可单击并按住胶片菜单按钮，再选择"合并到 HDR"或"合并到全景图"，如图 12.49 所示。HDR（高动态范围）要求以较高和较低的曝光度对同一个场景拍摄多张照片，而全景图要求有多张可组成更大场景的照片。Photoshop 也提供了 HDR 和全景图功能，但 Camera Raw 采用的处理方法更新，因此使用起来更简单。另外，它提供了预览，能够在后台进行处理，还生成 DNG 文件，这种原始数据格式能够使用 Camera Raw 进行灵活地编辑。

图 12.49

使用光线绘画：将 Camera Raw 用作滤镜

在 Camera Raw 中处理文件后，可在 Photoshop 中打开它，以便开始编辑。另外，在 Photoshop 中，也可用滤镜的方式将 Camera Raw 设置应用于文件。下面以滤镜的方式使用 Camera Raw 来调整一幅静态图像。为以智能滤镜的方式使用 Camera Raw，需要先将图像转换为智能对象，这样所做的修改将不会影响原始文件。

1. 在 Photoshop 中，选择菜单"文件" > "打开"。切换到文件夹 Lessons\Lesson12，再双击文件 fruit.jpg，将其打开。

2. 选择菜单"滤镜" > "转换为智能滤镜"，并在出现的对话框中单击"确定"按钮。

3. 选择菜单"滤镜" > "Camera Raw 滤镜"，在 Camera Raw 中打开这幅图像。

"转换为智能滤镜"命令将图像转换为智能对象。此外，还可用标准滤镜的方式应用 Camera Raw 设置，但这样做将无法再次调整设置，也无法在图像文件中隐藏所做的调整。

4. 在工具栏中选择调整画笔。

在 Camera Raw 中，使用调整画笔可调整特定区域的曝光度、亮度和清晰度等，方法是直接在这些区域绘画。渐变滤镜工具的功能与此类似，但是以渐变的方式调整指定的照片区域。

5. 在画笔面板中，将"大小"设置为8，并展开它下面的选项，再将"羽化"设置为85。在选择性编辑面板中，将"曝光"设置为 +1.50。这指定了画笔将应用的调整，如图 12.50 所示。

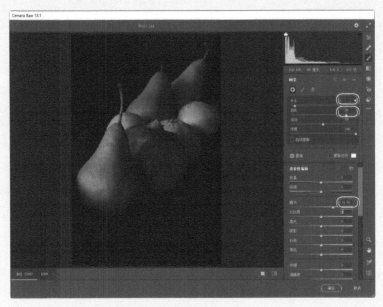

图 12.50

6. 在要应用上述设置的水果区域绘画。持续绘画，直到水果很亮为止，如图 12.51 所示。

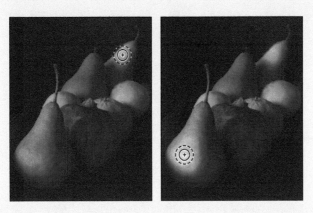

图 12.51

7. 在所有的水果上都画完后，在调整画笔面板中降低"曝光"设置，让图像看起来更逼真。

8. 要在 Camera Raw 中查看修改对图像的影响，单击图像底部的"原图 / 效果图视图"按钮或"切换到默认设置"按钮。

9. 对结果满意后，单击"确定"按钮。

Photoshop 将显示修改后的图像。在图层面板中，图层名下方出现了 Camera Raw 滤镜，可切换该滤镜的可见性图标来查看调整前后的图像。要编辑 Camera Raw 智能滤镜的设置，可双击图层面板中的 Camera Raw 滤镜。

注意到，将 Camera Raw 作为滤镜应用于图层时，可用的选项更少，而将 Camera Raw 用于编辑真正的原始数据文件时，可使用所有的选项。

12.5 复习题

1. 编辑相机原始图像与编辑 JPEG 或 Photoshop 文件格式的图像有何不同?
2. Adobe 数字负片（DNG）文件格式有何优点?
3. 在 Camera Raw 中，如何将相同的设置应用于多幅图像?
4. 在 Photoshop 中，如何将 Camera Raw 调整作为滤镜应用于非相机原始数据图层?

12.6 复习题答案

1. 相机原始数据文件包含数码相机图像传感器中未经处理的图片数据，让摄影师能够对图像数据进行解释，而不是由相机自动进行调整和转换。在 Camera Raw 中编辑图像时，它单独存储所做的编辑，而不修改相机原始文件，这样可根据需要对图像进行编辑再导出，同时保留原件不动，供以后使用或进行其他调整。
2. Adobe 数字负片（DNG）文件格式包含来自数码相机的原始图像数据，以及定义图像数据含义的元数据。DNG 是一种相机原始图像数据行业标准，可帮助摄影师使用开放标准管理专用的相机原始文件格式，它还提供了一种包含调整设置的兼容归档格式。
3. 在 Camera Raw 中，要将相同的设置应用于多幅图像，可在胶片区域中选择这些图像，单击并按住胶片菜单按钮，再选择“同步设置”。然后，选择要应用的设置，再单击“确定”按钮。
4. 在 Photoshop 中，要以滤镜的方式应用 Camera Raw 设置，可选择菜单“滤镜”>“Camera Raw 滤镜”。然后，在 Camera Raw 中做所需的修改，再单击“确定”按钮。如果希望以后能够调整设置，可用智能滤镜的方式应用 Camera Raw 设置。

第13课

处理用于 Web 的图像

本课概览

- 使用图框工具创建占位符。
- 使用图层组和画板。
- 记录动作以使一系列步骤自动化。
- 使用"导出为"保存整个版面和各项素材。

- 创建用于网站的按钮并对其应用样式。
- 优化用于 Web 的素材。
- 播放动作以影响多幅图像。
- 使用多个画板提供适用于多种屏幕尺寸的设计。

学习本课大约需要 **1** 小时

　　日常生活中，可能经常需要为网站按钮或其他元素创建独立的图像。"导出为"工作流程便能够轻松地将图层、图层组和画板保存为独立的图像文件。

13.1 概述

在本课中，将为一个西班牙美术馆主页创建按钮，再为每个按钮生成合适的图形文件。接下来，将使用图层组来组织按钮，再创建动作，以便对用作第二组按钮的图像进行处理。

首先，来查看最终的 Web 设计。

① 启动 Photoshop 并立刻按"Ctrl + Alt + Shift"（Windows）或"Command + Option + Shift"（macOS）组合键，以恢复默认首选项（参见前言中的"恢复默认首选项"）。

② 出现提示对话框时，单击"是"按钮，确认并删除 Adobe Photoshop 设置文件。

③ 选择菜单"文件">"在 Bridge 中浏览"。

> **注意** 如果没有安装 Bridge，在选择菜单"文件">"在 Bridge 中浏览"时，将启动桌面应用程序 Adobe Creative Cloud，而它将下载并安装 Bridge。安装完成后，便可启动 Bridge。更详细的信息请参阅前言。

④ 在 Bridge 中，单击收藏夹面板中的文件夹 Lessons，再双击内容面板中的文件夹 Lesson13。

⑤ 在 Bridge 中查看文件 13End.psd。

这个网页底部有八个按钮，它们排成两行。先使用图像手工制作第一行按钮，再使用动作来制作第二行按钮。

⑥ 双击文件 13Start.psd 的缩览图，在 Photoshop 中打开它，如图 13.1 所示。如果出现"缺失匹配文件"对话框，单击"确定"按钮。

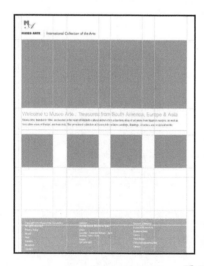

图 13.1

⑦ 选择菜单"文件">"存储为"，并将文件重命名为 13Working.psd。在"Photoshop 格式选项"对话框中，单击"确定"按钮。

> **注意** 如果 Photoshop 显示一个对话框，指出保存到云文档和保存到计算机之间的差别，则单击"保存在您的计算机上"按钮。此外，还可选择"不再显示"复选框，但当重置 Photoshop 首选项后，将取消选择这个设置。

13.2　使用图框工具创建占位符

设计印刷、Web 或移动设备项目时，通常在设计版面时还没有最终要使用的图形。在这种情况下，可先添加临时图形，以后再用最终的图形替换它们，但这会增加文件管理工作量。为简化设计过程，可在早期设计阶段创建被称为图框的占位形状，这样有了最终使用的图形后，可轻松地将它们添加到占位图框中。

要创建图框，可使用图框工具。图框可包含导入的图像、智能对象或像素图层。创建的图框将出现在图层面板中，因为图框犹如带矢量蒙版的图层组。

文档 13Working.psd 包含几个灰色框，用于放置将在本章创建的图框。自己设计项目时，可直接使用图框工具来添加图框。

❶ 选择菜单"编辑">"首选项">"单位与标尺"（Windows）或"Photoshop">"首选项">"单位与标尺"（macOS）。在对话框的"单位"部分，确保从"标尺"下拉列表中选择了"像素"，再单击"确定"按钮，如图 13.2 所示。

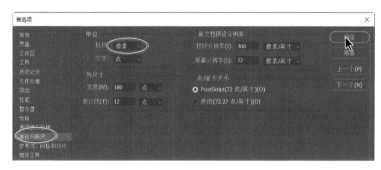

图 13.2

> 💡 **提示**　一种快速修改度量单位的方式是，右击（Windows）或按住 Control 键并单击（macOS）标尺，再选择所需的单位。

由于这个文档将作为网页，因此需要以像素为单位。

❷ 选择菜单"窗口">"信息"，打开信息面板。

移动鼠标或建立选区时，信息面板将动态地显示信息。具体显示哪些信息取决于选择的是什么工具。使用信息面板来确定标尺参考线的位置（基于 Y 坐标），以及选定区域的大小（基于宽度和高度）。这个面板还能够方便地获悉鼠标指针指向像素的颜色值。

> 💡 **提示**　要定制信息面板显示颜色值的方式，可单击其中的吸管图标并选择所需的显示方式。

❸ 如果看不到标尺，选择菜单"视图">"标尺"。

> 💡 **提示**　显示 / 隐藏标尺的键盘快捷键为 Ctrl+R（Windows）或 Command+R（macOS）。

13.2.1　添加图框

添加图框很容易，因为可像创建形状（如矩形或圆）那样创建它们。

❶ 在工具面板中，选择图框工具（⊠）。

② 通过拖曳鼠标创建一个矩形图框，它覆盖了文档顶部的大型灰色矩形，如图 13.3 所示。

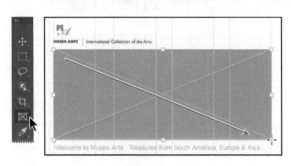

图 13.3

💡 提示　要创建椭圆或圆形图框，可单击选项栏中的"椭圆图框"图标。

这个图框显示为一个内部有 X 的矩形，其中的 X 表明它不是矢量形状，而是占位图框。作为占位符，随时可将图形添加到其中。

💡 提示　要创建其他形状的（如星形）图框，可先使用钢笔工具或形状工具绘制所需的形状，再在图层面板中选择该形状图层，并选择菜单"图层">"新建">"转换为图框"。

13.2.2　将图形添加到图框中

有了要放置到文档中的图像和图形后，就可将它们添加到已创建好的占位图框中。

① 在图层面板中，确保依然选择了图层"图框 1"。

② 选择菜单"文件">"置入链接的智能对象"。

③ 切换到文件夹 Lesson13\Art，选择文件 NorthShore.jpg，并单击"置入"按钮。

这幅 JPEG 图像将出现在选定的图框内，并自动调整大小以适合图框，如图 13.4 所示。

图 13.4

此外，也可从 Bridge 或桌面将图像拖曳到 Photoshop 文档窗口内的图框中，这将嵌入该图像。要链接该图像，可在拖曳到 Photoshop 文档窗口时按住 Alt 键（Windows）或 Option（macOS）键。

13.2.3　使用属性面板调整图框的属性

在图层面板中选择了图框时，可在属性面板中看到和编辑其属性，可利用这一点在创建图框后修改它。

❶ 使用图框工具在四个灰色方框和文档底部之间绘制一个矩形图框，如图 13.5 所示。其大小和位置无关紧要，因为接下来将修改它。

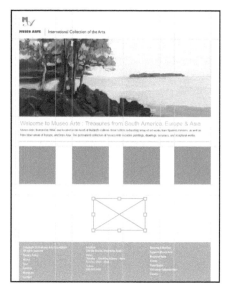

图 13.5

❷ 在选择了这个图框的情况下，在属性面板中做以下设置，如图 13.6（a）所示。

· 宽度：180。

· 高度：180。

· X：40。

· Y：648。

设置上述值后，该图框的大小和位置应该与第一个灰色方框匹配，如图 13.6（b）所示。

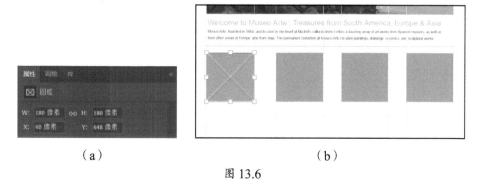

（a）　　　　　　　　　　　（b）

图 13.6

💡提示　与在控制面板中一样，在属性面板的字段中，可右击（Windows）或按住 Control 键并单击（macOS）来修改度量单位；此外，还可在值后面输入单位（如 "4 in"）来覆盖默认度量单位。

13.2.4　复制图框

这行的其他三个方框的大小与这个方框相同，因此这里不用手工绘制全部四个方框，而直接复制即可。复制图框的方法与复制图层类似，因为图框出现在图层面板中。

① 在图层面板中，将图层"图框 1"拖曳到"创建新图层"按钮上，图层面板中将出现复制的图层，它名为"图框 1 拷贝"，如图 13.7 所示。

图 13.7

② 在选择了图层"图框 1 拷贝"的情况下，在属性面板中将 X 的值改为 300，让复制的图框与第二个灰色方框对齐。

③ 重复第 1~2 步两次，再复制两个图框，并在属性面板中将它们的 X 值分别设置为 550 和 800。这就创建了四个排列成行的占位图框，如图 13.8 所示。

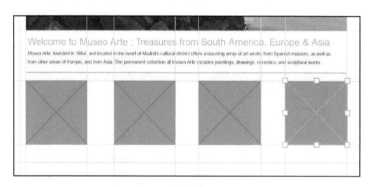

图 13.8

13.2.5　在图框中添加图像

有了最终要使用的图形后，可快速将它们添加到各个图框中。为此，一种方便的方式是使用属性面板。

① 确保选择了第一个方形图框（图层"图框 1"）。

② 在属性面板中，从下拉列表"插入图像"中选择"从本地磁盘置入 - 链接式"，如图 13.9 所示。

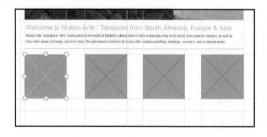

图 13.9

③ 切换到文件夹 Lesson13\Art，选择文件 Beach.jpg，再单击"置入"按钮。

文件 Beach.jpg 将缩放以适合图框，该图层的名称将变成"Beach 画框"，而属性面板中将显示该文件的路径，如图 13.10 所示。

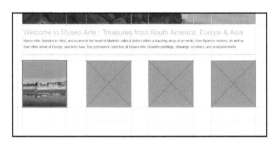

图 13.10

④ 对其他三个方形图框重复第 2~3 步，分别置入文件 NorthShore.jpg、DeYoung.jpg 和 MaineOne.jpg，结果如图 13.11 所示。另外，要在画框中置入链接的图像，也可按住 Alt 键（Windows）或 Option 键（macOS），并将图像从桌面拖曳到图框中。

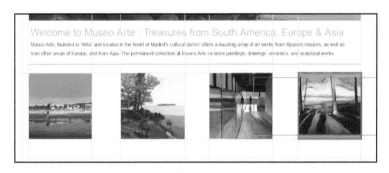

图 13.11

⑤ 在图层面板中，通过单击选择图层"MainOne 画框"的图层缩览图（右边带链接图标的缩览图），将只选择图框的内容（单击左边的缩览图将选择图框）。

⑥ 选择菜单"编辑">"自由变换"，并根据需要拖曳图像或手柄，以调整其大小或在图框内的位置。调整好后按 Enter 键，结果如图 13.12 所示。

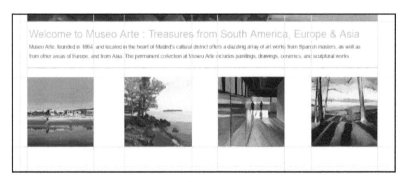

图 13.12

💡提示　如果只想选择图框，可使用移动工具单击图框边缘。这种方法在附近没有其他对象或参考线影响选择时最有效。

> 💡 **注意** 如果使用移动工具无法选择图框或其内容，确保在选项栏中启用了自动选择图层。没有启用自动选择图层时，必须在图层面板中单击图框或其内容的缩览图。

将图像添加到图框中后，最好检查所有的图框，确保图形的位置和大小都正确。另外，可随便调整其他图框中的图像。

13.3 使用图层组来创建按钮图形

图层组能够组织和处理复杂图像中的图层，在一系列图层协同工作时尤其如此。接下来，将使用图层组来组织每个按钮的图层，方便以后导出素材。

前面创建的四个图框是按钮的雏形，下面给每个图框添加标签，指出它们表示的画廊，再添加投影和描边。

13.3.1 创建第一个按钮

① 如果还没有打开信息面板，选择菜单"窗口">"信息"打开它。

② 再将鼠标指针指向水平标尺，向下拖曳一条标尺参考线，直到信息面板中显示的 Y 值为 795 像素，如图 13.13 所示。

> 💡 **提示** 如果难以准确地放置水平标尺参考线，请放大图像。

图 13.13

将根据这条参考线在图像底部绘制一个用于放置标签的条带。

③ 放大第一幅方形图像——男人在沙滩上跑步的图像，再在图层面板中选择图层"Beach 画框"，如图 13.14 所示。

图 13.14

下面使用这幅图像来设计第一个按钮。

④ 单击图层面板底部的"创建新图层"按钮，图层"Beach 画框"上方将出现一个名为"图层 1"的新图层，将其重命名为 band。

⑤ 选择工具面板中的矩形选框工具（[⋮]），再拖曳出一个环绕图像底部并与参考线对齐的选框。这个选区应宽 180 像素、高 33 像素。确保该选区的左、右、下边缘都与画框对齐。

⑥ 选择菜单"编辑">"填充"。在"填充"对话框中，从"内容"下拉列表中选择"颜色"，再在拾色器中选择一种深蓝色（RGB 值为 25、72、121）。单击"确定"按钮关闭拾色器，再单击"确定"按钮关闭"填充"对话框，并让填充生效，结果如图 13.15 所示。

图 13.15

在图像底部建立的选区内，出现了一条深蓝色条带。下面在其中添加文字。

⑦ 选择菜单"选择">"取消选择"。

⑧ 选择横排文字工具，并在选项栏中做以下设置，如图 13.16（a）所示。

- 将字体系列设置为 Myriad Pro。
- 将字体样式设置为 Regular。
- 将字体大小设置为 18 点。
- 将防锯齿设置为浑厚。
- 将对齐方式设置为居中。
- 将颜色设置为白色。

⑨ 在蓝色条带中央单击，并输入"GALLERY ONE"，如图 13.16（b）和图 13.16（c）所示。如果必要，使用移动工具调整这个文字图层的位置。

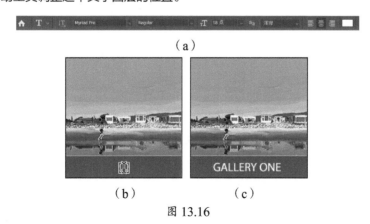

（a）

（b）　　　　　（c）

图 13.16

⑩ 在图层面板中，选择图层 GALLERY ONE 和 band，再选择菜单"图层">"图层编组"。

Photoshop 将创建一个名为"组 1"的图层组。

> **提示** 在图层面板中选择了多个图层时,还可通过以下两种方式来创建图层组:单击图层面板底部的"创建新组"按钮;按键盘快捷键为 Ctrl +G(Windows)或 Command + G(macOS)。

⑪ 双击图层编组"组 1",并将其重命名为 Gallery 1,再展开它。刚才选择的图层缩进,这表明它们属于这个图层编组,如图 13.17 所示。

图 13.17

⑫ 向上拖曳图层组 Gallery 1,将其放在其他所有图框图层的上面,如图 13.18 所示。

图 13.18

⑬ 选择菜单"文件">"存储"。

13.3.2 复制按钮

至此,第一个按钮的标签设计完成,可重复这些步骤给其他按钮创建标签,但更快的方法是,复制刚才创建的图层组并根据需要进行编辑。

❶ 在图层面板中,确保选择了图层组 Gallery 1。

❷ 选择移动工具,并确保在选项栏中取消选择了"自动选择"复选框,如图 13.19 所示。

图 13.19

❸ 按住 Alt 键(Windows)或 Option 键(macOS),并将按钮 Gallery One 向右拖曳到与第二个方形图框及其参考线对齐后松开鼠标,结果如图 13.20 所示。

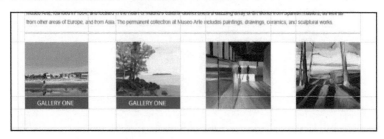

图 13.20

💡注意 在图层面板中，移动选定的图层组将移动其中的所有图层，即便在图层面板中这些图层看起来没有被选定。

使用移动工具拖曳时按住 Alt 键或 Option 键将创建图层组的拷贝。松开鼠标后，创建的拷贝（图层组"Gallery 1 拷贝"）将出现在图层面板中并被选定。

④ 重复第 3 步，即按住 Alt 键（Windows）或 Option 键（macOS）并将第二个按钮拖曳到第三个方形图框中，再将第三个按钮复制到第四个方形图框中，完成这行按钮的创建。

下面来编辑这三个拷贝中的文本，使其与相应的图像匹配。

⑤ 使用横排文字工具选择第二个按钮中的 ONE，并将其改为 TWO，结果如图 13.21 所示。

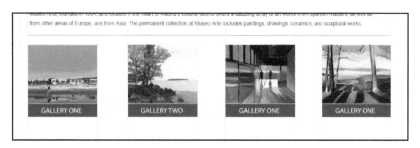

图 13.21

⑥ 对第三和第四个按钮重复第 5 步，将文本分别改为 GALLERY THREE 和 GALLERY FOUR。

⑦ 编辑完文本 GALLERY FOUR 后，通过选择移动工具提交这次文本编辑，结果如图 13.22 所示。

图 13.22

⑧ 在图层面板中，修改各个图层组的名称，使其与内容一致：

· 双击图层组名称"Gallery 1 拷贝"，并将其改为 Gallery 2。

- 双击图层组名称"Gallery 1 拷贝 2",并将其改为 Gallery 3。
- 双击图层组名称"Gallery 1 拷贝 3",并将其改为 Gallery 4。

💡提示　如果增大图层面板的高度,使得能够同时看到多个展开的图层组,上述任务将更容易完成。

下面来将各个按钮图像移到相应的图层组中。

⑨ 在图层面板中,执行以下操作。

- 将图层"Beach 画框"拖曳到图层组 Gallery 1,并放在图层 GALLERY ONE 和 band 的下面,如图 13.23 所示。
- 将图层"NorthShore 画框"拖曳到图层组 Gallery 2,并放在图层 GALLERY TWO 和 band 的下面。
- 将图层"DeYoung 画框"拖曳到图层组 Gallery 3,并放在图层 GALLERY THREE 和 band 的下面。
- 将图层"MaineOne 画框"拖曳到图层组 Gallery 4,并放在图层 GALLERY FOUR 和 band 的下面。

⑩ 单击各个 Gallery 图层组图标旁边的箭头,将这些图层组折叠起来,让图层面板更整洁,如图 13.24 所示。

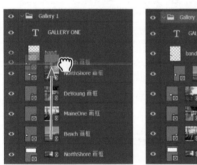

图 13.23　　　　　　　　　　　　　图 13.24

下面来添加投影和描边,以改善按钮的外观。

⑪ 在图层面板中,选择图层组 Gallery 1,再单击图层面板底部的"添加图层样式"按钮(fx),并选择"投影"。

💡提示　将样式应用于图层组时,样式将应用于其中的所有图层。至此,将样式成功应用于图层和图层组。

⑫ 在"图层样式"对话框中,在"结构"部分做以下设置(见图 13.25)。

- 将不透明度设置为 27%。
- 将距离设置为 9 像素。
- 将扩展设置为 19 像素。
- 将大小设置为 18 像素。

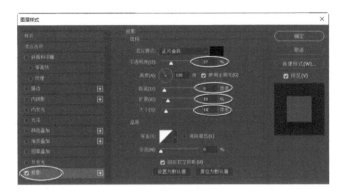

图 13.25

⑬ 选择左边的"描边"确保它被启用,再做以下设置。

· 将大小设置为 1 像素。

· 将位置设置为内部。

· 单击"颜色"右边的色板打开拾色器,再单击蓝色条带采集其颜色,然后单击"确定"按钮选择这种颜色。

> **注意** 请务必单击字样"描边"。如果单击对应的复选框,Photoshop 将使用默认设置应用该样式,而不显示其选项。

⑭ 单击"确定"按钮应用这两种样式,如图 13.26 所示。
投影和描边出现在了该按钮的图层组中,还出现在图层面板中。

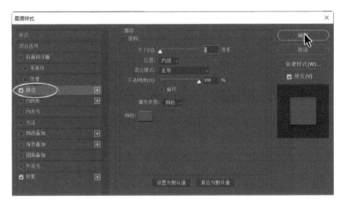

图 13.26

⑮ 在图层面板中,将鼠标指针指向图层组 Gallery 1 旁边的 fx 图标,再按住 Alt 键(Windows)或 Option 键(macOS),并将这个图标拖曳到图层组 Gallery 2,如图 13.27 所示。这是一种快速将图层效果复制到另一个图层或图层组的方式。

> **提示** 另一种复制图层或图层组效果的方式是,按住 Alt 键(Windows)或 Option 键(macOS)并拖曳字样"效果",这与拖曳 fx 图标等效。

⑯ 重复第 15 步,将图层效果复制到图层组 Gallery 3 和 Gallery 4。

⑰ 在图层面板中,展开图层组 Button Art,单击 Navigation 的眼睛图标使该图层可见,再将图层组 Button Art 折叠起来。

图 13.27

图层 Navigation 包含在博物馆网站各部分导航的控件，如图 13.28 所示。

图 13.28

⑱ 保存并关闭这个文件。

13.4 自动化多步任务

动作是一个或多个命令，用户可以记录并播放它，从而将其应用于一个或一批文件。在本节中，将创建一个动作，以便对一组图像进行处理，从而在设计的网页中将它们用作显示其他画廊的按钮。

💡 提示　动作易于使用，但应用范围有限。要自动化 Photoshop 并获得更大的控制权，可编写脚本。Photoshop 能够运行使用 VBScript（Windows）、AppleScript（macOS）或 JavaScript（Windows 和 macOS）编写的脚本。

13.4.1　记录动作

接下来，记录一个动作，它将调整图像的大小、修改画布的尺寸并添加图层样式，让其他按钮与前面创建的按钮匹配。通过使用动作面板，可记录、播放、编辑和删除动作，还可存储和加载动作文件。

文件夹 Buttons 包含四幅图像，它们将用于在网页中创建其他按钮。这些图像很大，因此首先需要做的是调整大小，使其与既有按钮匹配。这里将对文件 Gallery5.jpg 执行所有的步骤并记录动作，再通过播放这个动作自动对这个文件夹中的其他图像做同样的修改。

❶ 选择菜单"文件">"打开"，并切换到文件夹 Lesson13\Buttons。双击文件 Gallery5.jpg，在 Photoshop 中打开它。

❷ 选择菜单"窗口">"动作"，打开动作面板，将文件夹"默认动作"折叠起来，将创建并使用自己的动作组。

❸ 单击动作面板底部的"创建新组"按钮（▢），在"新建组"对话框中，将动作组命名为 Buttons，再单击"确定"按钮，如图 13.29 所示。

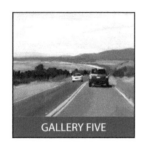

图 13.29

Photoshop 自带了多个录制好的动作，它们都位于"默认动作"组中。用户可使用动作组来组织动作，这样查找所需的动作将更容易。

❹ 单击动作面板底部的"创建新动作"按钮（⊞），将动作命名为 Resizing and Styling Images，再单击"记录"按钮。

给动作命名时，最好指出动作的功能，这样以后可轻松地找到它们。

在动作面板底部，"开始记录"按钮变成了红色，代表正在记录，如图 13.30 所示。

记录的过程中保持耐心，务必准确地完成下面的过程。动作不会记录执行步骤花费的时间，而只记录执行的步骤，且播放时将加速执行这些步骤。

图 13.30

首先，来调整图像的大小并进行锐化。

❺ 选择菜单"图像">"图像大小"，并做以下设置。

• 确保选择了"重新采样"复选框。

• 从宽度的"单位"下拉列表中选择"像素"，再将宽度改为 180。

• 确保高度也变成了 180 像素。宽度和高度值左边的约束宽高比图标，代表宽高比不变。

❻ 单击"确定"按钮，如图 13.31 所示。

图 13.31

⑦ 选择菜单"滤镜">"锐化">"智能锐化",再做以下设置,并单击"确定"按钮(见图 13.32)。

- 将数量设置为 100%。
- 将半径设置为 1.0 像素。

图 13.32

另外,需要对这幅图像做些其他的修改,但这些修改在背景图层被锁定的情况下是无法执行的。下面将背景图层转换为常规图层。

⑧ 双击图层面板中的背景图层,在"新建图层"对话框中,将图层命名为 Button,并单击"确定"按钮,如图 13.33 所示。

图 13.33

重命名背景图层将把它转换为常规图层,因此 Photoshop 显示"新建图层"对话框。但新图层将替换背景图层,换而言之,Photoshop 并没有在图像中添加图层。

> ♀ 提示 如果只想将背景图层转换为常规图层,而不对其重命名,只需在图层面板中单击背景图层的锁定图标。

将背景图层转换为常规图层后,就可修改画布大小并添加图层样式了。

⑨ 选择菜单"图像">"画布大小"，并执行以下操作（见图 13.34）。

- 确保单位设置成了像素。
- 将宽度和高度都改为 220 像素。
- 单击"定位"部分中央的方块，确保画布均匀地向四周扩大。
- 单击"确定"按钮。

图 13.34

> 💡提示　需要增大或减小文档的区域时，使用"画布大小"；要重新采样、修改物理尺寸或修改文档的分辨率时，使用"图像大小"。

⑩ 选择菜单"图层">"图层样式">"投影"。

> 💡提示　在录制期间不要执行多余的操作，因为动作面板会记录所有的 Photoshop 图像编辑操作。如果记录了多余的步骤，必须在记录完毕后进行编辑。动作面板不会记录视图变化，如滚动和缩放。

⑪ 在"图层样式"对话框中，做以下设置（见图 13.35）。

- 将不透明度设置为 27%。
- 将角度设置为 120 度。
- 将距离设置为 9 像素。
- 将扩展设置为 19%。
- 将大小设置为 18 像素。

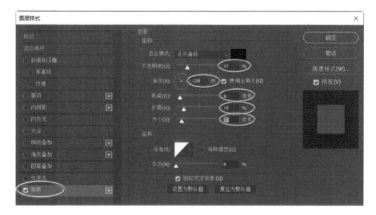

图 13.35

⑫ 在依然打开了"图层样式"对话框的情况下，选择左边的"描边"，并做以下设置。

• 将大小设置为 1 像素。

• 将位置设置为内部。

• 单击"颜色"旁边的色板打开拾色器，再单击蓝色条带采集其颜色，并单击"确定"按钮选择这种颜色。

> 🔆 **注意** 请务必单击字样"描边"。如果单击相应的复选框，Photoshop 将使用默认设置应用描边样式，而不显示其选项。

⑬ 单击"确定"按钮应用这两种样式，如图 13.36 所示。

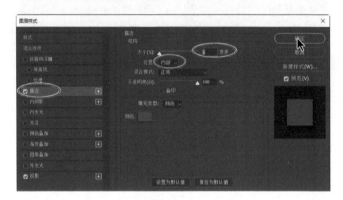

图 13.36

⑭ 选择菜单"文件">"存储为"，将格式设置为 Photoshop，并单击"保存"按钮。如果出现"Photoshop 格式选项"对话框，单击"确定"按钮。

⑮ 关闭文件，将切换到"主页"屏幕。在"主页"屏幕中，单击 Photoshop 图标（见图 13.37），以便能够再次看到动作面板。

图 13.37

⑯ 单击动作面板底部的"停止记录"按钮，如图 13.38 所示。

图 13.38

在动作面板中，刚才记录的动作（Resizing and Styling Images）被存储到动作组 Buttons 中。单击箭头展开各个步骤，可查看记录的每个步骤，以及所做的设置。

查看动作时，可通过拖曳调整步骤的顺序，通过双击编辑步骤，还可删除步骤。

13.4.2 对一批文件播放动作

通过应用动作执行文件常见任务可节省时间，但可以同时对多个文件应用动作以进一步提高工作效率。下面对其他三幅图像应用刚才记录的动作。

① 选择菜单"文件">"打开"，切换到文件夹 Lesson13\Buttons，按住 Ctrl 键（Windows）或 Command 键（macOS），并选择文件 Gallery6.jpg、Gallery7.jpg 和 Gallery8.jpg，再单击"打开"按钮。

② 选择"文件">"自动">"批处理"。

③ 在"批处理"对话框中执行以下操作（见图 13.39）。

· 确保从"组"下拉列表中选择了 Buttons，并从"动作"下拉列表中选择了刚才记录的动作 Resizing and Styling Images。

· 从"源"下拉列表中选择"打开的文件"。

· 确保在"目标"下拉列表中选择了"无"。

· 单击"确定"按钮。

图 13.39

可创建根据指定条件改变行为的动作，为此可从动作面板菜单中选择"插入条件"。

Photoshop 将播放这个动作，对所有打开的文件执行其中的步骤。另外，还可将动作应用于整个文件夹，而无须打开其中的图像。

由于记录动作时保存并关闭了文件，因此 Photoshop 将每幅图像都以 PSD 格式保存到原来的文件夹再关闭它。关闭最后一个文件后，Photoshop 将切换到"主页"屏幕。

如果播放动作时出现错误，单击"停止"按钮。记录的动作可能有问题，记录过程中需要更正错误时尤其如此。此时可尝试排除问题，也可重新记录动作。

13.4.3 在 Photoshop 中置入文件

其他四个按钮图像已准备就绪，可以置入设计中。注意到，这些按钮图像都有带画廊名的蓝色条带，因此无须执行添加这些内容的步骤。

① 如果主页中的"最近使用项"列表中包含文件 13Working.psd，单击来打开它。如果没有，选择菜单"文件">"打开"来打开它。

② 在图层面板中，选择图层组 Gallery 4。这将确保置入的文件不会添加到任何图层组中，因为新图层将添加到选定的图层上面。

③ 选择菜单"文件">"置入嵌入对象"。

接下来，将把这些文件作为嵌入的智能对象置入。由于它们是嵌入的，因此整幅图像都将复制到 Photoshop 文件中。

④ 在"置入嵌入对象"对话框中，切换到文件夹 Lesson13\Buttons，并双击文件 Gallery5.psd。

Photoshop 将把文件 Gallery5.psd 置入文件 13Working.psd 的中央，但并不想将它放在这个地方，下面来移动它。

⑤ 将这幅图像拖曳到按钮 Gallery One 下方，并使用参考线使其与上方的图像对齐。移动到所需的位置后，按 Enter 键提交修改，如图 13.40 所示。

> 💡 注意　置入的图像的定界框比按钮大，这因为定界框需要将向外延伸的投影包含在内。

图 13.40

> 💡 提示　要以嵌入的方式置入文件，也可将它们从桌面或其他软件拖曳到 Photoshop 文档中。另外，还可选择多个文件将它们同时置入，在这种情况下，提交一幅图像后将接着置入下一幅图像。

⑥ 重复第 3~5 步，置入文件 Gallery6.psd、Gallery7.psd 和 Gallery8.psd，将它们分别放在按钮 Gallery Two、Gallery Three 和 Gallery Four 的下方，并分别与这些按钮对齐，如图 13.41 所示。

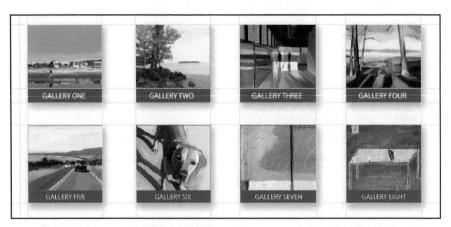

图 13.41

⑦ 保存所做的工作，再关闭文件。

13.5 使用画板进行设计

设计网站或移动设备用户界面时，可能需要将按钮或其他内容存储为独立的图像文件。在 Photoshop 中，可使用"导出为"功能将整个文档或各个图层导出为适用于 Web 或移动设备的格式，包括 PNG、JPEG、GIF 或 SVG。除同时将多个图层导出为不同的文件外，"导出为"还能够同时导出多个不同尺寸的文件，这能够生成一组分别用于高分辨率和低分辨率显示器的图像。

> 💡 **提示** 如果要更好地控制图层导出为 Web 或移动用户界面，可以使用 Adobe 生成器。启用了 Adobe 生成器后，Photoshop 将自动根据图层的命名方式导出并优化图层。

在一个设计中可能需要实现不同的想法，也可能需要为不同尺寸的显示器提供不同的设计。通过使用画板，将更容易实现这样的目标。画板类似于单个 Photoshop 文档中的多个画布，也可使用"导出为"将整个画板导出。

使用"导出为"时，可通过选择画板或图层面板中的图层来控制要导出哪些内容。

> 💡 **提示** 注意到，较老的 Photoshop 版本包含"存储为 Web 所用格式"命令，或学习过如何使用这个命令。Photoshop 依然在菜单"文件" > "导出"中提供了这个命令，名为"存储为 Web 所用格式（旧版）"，但使用这个命令无法导出多个图层、画板或缩放比例，而使用"导出为"则可以。

13.5.1 复制画板

下面使用画板来调整博物馆网站的设计，以便用于不同的屏幕尺寸，然后同时导出这两个设计。

❶ 在 Photoshop 主页中，单击"打开"按钮，如图 13.42 所示。切换到文件夹 Lesson13，并打开文件 13Museo.psd。

图 13.42

❷ 选择菜单"文件" > "存储为"，将文件重命名为 13Museo_Working.psd，并单击"保存"按钮。在"Photoshop 格式选项"对话框中，单击"确定"按钮。

接下来，将采用响应式 Web 设计并修改这个网页，使其能够在各种尺寸的显示器（从台式机到智能手机）上正确地显示。

③ 选择菜单"选择"＞"所有图层"，如图 13.43 所示。

图 13.43

> **注意** 选择菜单"选择"＞"所有图层"并没有选择图层 Background，因为这个图层默认被锁定。

④ 选择菜单"图层"＞"新建"＞"来自图层的画板"，将画板命名为 Desktop，并单击"确定"按钮。在文档窗口中，画板名将出现在新建的画板上方，而画板也将出现在图层面板中，如图 13.44 所示。

图 13.44

⑤ 在工具面板中，确保选择了与移动工具位于同一组的画板工具（▢），再按住 Alt 键（Windows）或 Option 键（macOS）并单击画板右边的"添加画板"按钮（见图 13.45），以复制画板 Desktop 及其内容。

⑥ 在图层面板中，双击复制画板的名称"Desktop 拷贝"，并重命名为 iPhone，如图 13.46 所示。

⑦ 在属性面板中，从"将画板设置为预设"下拉列表中选择"iPhone 8/7/6"，这种画板预设应用 iPhone 8、iPhone 7 和 iPhone 6 的像素尺寸（宽 750 像素、高 1334 像素）。现在可以以设计 Desktop 使用的元素为基础，开发用于 iPhone 的设计。另外，确保不同设计的一致性也更容易，因为台式机设计和移动设计位于同一个文档中。

⑧ 保存所做的工作。

> **提示** 在选择了画板工具的情况下，也可从选项栏中的"大小"下拉列表中选择预设。如果没有画板预设与目标设备（如新推出的设备）的屏幕尺寸一致，可在选项栏或属性面板中指定所需的宽度和高度。

图 13.45

图 13.46

13.5.2　使用画板创建不同的设计

至此，有两个分别用于台式机和智能手机屏幕尺寸的画板。接下来要做的是，调整这些用于台式机的元素，使其适合智能手机屏幕的宽度和高度。

❶ 在图层面板中，展开画板 iPhone。单击其中的第一个图层，再按住 Shift 键并单击最后一个图层，以选择这个画板中的所有图层，同时不选择画板本身，如图 13.47 所示。

❷ 选择菜单"编辑">"自由变换"。

❸ 在选项栏中做以下设置（见图 13.48）。

· 通过单击选择"切换参考点"复选框，使得在定界框中可看见参考点，以便修改参考点。

· 选择参考点定位器的左上角，现在缩放、旋转和其他变换将基于定界框的左上角（而不是中心），直到提交变换为止。

· 确保选择了"保持宽高比"按钮（⚭），使得缩放选定图层时宽和高比保持不变。

· 将宽度设置为 726 像素（输入"726px"）。

图 13.47

图 13.48

> 💡提示　可通过拖曳将参考点放到变换定界框里面和外面的任何位置。

❹ 按 Enter 键将新设置应用于所有选定的图层（按一次 Enter 键让选项栏中的值生效，再次按 Enter 键才会提交变换）。

这些设置将选定图层的宽度缩小到 726 像素（并保持左上角的位置不变），以适合画板。

❺ 将鼠标指针指向自由变换定界框内部，再按住 Shift 键并向下拖曳选定的图层，直到在页面顶

部能够看到 Museo Arts 徽标，如图 13.49 所示。

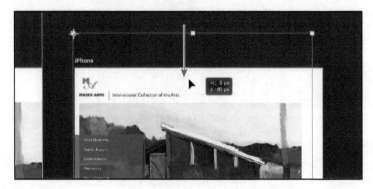

图 13.49

⑥ 按 Enter 键退出自由变换模式，再选择菜单"选择">"取消选择图层"。

⑦ 在图层面板中，选择图层 Logo，再选择菜单"编辑">"自由变换"。

⑧ 拖曳自由变换定界框右下角的手柄，直到这个徽标的宽度为 672 像素，以便与其他元素的宽度匹配（见图 13.50），再按 Enter 键。这种宽度让徽标在智能手机屏幕上更清晰。

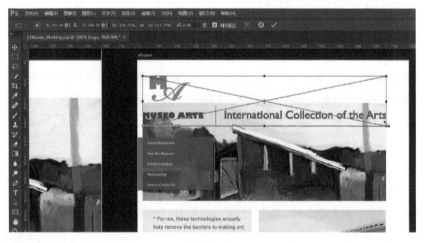

图 13.50

⑨ 在图层面板中，选择图层 Banner Art、Left Column 和 Right Column。

⑩ 选择移动工具，再按住 Shift 键并向下拖曳选定的图层，直到它们的上边缘与蓝色按钮区域的上边缘对齐，如图 13.51 所示。

接下来，将调整这个两栏版面，让每栏都与画板等宽，但在此之前，需要增大画板的高度。

⑪ 在图层面板中，选择画板 iPhone，再使用画板工具拖曳这个画板底部的手柄，直到其高度为 2800 像素，如图 13.52 所示。

> 💡 提示　在选择了画板的情况下，也可在属性面板中输入高度值来调整画板的高度。

> 💡 注意　在文档中使用了画板时，请务必使用画板工具来调整其大小。菜单"图像">"图像大小"和"图像">"画布大小"最适用于调整不包含画板的 Photoshop 文档的尺寸。

图 13.51

图 13.52

⑫ 在图层面板中，选择图层组 Right Column，再选择菜单"编辑">"自由变换"。

⑬ 在选项栏中做以下设置。

- 通过单击选择"切换参考点"复选框，再选择参考点定位器的右上角。

- 确保选择了"保持宽高比"按钮（ ），并将宽度设置为 672 像素（输入"672px"），如图
13.53 所示。

- 再按 Enter 键应用新的宽度设置。

图 13.53

⑭ 将鼠标指针指向自由变换框内部，再按住 Shift 键并向下拖曳选定的图层，直到鼠标指针旁边
的值指出沿垂直方向移动了 1200 像素（选项栏中的 Y 值为 1680），如图 13.54 所示。然后，按 Enter
键提交并结束变换。

图 13.54

⑮ 在图层面板中，选择图层组 Left Column，再选择菜单"编辑">"自由变换"。

⑯ 在选项栏中做以下设置。

- 通过单击选择"切换参考点"复选框，再选择参考点定位器的左上角。
- 确保选择了"保持宽高比"按钮（■），并将宽度设置为 672 像素（输入"672px"）。
- 按 Enter 键应用新的宽度设置。
- 按 Enter 键提交并退出变换，如图 13.55 所示。

图 13.55

另外，可根据喜好调整图层和图层组的位置，以及它们之间的垂直间距。

> 💡 提示　选择了移动工具时，可按箭头键来微调选定图层或图层组的位置；执行自由变换时，要微调选定图层或图层组的位置，可在包含数字的字段中单击，再按上箭头键或下箭头键。

⑰ 选择菜单"视图">"按屏幕大小缩放"，以便能够同时看到两个画板（见图 13.56），再保存所做的工作。

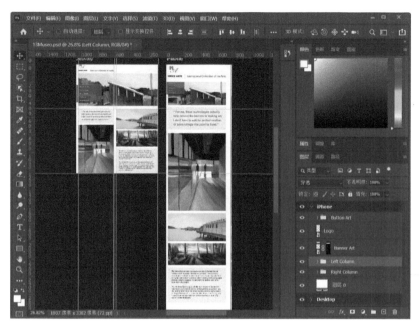

图 13.56

至此，将适合桌面的多栏网页布局调整成了适合智能手机的单栏布局，这两个布局位于同一个 Photoshop 文档的两个画板中。

13.5.3　使用"导出为"导出画板

需要让客户审查设计时，可使用"导出为"命令将任何画板、图层或图层组导出到独立的文件中。下面导出画板 Desktop 和 iPhone，再将每个画板的图层导出到独立的文件夹中。

❶ 选择菜单"文件"＞"导出"＞"导出为"。这个命令导出整个画板，因此"导出为"对话框的左边有一个列表，其中包含所有的画板。

用户可预览导出后的尺寸和文件大小，这些值取决于"导出为"对话框右边的设置。

> ♡ 注意　在"导出为"对话框中，无法预览多个"缩放全部"选项的结果，而只能预览缩放比例为 1x 的结果。

❷ 在左边的列表中，单击画板 iPhone 以选择它，再按下面这样设置"导出为"选项（见图 13.57）。

* 在"缩放全部"部分，确保将"大小"设置成了 1x，并将"后缀"设置为空。
* 在"文件设置"部分，从"格式"下拉列表中选择"JPG"，并将"品质"设置为 80%。
* 在"色彩空间"部分，选择"转换为 sRGB"复选框。

> ♡ 提示　如果不确定什么样的格式、压缩和品质组合是最佳的，单击"导出为"对话框顶部的标签"双联"，将会显示两个视图。选择其中一个视图并修改设置，再选择另一个视图并修改设置，这样就可对它们的品质进行比较，同时可在每个预览下面看到文件尺寸。

❸ 在左边的列表中，单击画板 Desktop 以选择它，再指定与第 2 步一样的设置。

图 13.57

💡提示　如果执行"导出为"命令时经常使用相同的设置，可选择菜单"文件">"导出">"导出首选项"，并指定最常用的设置。这样，您一步就可使用这些设置进行导出，方法是选择菜单"文件">"导出">"快速导出为"或从图层面板菜单中选择"快速导出为"。

④ 选择"全选"复选框（见图 13.58），再单击"导出"按钮。切换到文件夹 Lesson13，再双击文件夹 Assets，并单击"选择文件夹"或"存储"按钮。

图 13.58

⑤ 在资源管理器或 Bridge 中，打开文件夹 Lesson13\Assets，将发现其中包含表示画板的文件 Desktop.jpg 和 iPhone.jpg。这些文件是根据画板名命名的，因此，可将这些文件发送给客户进行审核。

⑥ 返回到 Photoshop。

13.5.4　使用"图层"菜单中的"导出为"命令将图层导出为素材

客户批准设计方案后，可使用"导出为"将画板中的每个图层（如图像或按钮）导出为素材，供使用代码实现设计的 Web 或软件开发人员使用。

① 在图层面板中，通过按住 Shift 键并单击，选择画板 Desktop 中的所有图层。

② 选择菜单"图层">"导出为"（不要选择菜单"文件">"导出">"导出为"）。

提示 菜单"文件">"导出">"导出为"导出整个画板。要导出特定的图层，请在图层面板中选中它们，再从图层面板菜单中选择"导出为"（而不要选择菜单"文件">"导出">"导出为"）。更新了设计的一部分时，导出选定图层很有用。

注意到，在"导出为"对话框中，分别列出了各个图层（见图 13.59），因为将分别导出它们。

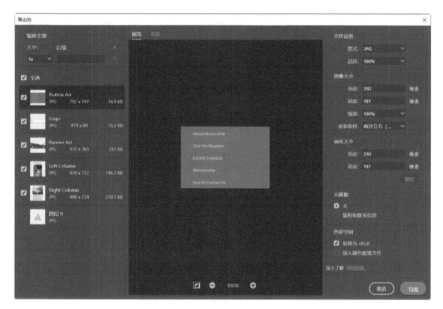

图 13.59

③ 单击 Button Art 以选择它，再按住 Shift 键并单击 Right Column 以选择前五个图层。这样，当按下面的步骤调整设置时，将影响选定的所有图层。

注意 "图层 0"对应的复选框被禁用，且其缩览图显示的是棋盘图案和黄色三角形，这表明这个图层不能导出，原因是它是一个纯色图层，不包含可供导出的像素或形状。

④ 在"导出为"对话框中，指定 13.5.3 节中第 2 步使用的设置。

⑤ 确保选择了"全选"复选框，再单击"导出"按钮，切换到文件夹 Lesson13\Assets_Desktop，再单击"选择文件夹"或"存储"按钮。

画板 Desktop 使用的所有素材都将导出到一个文件夹中。

⑥ 对画板 iPhone 重复第 1~5 步。

⑦ 单击"导出"，切换到文件夹 Lesson13\Assets_iPhone，再单击"选择文件夹"或"存储"按钮。

⑧ 在 Photoshop 中，选择菜单"文件">"在 Bridge 中浏览"。

⑨ 切换到文件夹 Lesson13\Assets_Desktop，打开预览面板，并查看每个文件夹中的图层，如图 13.60 所示。如果愿意，也可查看导出到文件夹 Assets_iPhone 中的素材。

提示 如果开发人员要求提供多种尺寸的素材（用于 Retina/HiDPI 屏幕），可在"导出为"对话框的"缩放全部"部分单击加号按钮，以添加并指定其他的尺寸，如 2x 或 3x。这将同时导出多种尺寸的素材，但务必为每种尺寸指定文件名后缀。

图 13.60

每个图层都导出到了独立的文件中。之前快速生成了两组不同的文件，它们可分别用于两种不同的屏幕尺寸。

· 通过使用基于文件的"导出为"命令（选择菜单"文件">"导出">"导出为"），生成了表示画板 Desktop 和 iPhone 的 JPG 图像。

· 通过使用基于图层的"导出为"命令（从图层面板菜单或菜单"图层"中选择"导出为"），创建了表示画板中各个图层的素材。

⑩ 在 Photoshop 中，保存所做的修改，再关闭文档。

13.6　复习题

1. 图层组是什么?
2. 动作是什么? 如何创建?
3. 在 Photoshop 中, 如何从图层和图层组创建素材?

13.7　复习题答案

1. 图层组在图层面板中被组织在一起的一系列图层, 能够更轻松地处理复杂图像中的图层, 尤其是有一系列的图层需要同时移动或缩放时。

2. 动作是一组命令, 通过记录并播放动作, 以便将其应用于一个或多个文件。要创建动作, 可在动作面板中单击"创建新动作"按钮, 给动作命名, 再单击"记录"按钮, 然后执行要在动作中包含的任务。执行完毕后, 单击动作面板底部的"停止记录"按钮。

3. 在 Photoshop 中, 要从画板、图层和图层组创建素材, 可使用"导出为"命令。要将整个画板导出为图像, 可选择菜单"文件">"导出">"导出为", 要从选定的图层或图层组创建素材, 可从图层面板菜单或菜单"图层"中选择"导出为"。

第14课

生成和打印一致的颜色

本课概览

- 准备用于出版印刷的图像。
- 为显示、编辑和打印图像定义 RGB、灰度和 CMYK 色彩空间。
- 将图像保存为 CMYK EPS 文件。

- 输出前仔细检查图像。
- 校对用于打印的图像。
- 准备使用 PostScript CMYK 打印机打印的图像。
- 创建和打印四色分色。

学习本课所需时间不超过 **1** 小时

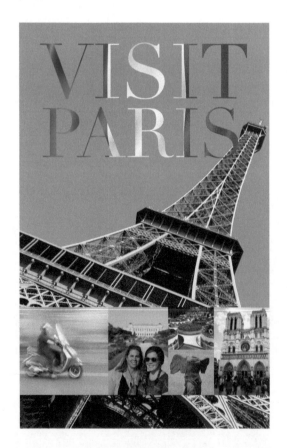

　　要生成一致的颜色，需要在其中定义编辑和显示 RGB 图像，以及编辑、显示和打印 CMYK 图像的颜色空间。这有助于确保屏幕上显示的颜色和打印的颜色极其接近。

14.1 准备用于打印的文件

编辑图像以实现所需的效果后，可能想以某种方式分享或发布它。理想情况下，在编辑时就考虑了最终的输出方式，并据此调整了图像的分辨率、颜色、文件大小等方面，但为输出文件做准备时，还有机会确保图像效果最佳。

> ♡ 注意 本课的一个练习要求计算机连接了支持 Adobe PostScript 的打印机，如果没有连接，也能够完成该练习的大部分，但不能完成全部。对照片级图像的打印来说，PostScript 可有可无，它更常用于印前工作流程中（准备使用印刷机印刷的作业）。

如果打算将图像打印出来（无论是使用自己的喷墨打印机打印，还是发送给专业打印服务提供商进行打印），就必须完成下面的任务，这样才能获得最佳的结果（其中的很多任务都将在本课后面更详细地介绍）：

· 确定最终目的地。无论是自己打印还是发出去打印，都需确定将使用 PostScript 桌面打印机、照排机、喷墨打印机、胶印机，还是其他设备进行打印。如果要将文件发送给服务提供商打印，最好咨询服务提供商需要什么样的格式。在很多情况下，他们都要求提供按特定 PDF 标准或预设存储的文件。

· 确保图像分辨率合适。对专业打印而言，300ppi 是最基本的要求。要确定图像的最佳打印分辨率，请咨询制作团队或查看打印机用户手册，因为最佳分辨率取决于很多因素，如印刷机的半调网频和纸张质量。

· 执行缩放测试。仔细查看图像，通过放大来检查和校正锐度、颜色、杂色，以及其他可能影响打印出来的图像质量的问题。

· 将图像发送给专业打印服务提供商打印时，务必考虑出血的问题。如果有像素超出了图像边缘，请将画布各边都向外扩大（通常是 0.25 英寸），确保即便裁切线不准确，图像也将延伸到纸张边缘。服务提供商可确定是否存在出血的问题，以及如何确保文件正确地打印。

· 保留图像的原始色彩空间，直到服务提供商要求转换。当前，在很多印刷工作流程中，都在整个编辑过程中保留原始色彩空间，以最大限度地保留颜色方面的灵活性。等到最终输出时，才将图像和文档转换为 CMYK。

· 对大型文档进行拼合前，务必咨询制作团队。在有些工作流程中，需要保留 Photoshop 图层（不拼合），让其他软件（如 Adobe InDesign）能够控制从 Photoshop 文档中导入的图层的可见性。

· 对图像进行软校样，以模拟将如何打印颜色。

14.2 概述

接下来，将对一张 11 英寸 ×17 英寸的旅游海报进行处理，以便使用 CMYK 印刷机进行印刷。这个 Photoshop 文件较大，因为它包含多个图层，且分辨率为 300ppi——高质量打印的典型需求。

首先，启动 Adobe Photoshop 并恢复默认首选项。

① 启动 Photoshop 并立刻按"Ctrl + Alt + Shift"（Windows）或"Command + Option + Shift"（macOS）组合键，以恢复默认首选项（参见前言中的"恢复默认首选项"）。

② 系统提示时，单击"是"按钮，确认并删除 Adobe Photoshop 设置文件。

③ 选择菜单"文件">"打开",再切换到文件夹 Lesson14,并双击文件 14Start.psd 将其打开,如图 14.1 所示。这个文件很大,因此打开速度可能较慢。

图 14.1

④ 选择菜单"文件">"存储为",切换到文件夹 Lesson14,并将文件保存为 14Working.psd。如果出现"Photoshop 格式选项"对话框,单击"确定"按钮。

> 💡注意　如果 Photoshop 显示一个对话框,指出保存到云文档和保存到计算机之间的差别,单击"保存在您的计算机上"按钮。此外,还可选择"不再显示"复选框,但当重置 Photoshop 首选项后,将取消选择这个设置。

14.3　执行缩放测试

大型印刷作业的费用非常高,因此发送图像以进行最终输出前,一定要花点时间确定各方面对输出设备来说都是合适的,且没有忽略任何潜在的问题。首先要检查的是图像分辨率。

① 选择菜单"图像">"图像大小"。

② 确认高度和宽度是所需的最终输出尺寸,且分辨率是合适的。就大多数打印而言,300ppi 足以得到良好的结果。

这幅图像宽 11 英寸、高 17 英寸,这正是最终的海报尺寸,其分辨率为 300ppi。尺寸和分辨率都合适。

③ 单击"确定"按钮关闭对话框,如图 14.2 所示。

接下来,仔细查看图像,并修复发现的问题。查看用于打印的图像时,务必放大图像以详细查看细节。

④ 选择工具面板中的缩放工具,再将海报底部三分之一处的照片放大。

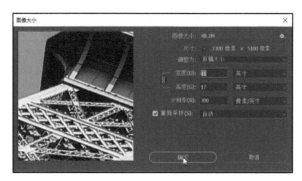

图 14.2

> ♀ 提示 如果键盘上有 Page Up、Page Down、Home 和 End 键，可使用它们来查看放大的 Photoshop
> 文档的不同部分。Page Up 和 Page Down 分别向上或向下移动文档，而 Home 和 End 分别移到文档
> 的左上角和右下角。同时按住 Ctrl 键（Windows）或 Command 键（macOS）时，Page Up/Page
> Down 沿水平方向移动文档，而同时按住 Shift 键可缩小每次移动的距离。

看到这张旅游照片很普通且有点模糊。

❺ 在图层面板中，选择图层 Tourists，再在调整面板中单击"曲线"图标，添加一个曲线调整图
层，如图 14.3 所示。

图 14.3

❻ 单击属性面板底部的"剪切到图层"按钮（ ），创建一个剪贴蒙版，如图 14.4 所示。

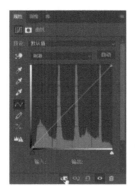

图 14.4

剪贴蒙版确保调整图层只影响它下面的一个图层。如果不添加剪贴蒙版，调整图层将影响它下面的所有图层。

⑦ 在属性面板中，选择白场工具，再在后面男人的白衬衫上单击，将其指定为图像中最亮的中性区域（为确保单击位置的精确性，可放大图像）。由于白衬衫不是特别亮，通过单击将其指定为白场参考点时，将加亮它及图像其他部分的色调，从而平衡图像的颜色，如图 14.5 所示。

💡 提示　最好使用白场工具单击图像中包含细节的最亮的中性区域，而不要单击镜面高光区域。

图 14.5

💡 提示　使用白场工具单击后，注意到红色、绿色和蓝色通道的曲线发生了变化，便将单击的点定义为中性色，从而设置图像的色彩平衡。这就是必须单击中性区域的原因所在。

女士照片看起来更美观，但雕塑依旧普通且对比度不高。下面使用色阶调整图层来修复这种问题。

⑧ 在图层面板中选择图层 Statue，再单击调整面板中的"色阶"图标创建一个色阶调整图层，如图 14.6 所示。

图 14.6

⑨ 单击属性面板底部的"剪切到图层"按钮创建一个剪贴蒙版，让这个调整图层只影响图层 Statue。

⑩ 在属性面板中，单击"计算更准确的直方图"图标（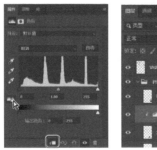）刷新直方图，如图 14.7 所示。

图 14.7

"计算更准确的直方图"图标旁边有一个叹号，这表明直方图是根据缓存的图像数据生成的。Photoshop 首先根据缓存的数据显示直方图，因为这样速度更快，但不那么准确。根据直方图提供的信息执行编辑前，最好先刷新直方图，确保它是准确的。

⑪ 通过移动输入色阶滑块来改善这幅图像，这里将它们的值分别设置为 30、1.6 和 235，如图 14.8 所示。要提高对比度，可将黑场输入滑块（左边的滑块）和白场输入滑块（右边的滑块）向中间移动，但务必确保高光细节和阴影细节依然可见，即没有被裁剪掉。

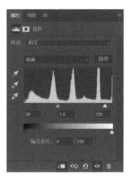

图 14.8

💡 **提示** 要确定是否裁剪掉了高光细节或阴影细节，可在拖曳黑场或白场输入色阶滑块时按住 Alt 键（Windows）或 Option 键（macOS）。按住这个键并拖曳时，如果图像中出现了非纯白色（阴影）或非纯黑色（高光）区域，请将滑块向外拖曳。

⑫ 将文件存盘。改进女士照片和雕塑照片后，整幅海报变得更好看了。

14.4　色彩管理简介

由于 RGB 和 CMYK 颜色模式显示颜色的方式不同，因此它们重现的色域（颜色范围或色彩空间）不同。例如，由于 RGB 使用光来生成颜色，因此其色域中包括霓虹色，如霓虹灯的颜色。相反，印刷油墨擅长重现 RGB 色域外的某些颜色，如淡而柔和的色彩及纯黑色。图 14.9 体现了颜色模式 RGB 和 CMYK，以及它们的色域。

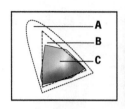

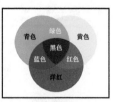

A. 自然色域

B. RGB色域

C. CMYK色域

RGB颜色模式　　　　CMYK颜色模式

图 14.9

　　然而，并非所有的 RGB 和 CMYK 色域都是一样的。显示器和打印机的型号不同，它们显示的色域也稍有不同。例如，一种品牌的显示器可能比另一种品牌的显示器生成的蓝色更亮。设备能够重现的色域决定了其色彩空间。

　　Photoshop 中的色彩管理系统使用遵循 ICC 的色彩配置文件。色彩配置文件就像翻译，确保颜色从一种色彩空间转换到另一种色彩空间时保持不变。ICC 色彩配置文件描述了设备的色彩空间，如打印机的 CMYK 色彩空间。用户将选择要使用的配置文件，以对图像进行精确地校样和打印。指定配置文件后，Photoshop 可以将它们嵌入图像文件中，以便 Photoshop 和其他软件能够保持图像颜色一致。

校准及创建配置文件

　　校准指的是调整设备使其符合标准，如确保显示器收到中性灰色值显示的是中性灰。配置文件指出设备是否符合标准，如果不符合，还将指出它离标准有多远，让色彩管理系统能够校正误差，进而准确地显示颜色。

　　为充分利用色彩管理，需要校准显示器并创建配置文件，以便能够使用它在屏幕上评估颜色。用户可使用校准 / 配置文件创建软件来驱动色彩配置文件创建设备，这种软件使用设备来测量屏幕生成的颜色，并通过创建自定义的 ICC 显示配置文件来校正误差。在进行了色彩管理的软件（如Photoshop和其他 Adobe 图形软件）中，系统将使用这个显示配置文件来准确地显示颜色。

> **注意** 显示器出厂时可能已经校准过，但不确定校准的准确性和基于的标准。例如，如果印刷服务提供商推荐使用常用的 D65 白点印刷标准，用户如何知道其显示器是否符合这个标准？为确保显示器符合这个标准，可使用 D65 校准显示器并创建配置文件。

RGB 模式

　　大部分可见光谱都可以通过混合不同比例和强度的红色、绿色、蓝色光（RGB）来表示。使用这三种颜色的光可混合出青色、洋红、黄色和白色。

　　由于混合 RGB 可生成白色（即所有光线都传播到眼睛中），因此 R、G、B 被称为加色。加色用于光照、视频和显示器。例如，显示器通过红色、绿色和蓝色荧光体发射光线来生成颜色。

CMYK 模式

CMYK 模式基于打印在基质表面（如纸张或包裹）上的油墨对光线吸收量的多少。白色光照射在半透明的油墨上时，部分光谱被吸收，部分光谱被反射到人眼中。

从理论上说，纯的青色（C）、洋红（M）和黄色（Y）颜料混合在一起将吸收所有颜色的光，结果为黑色。因此，这些颜色被称为减色。由于所有印刷油墨都有杂质，因此这三种油墨混合在一起实际上得到的是土棕色，必须再混合黑色（K）油墨才能得到纯黑色。使用 K 而不是 B 表示黑色，旨在避免同蓝色混淆。将这几种颜色的油墨混在一起来生成颜色被称为四色印刷。

14.5　指定色彩管理设置

即便校准了显示器并创建了配置文件，要在屏幕上准确地预览颜色，也必须在 Phtoshop"颜色设置"对话框中准确地设置色彩管理。"颜色设置"提供了用户所需的大部分色彩管理控件。

默认情况下，Photoshop 的色域设置更适合基于 RGB 的数字工作流程。然而，如果要处理用于印刷的图像（如本课的文档），可能需要修改设置，使其适合处理在纸上印刷而不是在显示器上显示的图像。

下面创建自定的颜色设置。

❶ 选择菜单"编辑"＞"颜色设置"，打开"颜色设置"对话框。

在对话框的底部描述了鼠标指针当前指向的色彩管理选项。

❷ 将鼠标指针指向对话框的不同部分（不用单击以修改设置），包括区域的名称（如"工作空间"）、下拉列表名称及选项。当移动鼠标时，Photoshop 将在"说明"部分显示相关的信息。

> 💡 提示　"颜色设置"对话框虽然看起来很复杂，但唯一需要做的是，从"设置"下拉列表中选择与工作流程最匹配的预设。每个"设置"预设都将替用户修改其他选项。

下面选择一组用于印刷（而不是在线）工作流程的选项。

❸ 从"设置"下拉列表中选择"北美印前 2"，工作空间和色彩管理方案选项的设置将相应变化，它们适用于印前工作流程，单击"确定"按钮，如图 14.10 所示。

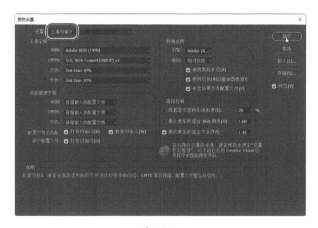

图 14.10

14.6 找出溢色

显示器通过组合红色、绿色和蓝色光来显示颜色，这被称为 RGB 模式；而印刷出来的颜色通常是通过组合四种颜色（青色、洋红色、黄色和黑色）的油墨生成的，这被称为 CMYK 模式。这四种颜色被称为印刷色，因为它们是四色印刷中使用的标准油墨。

在使用扫描仪和数码相机生成的图像中，很多颜色都在 CMYK 色域内，但并非全部，例如，LED 灯或鲜艳花朵的颜色可能不在打印机的 CMYK 色域内。打印这些颜色时，细节和饱和度可能存在不足，例如，在 RGB 图像中，有些鲜艳的蓝色转换为 CMYK 模式后可能变成紫色。

将图像从 RGB 模式转换为 CMYK 模式之前，可进行预览，找出哪些 RGB 颜色值不在 CMYK 色域内。

1️⃣ 选择菜单"视图">"按屏幕大小缩放"。

2️⃣ 选择菜单"视图">"色域警告"。Photoshop 将文档颜色与当前的 CMYK 色彩空间进行比较，并在文档窗口中将不在该 CMYK 色域内的文档颜色显示为中性灰色。

图像的大部分区域（尤其是蓝色区域）都被发出色域警告的灰色覆盖。相比于大多数 RGB 色域，典型的 CMYK 印刷机可重现的蓝色范围都很小，因此 RGB 图像中的蓝色值常常在 CMYK 色域外。对于不在其色域内的蓝色，打印机将其油墨打印在给定纸张上能重现的最接近的颜色。

由于在图像中灰色不太显眼，下面将其转换为更显眼的色域警告颜色。

3️⃣ 选择菜单"编辑">"首选项">"透明度与色域"（Windows）或"Photoshop">"首选项">"透明度与色域"（macOS）。

4️⃣ 单击对话框底部"色域警告"部分的颜色样本，并选择一种鲜艳的颜色，如紫色或亮绿色，再单击"确定"按钮。

5️⃣ 单击"确定"按钮关闭"首选项"对话框。

至此，选择的新颜色将代替灰色用作色域警告颜色，使得溢色的区域更明显，如图 14.11 所示。如果这是一个真正的印刷作业，可能需要向印前服务提供商询问，了解其中的蓝色印刷出来是什么样的，进而决定是否需要对其进行修改。

> 💡提示　如果看到的溢色区域与这里显示的不同，可能是因为在"视图">"校样设置">"自定"对话框中指定了不同的设置（详情请参阅本课后面的"在显示器上校样图像"一节）。

图 14.11

> **提示** 如果很想知道某种颜色印刷出来是什么样的，可让印前服务提供商提供硬校样（测试印刷件）。

⑥ 选择菜单"视图">"色域警告"，关闭溢色预览。

接下来，将在屏幕上模拟这个文档的颜色打印出来的样子，再确保这些颜色在印刷色域内。

14.7　在显示器上校对图像

选择一种校样配置文件，以便在屏幕上看到图像打印后的效果。这能够在屏幕上校对用于打印输出的图像（软校样）。

屏幕模拟的结果基于校样设置，而校样设置指定了打印条件。Photoshop 提供了各种设置，以帮助用于校对不同用途的图像，包括使用各种打印机和设备进行输出的图像。在这里，将创建一种自定校样设置，可将其保存，以便用于以同样方式输出的其他图像。

① 选择菜单"视图">"校样设置">"自定"，打开"自定校样条件"对话框，再确保选中了"预览"复选框，如图 14.12 所示。

图 14.12

② 在"要模拟的设备"下拉列表中，选择一个代表最终输出设备的配置文件，如要用来打印图像的打印机的配置文件。如果不是专用打印机，可使用默认配置文件"工作中的 CMYK-U.S. Web Coated（SWOP）v2"。

③ 如果选择了其他配置文件，确保没有选中"保留编号"复选框。

"保留编号"复选框模拟未转换到输出设备的色彩空间时颜色将如何显示。在选择 CMYK 输出配置文件时，这个复选框可能名为"保留 CMYK 编号"。

> **提示** 打印机配置文件不仅代表了输出设备，还是特定的油墨和纸张的设置。修改其中的任何设置都可能改变屏幕校样模拟的色域，因此请选择与最终打印条件尽可能接近的配置文件。

④ 确保从"渲染方法"下拉列表中选择"相对比色"。

渲染方法决定了颜色如何从一种色彩空间转换到另一种色彩空间。"相对比色"保留了颜色关系而又不牺牲颜色准确性，是印刷使用的标准渲染方法。

⑤ 选中"模拟黑色油墨"复选框（如果它可用），再取消选择它，并选中"模拟纸张颜色"复选框，注意到将自动选择"模拟黑色油墨"复选框。

图像的对比度看起来降低了，如图 14.13 所示。大多数纸张都不是纯白色的，"模拟纸张颜色"模拟实际纸张的白色；大多数黑色油墨都不是纯黑色的，"模拟黑色油墨"模拟实际油墨。有关纸张和黑色油墨的信息都是从输出配置文件中获取的（如果有的话）。

正常图像   选择了"模拟纸张颜色"和
"模拟黑色油墨"复选框时的图像

图 14.13

> 💡 **提示** 在没有打开"自定校样条件"对话框时，要查看文档在启用 / 禁用了校样设置时的外观，可选择菜单"视图">"校样颜色"。

选择"显示选项"部分的复选框后，图像的对比度和饱和度可能降低。虽然图像质量看起来可能降低了，但这只是软校样功能展示的图像实际打印出来后的效果。使用纸张和油墨不可能完全重现显示器的色调和颜色范围。通过使用高品质的纸张和油墨，可让打印出的图像更接近屏幕上显示的图像。

⑥ 在选择和取消选择"预览"复选框之间切换，看看图像在屏幕上显示和使用选定的配置文件打印出来有何不同，再单击"确定"按钮。

⑦ 打开"视图"菜单，看看其中的"校样颜色"是否被启用，如果被启用了，将其禁用。这个命令能够启用 / 禁用在"自定校样条件"对话框中设置的软校样视图。

▌ 14.8 确保颜色在输出色域内

为输出图像准备的下一步是，根据在校样中看到的结果，对颜色和色调做必要的调整。在这个练习中，将进行一些颜色和色调调整，以校正原始海报存在的溢色。

> 💡 **提示** 并非所有的溢色都需要调整。溢色警告最大的用处在于，让用户知道校样文档颜色时应更加注意哪些颜色。如果校样时发现溢色和细节看起来是可以接受的，就可能不需要花时间去修改。

为方便对校正前后的图像进行比较，将首先创建一个拷贝。

① 选择菜单"图像">"复制",并单击"确定"按钮以复制图像。

② 选择菜单"窗口">"排列">"双联垂直",以便编辑时能够对图像进行比较。

下面来调整图像的色相和饱和度,让所有颜色都位于色域内。

③ 选择图像 14Working.psd(原件)以激活它,再在图层面板中选择图层 Vist Paris。

④ 选择菜单"选择">"色彩范围"。

⑤ 在"色彩范围"对话框中,从"选择"下拉列表中选择"溢色",再单击"确定"按钮。

> ♡注意 在"色彩范围"对话框中,哪些颜色被视为溢色取决于前面在"颜色设置"对话框中给"工作中的 CMYK"选择的配置文件。请务必根据要用来打印作业的印刷机选择正确的配置文件。

这将选择前面显示的溢色(见图 14.14),所做的修改将只影响这些区域。

图 14.14

⑥ 选择菜单"视图">"显示额外内容",以便在处理选区时隐藏选区边界。

选区边界可能分散注意力。隐藏额外内容后,就看不到选区,但它依然有效。

⑦ 在调整面板中,单击"色相/饱和度"按钮,创建一个色相/饱和度调整图层(如果这个面板没有打开,选择菜单"窗口">"调整")。这个色相/饱和度调整图层包含一个根据选区创建的图层蒙版。

⑧ 在属性面板中做以下设置(见图 14.15)。

· 保留默认的"色相"设置。

· 向左拖曳"饱和度"滑块以降低其设置(这里将其设置为 -14);降低饱和度是让颜色位于目标色域内的方式之一。

· 向左拖曳"明度"滑块以加暗颜色(这里将其设置为 -2)。

⑨ 选择菜单"视图">"色域警告",注意到图像中的大部分溢色都消除了;再次选择菜单"视图">"色域警告"以取消选择它。

> ♡提示 此外,也可在调整时开启色域警告,这样就知道颜色是否调整到了打印色域内。

⑩ 选择菜单"视图">"显示额外内容"以启用它,让选区边界和其他非打印辅助元素可见。在这里,选区边界不会再出现,因为选区已被转换为第 7 步创建的色相/饱和度调整图层的图层蒙版。

图 14.15

⑪ 关闭复制的图像（14Working 拷贝）而不保存它。

在这个练习中，主要是通过降低饱和度来调整溢色，使其位于打印色域内。这种方法快速易行，但非常简单。更专业的图像编辑人员会使用更高级的技巧来保留颜色细节，同时尽可能保持颜色饱和度不变。另外，对于细节不多的溢色区域（如平淡的蓝色天空区域），可以保留其颜色。

14.9　将图像转换为 CMYK

如果可以的话，尽可能在 RGB 模式下工作，因为这样可在更大的 RGB 色域中进行编辑。另外，在不同的模式之间转换颜色值会导致舍入误差，因此转换多次后，可能导致不希望变化的颜色发生了变化。

完成最后的校正后，就可将图像转换为 CMYK 模式。如果以后可能需要将图像输出到喷墨打印机或以数字方式分发，在将图像转换为 CMYK 模式前保存其 RGB 副本。

> ♀ 提示　如果不确定是否或该在什么时候将图像转换为 CMYK 模式，可向负责输出作业的印刷服务提供商咨询，他们会推荐最适合其印前设备的图像的准备步骤。

❶ 单击"通道"标签以显示通道面板，如图 14.16（a）所示。

图像当前处于 RGB 模式，因此通道面板中列出了三个通道：红、绿和蓝。RGB 通道并非真正的通道，而是这三个通道的组合。

还有一个名为"色相／饱和度 1 蒙版"的通道，这个通道包含当前在图层面板中选择的图层的蒙版信息。

❷ 选择菜单"图像"＞"模式"＞"CMYK 颜色"。

❸ 在出现的将扔掉一些调整图层的警告对话框中，单击"合并"按钮。

合并图层有助于保持颜色不变。

接着将出现另一个对话框，指出"您即将转换为使用 U.S. Web Coated (SWOP) v2 配置文件的 CMYK，这可能不是您所期望的，要选择其他配置文件，请使用'编辑'＞'转换为配置文件'"。这条消息指出活动的 CMYK 配置文件为 U.S. Web Coated (SWOP) v2，这是 Photoshop 默认使用的 CMYK 色彩配置文件，这个配置文件表示的可能并非要使用的印刷规范或校样标准。在实际工作中，将向印刷服务提供商询问该使用哪个 CMYK 配置文件来进行颜色转换，而印刷服务提供商可能提供一个自定义的配置文件，该配置文件准确地指出了印刷服务提供商设备的色调和颜色范围。

④ 在转换使用的色彩配置文件的对话框中，单击"确定"按钮。

现在通道面板中显示了四个通道：青色、洋红、黄色和黑色；同时还显示了 CMYK 复合通道，如图 14.16（b）所示。在转换期间，图层被合并，因此图层面板中只有一个图层。

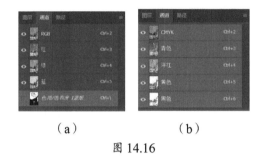

（a） （b）

图 14.16

14.10 将图像保存为 CMYK EPS 文件

有些印刷服务提供商可能要求以 EPS 格式提交 Photoshop 图像。这种格式在较新的印刷工作流程中不常用，更常见的做法是以 Photoshop、TIFF 或 PDF 格式来存储 CMYK 图像。下面将这幅图像存储为 CMYK EPS 文件。

① 选择菜单"文件">"存储为"。

② 在"存储为"对话框中做以下设置（见图 14.17）并单击"保存"按钮。

* 从"保存类型"下拉列表中选择"Photoshop EPS"。

* 在"颜色"部分，选中"使用校样设置"复选框。

* 输入文件名 14Working.eps。

* 如果出现警告，不用理会。存储文件时，如果指定的格式（如 EPS）不支持当前格式支持的所有功能（如图层），将出现警告。只要选择了对话框中的"作为副本"复选框，且文件名与原始文档不同，要存储的文档就不会替换功能齐备的 Photoshop 文档。

图 14.17

③ 在出现的"EPS 选项"对话框中单击"确定"按钮。

④ 保存并关闭文件 14Working.psd。

⑤ 选择菜单"文件">"打开"，切换到文件夹 Lessons\Lesson14，再双击文件 14Working.eps。

打印到桌面喷墨打印机

很多彩色喷墨打印机都擅长打印照片和其他图像文件，可选择的设置随打印机而异，且不同于最佳的印刷设置。在 Photoshop 中，使用桌面喷墨打印机打印图像时，按下面这样做可获得最佳结果。

- 确保安装并选择了合适的打印机驱动程序。保留通用的打印机驱动程序设置（如"任何打印机"）可能引发问题，如页边距不正确。
- 根据用途选择合适的纸张。打印要展示的照片时，最好选择涂层相纸。
- 在打印机设置中，选择正确的纸张来源和介质设置。有些打印机会根据这些设置相应地调整油墨，例如，如果使用照片级纸张，务必在打印机设置中选择它。
- 在打印机设置中选择图像质量。用于重要的查看（如彩色校样）或打印要装裱的照片时，质量越高越好。如果图像质量要求不高，选择较低的打印质量可提高打印速度，还可节省油墨。
- 不要为了打印到桌面喷墨打印机而将 RGB 模式转换为 CMYK 模式，因为大多数喷墨打印机都能够接收 RGB 颜色数据。打印机或其驱动程序将根据使用的墨盒对 RGB 颜色数据进行转换。印刷机使用四种 CMYK 油墨，而专业级喷墨打印机通常使用的油墨超过四种，这样能重现更大的色域。

14.11 在 Photoshop 中打印 CMYK 图像

用户可打印颜色复合（color composite），以便对图像进行校样。颜色复合组合了 RGB 图像的红、绿、蓝通道（或 CMYK 图像的青色、洋红、黄色和黑色通道），指出了最终打印图像的外观。

如果选择打印分色，Photoshop 将针对每种油墨打印一个印版。对于 CMYK 图像，将打印四个印版——每种对应一个印刷色。在这个练习中，将打印分色。

> ♀ 提示　使用桌面打印机打印分色有助于确认颜色将出现在正确的印版上，但桌面打印机打印的分色在精度上与照排机不同。对于印刷作业，使用配置了 Adobe PostScript RIP（光栅图像处理器）的桌面打印机可打印出更精确的校样。

在 Photoshop 中直接打印分色时，通常采用以下工作流程。

- 设置半调网屏参数。有关这方面的推荐设置，请向打印服务提供商咨询。
- 打印测试分色，以确认元素出现在正确的分色中。
- 将最终的分色打印到胶片或印版，这项工作通常由打印服务提供商来完成。

① 确保打开了图像 14Working.eps，并选择菜单"文件">"打印"。

默认情况下，Photoshop 将打印文档的复合图像。要将该文件以分色方式打印，需要在"Photoshop 打印设置"对话框中进行设置。

❷ 在"Photoshop 打印设置"对话框中，执行以下操作。

· 在"打印机设置"部分，确保选择了正确的打印机。

· 在"色彩管理"部分，从"颜色处理"下拉列表中选择"分色"。

· 在"位置和大小"部分，确认设置是正确的。对很多桌面打印机来说，这个 11 英寸 ×17 英寸的文档太大了，无法以实际尺寸打印。因此可选择"缩放以适合介质"复选框，让文档适合当前纸张的尺寸。要找到这个复选框，需要向下滚动或增大对话框。

· 如果使用的打印机支持 Adobe PostScript，可向下滚动并设置 PostScript 选项，如半调选项。注意，桌面打印机的打印结果可能与印前输出设备的印刷结果不同。

· 单击"打印"按钮（如果不想打印分色，单击"取消"或"完成"按钮，它们的差别在于单击"完成"按钮将保存当前打印设置），如图 14.18 所示。

图 14.18

💡 提示 在"Photoshop 打印设置"对话框中，如果无法从"颜色处理"下拉列表中选择"分色"，请单击"完成"按钮，再确保文档处于 CMYK 模式（选择菜单"图像">"模式">"CMYK 颜色"）。

💡 提示 在"Photoshop 打印设置"对话框中，"大小和位置"部分位于"色彩管理"部分的下方，因此如果找不到它，请在右边的面板中向下滚动。另外，也可拖曳"Photoshop 打印设置"对话框的边或角来增大它，以便能够同时看到更多选项。

❸ 选择菜单"文件">"关闭"，但不保存所做的修改。

💡 注意 如果图像不准备用于印刷，可在完成本课后打开"颜色设置"对话框，从"设置"下拉列表中选择"北美常规用途 2"，再单击"确定"按钮。之所以这样做，是因为重置 Photoshop 首选项时，颜色设置不受影响。

本课简要地介绍了如何在 Photoshop 中生成并打印一致的颜色。如果使用桌面打印机打印，可尝试不同的设置，以找出系统的最佳颜色和打印设置；如果图像将由打印服务提供商打印，请向他们咨询应使用的设置。有关色彩管理、打印选项和分色更加详细的信息，请参阅 Photoshop 帮助。

14.12　复习题

1. 要一致地重现颜色，应采取哪些步骤？
2. 什么是色域？
3. 什么是色彩配置文件？
4. 什么是分色？

14.13　复习题答案

1. 要一致地重现颜色，应首先校准显示器并创建配置文件，再使用"颜色设置"对话框来指定要使用的色彩空间。例如，可指定在线图像使用哪种 RGB 色彩空间，打印图像使用哪种 CMYK 色彩空间。然后可以校样图像，检查是否有溢色，并在必要时调整颜色。
2. 色域是颜色模式或设备能够重现的颜色范围。例如，颜色模式 RGB 和 CMYK 的色域不同。每种颜色模式下，不同的打印机、打印标准和设备显示器可重现的色域都不同。
3. 色彩配置文件描述了设备的色彩空间，如打印机的 CMYK 色彩空间。诸如 Photoshop 等软件能够解释图像中的色彩配置文件，从而在跨软件、平台和设备时保持颜色一致。
4. 分色是文档中使用的每种油墨对应的印版，打印服务提供商将为提供的文件打印青色、洋红色、黄色和黑色油墨分色。

第 15 课

探索神经网络滤镜

本课概览

· 了解神经网络滤镜与 Photoshop 中其他滤镜的效果有何不同。

· 探索 Neural Filters 工作空间。

· 将一个或多个神经网络滤镜效果应用于图像。

学习本课大约需要 **0.5** 小时

神经网络滤镜（Neural Filters）是机器学习训练的高级滤镜，使用它们可实现使用传统数码照片滤镜无法实现的理念。

15.1 理解 Neural Filters

本书前面使用过的 Photoshop 滤镜，如表面模糊、智能锐化、云彩和液化都是传统滤镜，其结果是使用算法生成的。算法就是程序，其中的代码就决定了结果是什么样的。

> ♀ 提示 要快速了解部分神经网络滤镜的效果，请参阅本课后面的神经网络滤镜画廊。

在较新的神经网络滤镜中，结果是以不同的方式生成的，这些方式结合了传统的算法、机器学习和其他高级技术。机器学习意味着可使用不同的结果对神经网络滤镜进行训练，从而获得更佳的结果。

相比于其他 Photoshop 效果，神经网络滤镜存在以下不同之处。

* 神经网络滤镜是使用机器学习和神经网络训练的。
* 对于一些神经网络滤镜，使用它们前需要先下载。这样做的原因之一是为了避免不使用的大型滤镜占用存储空间，从而节省空间。要下载某个神经网络滤镜，只需在 Neural Filters 中单击鼠标。这能够在不更新整个 Photoshop 的情况下，下载新的或更新的神经网络滤镜。
* 有些神经网络滤镜在 Adobe Creative 云服务器上处理图像，但会显示一条消息，让用户知道这一点，其他神经网络滤镜在本地（即计算机中）处理图像。

对于有些神经网络滤镜，无须联网就能使用它们，但在联网的情况下，可使用的选项更多。

只要计算机满足 Photoshop 系统需求，就可使用神经网络滤镜，但如果有强大的 CPU、图形硬件，以及更快的网络连接，通常性能会更佳。

Beta 滤镜简介

有些神经网络滤镜带 Beta 标识，这意味着它们还在开发中。用户可以使用它们，但等最终版发布时，这些滤镜的结果可能不同，提供的选项也可能不同。

15.2 概述

探索神经网络滤镜可能是本书最有趣的部分。首先来看看这里要处理的文件。

① 启动 Photoshop 并立刻按"Ctrl + Alt + Shift"（Windows）或"Command + Option + Shift"（macOS）组合键，以恢复默认首选项（参见前言中的"恢复默认首选项"）。

② 出现提示对话框时，单击"是"按钮，确认并删除 Adobe Photoshop 设置文件。

③ 选择菜单"文件">"在 Bridge 中浏览"以启动 Adobe Bridge。

> ♀ 注意 如果没有安装 Bridge，在选择菜单"文件">"在 Bridge 中浏览"时，将启动桌面应用程序 Adobe Creative Cloud，而它将下载并安装 Bridge。安装完成后，便可启动 Bridge。

④ 在收藏夹面板中单击文件夹 Lessons，再双击内容面板中的文件夹 Lesson15。

⑤ 对文件 15Start.psd 和 15End.psd 进行比较。如果选择每幅图像，并注意观看预览面板，将更容易查看它们之间的差别：左边那个人的头部不同，右边那个人的肤色不同。

15.3　探索 Neural Filters 工作空间

① 在 Bridge 中，双击文件 15Start.psd，在 Photoshop 中打开它。

② 将这个文档重命名为 15Working.psd，并存储到文件夹 Lesson15 中。

> **注意**　如果 Photoshop 显示一个对话框，指出保存到云文档和保存到计算机之间的差别，则请单击"保存到云文档"按钮。此外，还可选择"不再显示"复选框，但当重置 Photoshop 首选项后，将取消选择这个设置。

③ 选择菜单"滤镜" > "Neural Filters"，如图 15.1 所示。

A. 抓手工具　B. 缩放工具　C. 预览　D. 检测到的人脸　E. 选定的人脸　F. 滤镜类别

G. 选定类别中的滤镜　H. 滤镜开关（启用）　I. 用于选择检测到的主体（如人脸）的下拉列表

J. 将滤镜选项重置为默认设置　K. 选定神经网络滤镜的选项　L. 预览修改开关　M. 输出选项

图 15.1

> **注意**　如果"Neural Filters"命令不可用，检查当前选择的图层是否是可见的。

在 Neural Filters 工作空间中，图像出现在左边较大的预览区域中，而右边是神经网络滤镜控件。

* 滤镜类别将滤镜组织成列表。

* 选择不同的类别时，右边将显示选定类别中的滤镜。

* 要使用滤镜，必须启用它。开关被移到右边且是彩色时，就说明滤镜被启用。可同时启用多个滤镜。

* 当前选定滤镜的选项出现在滤镜列表右边。

* 如果当前滤镜在图像中检测到了多个潜在的主体（如人脸），将在选项上面的缩览图列表中列出它们，以便选择要编辑的主体，而选定主体将出现彩色轮廓。

如果工作空间右上角附近出现旋转的圆形图标，说明滤镜正在处理中。这个图标消失后，就说明滤镜已处理完毕。

要将当前滤镜的结果与原始图像进行比较，可单击工作空间底部的预览图标以取消选择它，从而显示原始图像。再次单击可选择它，从而再次显示滤镜的结果。

15.4 使用"皮肤平滑度"滤镜改善肤色

为更深入地学习神经网络滤镜，先来探索"皮肤平滑度"滤镜，它能够在不较多修改其他面部特征的情况下改善肤色。

> ⑨ 注意 本书出版后，Adobe 可能更新 Neural Filters，因此看到的类别和滤镜列表可能随使用的 Photoshop 版本而异。另外，如果 Adobe 更新了神经网络滤镜效果的训练方式，看到的结果可能与这里显示的不同。

❶ 在 Neural Filters 工作空间中，确保选择了"精选滤镜"类别，再单击"皮肤平滑度"滤镜的开关以启用它（见图 15.2），这将显示"皮肤平滑度"滤镜的选项。

图 15.2

❷ 如果看不到选项，但出现了一个"下载"按钮，请单击这个按钮，因为这意味着还没有安装这个滤镜。下载完毕后，这个滤镜将自动安装。

❸ 从缩览图下拉列表中选择一个人脸或单击图像中标识人脸的矩形，这里选择的是右边那个女人，如图 15.3 所示。神经网络滤镜识别出多个主体时，可分别选择各个主体（这里是各个人脸），并对每个主体应用不同的滤镜设置。

图 15.3

❹ 通过调整选项来修改结果。这里将"模糊"值增大到 75，并将"平滑度"值设置为 10，如图 15.4 所示。

> ⑨ 注意 "皮肤平滑度"滤镜的效果无须设置过大，以免显得不自然。

应用滤镜前　　　　　应用滤镜后

图 15.4

相比于传统滤镜，它有什么优势呢？让皮肤变得光滑时，通常使用模糊滤镜，这要求使用额外的图层和蒙版，以免模糊重要的脸部细节，如眼睛、牙齿和头发，第 12 课有这个这样的示例，但"皮肤平滑度"滤镜经过了训练，能够识别哪些区域需要平滑，哪些区域应保持不变，因此只需执行几个步骤就可获得不错的效果。

⑤ 要将修改后的结果与原图进行比较，可单击工作空间底部的"预览更改"按钮，如图 15.5 所示。单击一次隐藏调整以查看原件，再次单击显示调整后的结果。如果需要，可做进一步的调整。

图 15.5

⑥ 如果愿意，选择其他人的脸，并重复第 4~5 步对其进行修改。

> **注意**　如果出现对话框，指出将滤镜应用于这张检测到的人脸可能效果不佳，也许是手、水印或其他遮住了部分人脸。另外，当主体正对镜头时，神经网络滤镜的人脸检测功能效果最佳；对于那些未正对相机的人脸，人脸检测和编辑的效果可能不会很好。

⑦ 对结果满意后，单击"输出"下拉列表并选择"智能滤镜"，再单击"确定"按钮。这将把原始图层转换为智能对象，其中包含对其应用神经网络滤镜的效果，以后可通过双击 Neural Filters 来继续编辑。除非选择的输出选项为"当前图层"，否则选定图层都将保持不变，便于日后修改。有关其他输出选项的详细信息，请参阅本课后面的旁注"Neural Filters 中的输出选项"。

15.5　应用多个神经网络滤镜

当应用多个神经网络滤镜时，"已应用的滤镜"列表将只显示应用的滤镜，让用户能够只处理这些滤镜。

① 在 Neural Filters 工作空间中，可以应用任何滤镜组合。请注意，如果一个滤镜的开关被启用，就说明已被应用。

② 单击"已应用的滤镜"按钮，将出现一个列表，其中只包含应用的滤镜，如图 15.6 所示。没有使用的滤镜都被隐藏了起来，这提供了极大的方便，能够将注意力放在使用了的滤镜上。

图 15.6

③ 通过单击开关启用一些其他滤镜，并调整滤镜的选项，看看图像是什么样的。

④ 单击"确定"按钮，保存所做的修改并关闭这个文档。

以上学习了有关如何使用神经网络滤镜的基本知识。神经网络滤镜的效果并非总是完美的，但由于可将结果输出到带蒙版的独立图层中，并将滤镜效果与原始图层混合，因此其结果更可信且需要执行的步骤更少。

至此，可尝试使用神经网络滤镜来处理自己的图像，以探索各种可能性。

Neural Filters 中的输出选项

在本书的其他课程中，探索了如何将最终结果应用于文档图层的特性，如内容识别填充，Neural Filters 也提供了这样的选项（见图 15.7），而这里的选择将影响后续编辑的灵活程度。

图 15.7

- 当前图层：将结果应用于选定图层，这将永久性修改原始图层。要恢复到原来的状态，唯一的途径是在关闭并保存文档前撤销这种操作，因此不推荐使用此选项。

- 复制图层：将结果应用于选定图层的拷贝，而选定图层本身保持不变。

- 复制添加蒙版的图层：将结果应用于选定图层的拷贝，其中被修改的区域将透过蒙版显示出来。这有助于确保不该修改的区域与原始图层一样。

- 新建图层：将结果应用于一个新图层，该图层只包含被神经网络滤镜修改后的像素，而未修改的区域是透明的，让原始图层能够显示出来。

- 智能滤镜：将选定图层转换为智能对象图层，并将神经网络滤镜的结果作为智能滤镜应用于该图层。由于神经网络滤镜被作为智能滤镜，因此可随时双击它来修改结果。

如何选择取决于更在乎灵活性还是文件大小。选择复制图层或智能对象时，在编辑方面有更大的灵活性，但通常生成的文件也更大。

使用滤镜做了多项编辑（如以不同的方式修改了多张人脸）时，所有的修改都将包含在输出中。例如，如果对两张人脸应用了"智能肖像"滤镜，再应用了"样式转换"滤镜，所有这些效果都将应用于单个图层或作为单个智能滤镜。

查找想要的滤镜或效果

Photoshop 提供了大量的滤镜和效果，它们分布在工作区和菜单的多个地方，同时同一个滤镜可能有多种类型。因此，可能难以找到需要的滤镜。

一种对滤镜和效果进行分类的方式是看它是否是破坏性的。破坏性编辑会永久性地修改图层的像素，而非破坏性编辑很容易修改，随时都可撤销它以恢复到修改前的原始图层，这显然是一种更佳的编辑方式，留下了更大的选择空间。

下面是一个快速指南，指出了可在 Photoshop 的哪些地方查找滤镜和效果。

通用滤镜位于"滤镜"菜单及其子菜单中。然而，并非每个滤镜都可在这些子菜单中找到，还可在下面两个滤镜库中查找。

滤镜库（"滤镜" > "滤镜库"）提供了大量传统（算法型）滤镜，如扩散亮光和马赛克拼贴。它们主要用于生成创意效果。

Neural Filters（"滤镜" > "Neural Filters"）提供了最新、最高级的滤镜。这些滤镜是由机器学习训练的，生成的结果优于传统滤镜或者是传统滤镜无法实现的。Neural Filters 能够执行更智能的编辑，如修改眼睛看向的方向。

为探索所有的选项，务必将这几个存在滤镜的地方牢记在心。例如，如果要改善肤色，可使用第 12 课介绍的"表面模糊"滤镜的传统多步方法，并同使用 Neural Filters "皮肤平滑度"滤镜的一步方法得到的结果进行比较，再选择认为对当前图像来说更佳的方法。

应用投影、发光，以及本书介绍过的其他效果时，图层样式是一种非破坏性的简易方法。要找到这些效果，可单击图层面板底部的 fx 图标或打开菜单"图层" > "图层样式"。

正如在本书中看到的，即便是破坏性滤镜或效果，也可用非破坏性方式应用它们，条件是目标图层是智能对象。在这种情况下，滤镜将作为智能滤镜被应用，因此可对结果进行编辑。

如果要将多个滤镜应用于同一个图层，可依次应用各个滤镜；但对于滤镜库对话框或工作空间（滤镜库、Neural Filters 和模糊画廊）中的滤镜，可在退出对话框或工作空间前应用其中的多个滤镜。

神经网络滤镜画廊

这里列举了 Photoshop 2021 中一些神经网络滤镜的应用示例，其中有些有助于恢复和校正图层，而其他的提供了好玩的创意。Adobe 可能更新、添加或修改 Neural Filters 中的滤镜，因此准确的神经网络滤镜清单可能取决于安装的 Photoshop 版本。

"智能肖像"能够调整肖像的细节，如情绪、脸部表情、脸部年龄和姿态（如眼睛看向的方向），如图 15.8 所示。

图 15.8　应用"智能肖像"滤镜前后

"皮肤平滑度"可消除肖像中的粉刺、瑕疵和其他皮肤不平滑的问题，同时保留皮肤的整体特征，如图 15.9 所示。

图 15.9　应用"皮肤平滑度"滤镜前后

使用"超级缩放"可将照片的某部分放大。例如，可选择群像中的某个人，将其放大、改进和锐化，以用作证件照，如图 15.10 所示；或者，一个人的脸位于手机拍摄的照片中间且太小，可使用他的脸来填充更大的空间。不同于其他众多的缩放方法，"超级缩放"提供了由机器学习支持的细节加强、降噪和移除 JPEG 伪影等功能。"超级缩放"最适用于肖像，但也可尝试使用它来处理其他类型的主体。

图 15.10　使用"超级缩放"滤镜放大 3 倍

"着色"能够快速给黑白图像添加颜色，如图 15.11 所示。只需在不同的内容区域放置颜色点，而这个滤镜将检测内容边缘，并在这些边缘内着色。例如，如果在夹克上放置一个蓝色点，将给夹克着色，同时不会给背景和皮肤着色。

图 15.11　应用"着色"滤镜前后

"深度感知雾化"是一种帮助隔离主体的方式，这是通过检测背景深度并添加雾化实现的，如图 15.12 所示。此外，还可让雾化的色调更冷或更暖。

图 15.12

"样式转换"能够将一幅图像的艺术样式应用于另一幅图像。可从一系列样式中做出选择，再使用滤镜选项进一步调整外观，如图 15.13 所示。

图 15.13

利用图像和使用数据来改进 Photoshop

改进基于机器学习的特性时，软件开发公司采用的一种重要方式是，使用良好和糟糕的结果示例来对它们进行训练。使用机器学习的公司都需要以某种方式对其软件使用的模型进行训练，最理想的方式是使用能体现软件用户嗜好的示例。然而，很多软件开发公司都没有包含实际用户文件的超大型数据集，即便这些公司将用户的文件存储在云端，但通常没有得到用户的许可，允许使用他们的文件来训练软件。

为方便改进 Photoshop，Adobe 在 Photoshop "首选项"对话框中添加了"产品改进"窗格。Photoshop 改进计划的目的是请求允许使用图像和使用数据来帮助改进 Photoshop 特性，这并不仅限于机器学习。在"产品改进"窗格中，选项"是，我愿意参与"默认被禁用（见图 15.14），但如果想参与，可启用这个选项。这个选项被启用时，Adobe 研究人员可能收集使用数据、在 Photoshop 中编辑的云文档及其他图像。

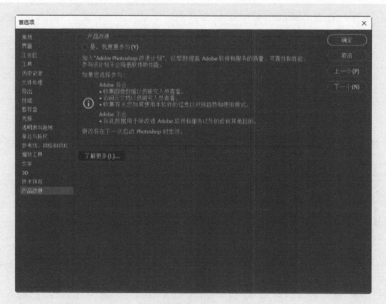

图 15.14

是否参与 Photoshop 改进计划在一定程度上由个人决定。对于执行的特定图像编辑,如果觉得自己的使用数据可能有助于改进 Photoshop 处理它们的方式,便可以参与这个计划。

然而,如果为处理机密文档的公司或组织工作,需要保护客户的隐私或专用数据,或者受保密协议的法律约束,应认识到参与 Photoshop 改进计划可能带来的后果。

15.6 复习题

1. Neural Filters 中的滤镜与 Photoshop 中的其他滤镜有何不同?
2. 网络连接对使用神经网络滤镜有何影响?
3. 在 Neural Filters 工作空间中, 如何轻松地控制应用的滤镜组合?
4. 在 Neural Filters 中, 通常最好从"输出"下拉列表中选择除"当前图层"外的其他选项。
   这是为什么呢?

15.7 复习题答案

1. Neural Filters 中的滤镜是使用机器学习训练的, 因此能够生成使用传统的算法型滤镜无
   法得到的效果。
2. 如果连接到了网络, 就可下载神经网络滤镜, 以及使用在云端处理图像数据的神经网络滤
   镜。如果选择了参与 Photoshop 改进计划, 网络连接会将图像和使用数据发送给 Adobe,
   供研究人员使用。
3. 在 Neural Filters 工作空间中, 选择"已应用的滤镜"类别, 它只列出应用的滤镜, 而用
   户可启用或禁用其中的任何滤镜。
4. 输出选项"当前图层"将神经网络滤镜的效果应用于选定图层, 从而永久地修改它。其他
   输出选项将神经网络滤镜的效果果应用于另一个图层或将其作为智能滤镜, 这能够确保随
   时都可以使用原始图层从头再来。

附录A 工具面板概述

Adobe Photoshop CC 2021 工具面板

移动工具（V）
矩形选框工具（M）
套索工具（L）
对象选择工具（W）
裁剪工具（C）
图框工具（K）
吸管工具（I）
污点修复画笔工具（J）
画笔工具（B）
仿制图章工具（S）
历史记录画笔工具（Y）
橡皮擦工具（E）
渐变工具（G）
模糊工具（R）
减淡工具（O）
钢笔工具（P）
横排文字工具（T）
路径选择工具（A）
矩形工具（U）
抓手工具（H）
缩放工具（Z）

移动工具：移动选区、图层和参考线

画板工具：移动和添加画板，以及调整其大小

选框工具：创建矩形、椭圆、一行和一列的选区

套索工具：建立手绘、多边形和磁性选区

对象选择工具：根据绘制的大致选框精确地选择形状不规则的对象

快速选择工具：使用可调整的圆形画笔笔尖快速"绘制"选区

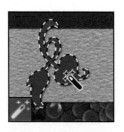

魔棒工具：选择颜色相似的区域

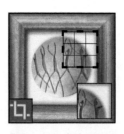

裁剪工具：裁剪和拉直图像，以及修改透视

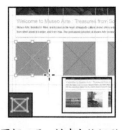

图框工具：创建占位矩形，让用户能够先设计版面，以后再添加要使用的图形

切片工具：创建可导出为独立图像的切片

切片选择工具：选择切片

吸管工具：在图像中拾取颜色

3D 材质吸管工具：从 3D 对象载入选定的材质

颜色取样器工具：最多可从图像的四个区域取样

标尺工具：测量距离、位置和角度

注释工具：在文档中添加文本注释

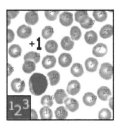

计数工具：计算图像中对象的个数，用于图像统计分析

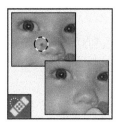

污点修复画笔工具：使用统一的背景快速消除照片中的污点和瑕疵

修复画笔工具：使用样本或图案修复图像中的瑕疵

修补工具：使用样本或图案修复图像中选区内的瑕疵

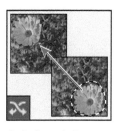

内容感知移动工具：混合像素，让移动的对象与周边环境混为一体

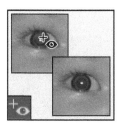

红眼工具：单击鼠标就可消除用闪光灯拍摄的照片中的红眼

画笔工具：使用当前画笔绘制描边

铅笔工具：绘制硬边缘描边

颜色替换工具：用一种
颜色替换另一种颜色

混合器画笔工具：混
合采集的颜色与现有
颜色

仿制图章工具：使用
样本绘画

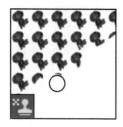

图案图章工具：使用
图像的一部分作为图
案来绘画

历史记录画笔工具：在
当前图像窗口绘制选
定状态或快照的拷贝

历史记录艺术画笔：
绘制样式化描边，以
模拟不同的绘画风格

橡皮擦工具：擦除像
素，将部分图像恢复
到以前存储的状态

背景橡皮擦工具：通
过拖曳鼠标使区域变
成透明的

魔术橡皮擦工具：只
需单击鼠标便可让纯
色区域变成透明的

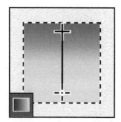

渐变工具：创建不
同颜色间的线性、
径向、角度、对称、
菱形混合

油漆桶工具：使用前
景颜色填充颜色相似
的区域

3D 材质拖放工具：将
3D 材质吸管工具载入
的材质放到 3D 对象
的目标区域

模糊工具：柔化图像
的硬边缘

锐化工具：锐化图像
的软边缘

涂抹工具：在图像中
涂抹颜色

减淡工具：使图像区
域变亮

加深工具：使图像区
域变暗

海绵工具：修改区域
中的颜色饱和度

钢笔工具：绘制边缘
平滑的矢量路径

文字工具：在图像中
创建文字

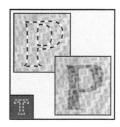

文字蒙版工具：基于
文字的形状创建选区

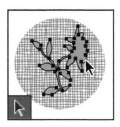

路径选择工具：使形
状或路径段显示锚
点、方向线和方向点

形状工具和直线工具：
在常规图层或形状图
层中绘制形状和直线

自定形状工具：创建
自定形状列表中的自
定形状

抓手工具：在图像窗
口中移动图像

旋转视图工具：旋转
画布以方便使用光笔
进行绘画

缩放工具：放大和缩
小图像视图

附录 B　键盘快捷键

知道常用工具和命令的快捷键可节省时间。如果要定制这些快捷键，可选择菜单"编辑">"键盘快捷键"。在打开的对话框中，单击"摘要"可导出快捷键列表，其中包含定义的快捷键。

B.1 工具快捷键

工具面板中的每组工具都共享一个快捷键，按 Shift 键 + 快捷键可在相应的一组工具之间切换。各个工具的快捷键如表 B.1 所示。

表 B.1

移动工具	V
画板工具	V
矩形选框工具	M
椭圆选框工具	M
套索工具	L
多边形套索工具	L
磁性套索工具	L
对象选择工具 快速选择工具	W
魔棒工具	W
吸管工具	I
3D 材质吸管工具	I
颜色取样器工具	I
标尺工具	I
注释工具	I
计数工具	I
裁剪工具	C
透视裁剪工具	C
切片工具	C
切片选择工具	C
图框工具	K
污点修复画笔工具	J
修复画笔工具	J
修补工具	J

内容感知移动工具	J
红眼工具	J
画笔工具	B
铅笔工具	B
颜色替换工具	B
混合器画笔工具	B
仿制图章工具	S
图案图章工具	S
历史记录画笔工具	Y
历史记录艺术画笔工具	Y
橡皮擦工具	E
背景橡皮擦工具	E
魔术橡皮擦工具	E
渐变工具	G
油漆桶工具	G
3D 材质拖放工具	G
减淡工具	O
加深工具	O
海绵工具	O
钢笔工具	P
自由钢笔工具	P
弯度钢笔工具 横排文字工具	T
直排文字工具	T
直排文字蒙版工具	T
横排文字蒙版工具	T
路径选择工具	A
直接选择工具	A
矩形工具	U
圆角矩形工具	U
椭圆工具 三角形工具	U
多边形工具	U
直线工具	U
自定形状工具	U
抓手工具	H
旋转视图工具	R

缩放工具	Z
默认前景色 / 背景色	D
前景色 / 背景色互换	X
切换标准 / 快速蒙版模式	Q
切换屏幕模式	F
切换保留透明区域	/
减小画笔大小	[
增加画笔大小	]
减小画笔硬度	{
增加画笔硬度	}
渐细画笔	,
渐粗画笔	.
最细画笔	<
最粗画笔	>

B.2 应用程序菜单快捷键

表 B.2 列出了 Windows 操作系统中的菜单快捷键。要获得 macOS 操作系统中的菜单快捷键，只需将 Ctrl 替换为 Control，并将 Alt 替换为 Option。

表 B.2

文件			
	新建 ...		Ctrl+N
	打开 ...		Ctrl+O
	在 Bridge 中浏览 ...		Alt+Ctrl+O
	关闭		Ctrl+W
	关闭全部		Alt+Ctrl+W
	关闭并转到 Bridge...		Shift+Ctrl+W
	存储		Ctrl+S
	存储为 ...		Shift+Ctrl+S 或 Alt+Ctrl+S
		导出为 ...	Alt+Shift+Ctrl+W
		导出首选项 ...	
		存储为 Web 所用格式（旧版）...	Alt+Shift+Ctrl+S
	恢复	F12	
	文件简介 ...		Alt+Shift+Ctrl+I
	打印 ...		Ctrl+P
	打印一份		Alt+Shift+Ctrl+P
	退出		Ctrl+Q

编辑

还原		Ctrl+Z
重做		Shift + Ctrl + Z
切换最终状态		Alt + Ctrl + Z
渐隐 …		Shift+Ctrl+F
剪切		Ctrl+X 或 F2
拷贝		Ctrl+C 或 F3
合并拷贝		Shift+Ctrl+C
粘贴		Ctrl+V 或 F4
选择性粘贴 >		
	原位粘贴	Shift+Ctrl+V
	贴入	Alt+Shift+Ctrl+V
搜索		Ctrl+F
填充 …		Shift+F5
内容识别缩放		Alt+Shift+Ctrl+C
自由变换		Ctrl+T
变换 >		
	再次	Shift+Ctrl+T
颜色设置 …		Shift+Ctrl+K
键盘快捷键 …		Alt+Shift+Ctrl+K
菜单 …		Alt+Shift+Ctrl+M
首选项 >		
	常规 …	Ctrl+K

图像

调整 >		
	色阶 …	Ctrl+L
	曲线 …	Ctrl+M
	色相 / 饱和度 …	Ctrl+U
	色彩平衡 …	Ctrl+B
	黑白 …	Alt+Shift+Ctrl+B
	反相	Ctrl+I
	去色	Shift+Ctrl+U
自动色调		Shift+Ctrl+L
自动对比度		Alt+Shift+Ctrl+L
自动颜色		Shift+Ctrl+B
图像大小 …		Alt+Ctrl+I
画布大小 …		Alt+Ctrl+C

图层

新建 >			
		图层 ...	Shift+Ctrl+N
		通过拷贝的图层	Ctrl+J
		通过剪切的图层	Shift+Ctrl+J
	快速导出为 PNG		Shift+Ctrl+'
	导出为 ...		Alt+Shift+Ctrl+'
	创建 / 释放剪贴蒙版		Alt+Ctrl+G
	图层编组		Ctrl+G
	取消图层编组		Shift+Ctrl+G
	隐藏图层		Ctrl+,
	排列 >		
		置为顶层	Shift+Ctrl+]
		前移一层	Ctrl+]
		后移一层	Ctrl+[
		置为底层	Shift+Ctrl+[
	锁定图层 ...		Ctrl+/
	向下合并图层		Ctrl+E
	合并可见图层		Shift+Ctrl+E

选择

全部		Ctrl+A
取消选择		Ctrl+D
重新选择		Shift+Ctrl+D
反选		Shift+Ctrl+I 或 Shift+F7
所有图层		Alt+Ctrl+A
查找图层		Alt+Shift+Ctrl+F
选择并遮住 ...		Alt+Ctrl+R
修改 >		
	羽化 ...	Shift+F6

滤镜

上次滤镜操作	Alt+Ctrl+F (Windows) 或 Control+ Command+ F (macOS)
自适应广角 ...	Alt+Shift+Ctrl+A
Camera Raw 滤镜 ...	Shift+Ctrl+A
镜头校正 ...	Shift+Ctrl+R
液化 ...	Shift+Ctrl+X
消失点 ...	Alt+Ctrl+V

3D			
	显示 / 隐藏多边形 >		
		选区内	Alt+Ctrl+X
		显示全部	Alt+Shift+Ctrl+X
	渲染 3D 图层		Alt+Shift+Ctrl+R
视图			
	校样颜色		Ctrl+Y
	色域警告		Shift+Ctrl+Y
	放大		Ctrl++ 或 Ctrl+=
	缩小		Ctrl+–
	按屏幕大小缩放		Ctrl+0
	100%		Ctrl+1 或 Alt+Ctrl+0
	显示额外内容		Ctrl+H
	显示 >		
		目标路径	Shift+Ctrl+H
		网格	Ctrl+'
		参考线	Ctrl+ ;
	标尺		Ctrl+R
	对齐		Shift+Ctrl+ ;
	锁定参考线		Alt+Ctrl+ ;
窗口			
	导航器		
	动作		Alt+F9 或 F9
	画笔		F5
	图层		F7
	信息		F8
	颜色		F6
帮助			
	Photoshop 帮助		F1